流域面源污染防治技术与应用

张晴雯　张爱平　刘杏认 等　著

U0262720

科 学 出 版 社

北 京

内 容 简 介

　　本书系统介绍了流域面源污染防治技术应用与实践方面的研究成果。全书共分6章。基于流域农业主产区面源污染概况分析，分别围绕种植业、养殖业、农村生活废水和农业流域排水治污方面内容，依次阐述主要问题、农田增效减负与清洁生产技术、规模化养殖废弃物资源化处置与种养一体化循环利用技术、农村有机废弃物资源化处置与循环利用技术以及流域面源退水污染复合生态系统控制技术。总结农业清洁流域建设的理论和方法，介绍农业清洁流域控制技术集成和综合应用案例，提出流域面源污染政策机制建设的保障措施和问题建议。

　　本书可供农业生态、农业环境、自然地理、土壤物理和水利等领域的研究人员及高等院校相关师生参考。

图书在版编目（CIP）数据

流域面源污染防治技术与应用 / 张晴雯等著. —北京：科学出版社，2020.11

ISBN 978-7-03-066728-1

Ⅰ. ①流… Ⅱ. ①张… Ⅲ. ①流域–面源污染–污染–防治 Ⅳ. ①X52

中国版本图书馆 CIP 数据核字（2020）第 216257 号

责任编辑：李秋艳 朱 丽 李 静/责任校对：何艳萍
责任印制：吴兆东/封面设计：蓝正设计

科学出版社 出版
北京东黄城根北街 16 号
邮政编码：100717
http://www.sciencep.com
北京虎彩文化传播有限公司 印刷
科学出版社发行 各地新华书店经销
*
2020 年 11 月第 一 版　开本：787×1092　1/16
2020 年 11 月第一次印刷　印张：15 1/2
字数：360 000
定价：159.00 元
（如有印装质量问题，我社负责调换）

作 者 名 单

主 笔 人：张晴雯　张爱平

副主笔人：刘杏认　王亚炜　张　健　赵长盛

　　　　　赖梅东　方广玲　朱　洁　孔德洋

　　　　　杨正礼　展晓莹

参著人员：徐圣君　魏源送　高佩玲　潘英华

　　　　　陈庆锋　白志辉　侯艳锋　刘　馨

　　　　　夏　新　郭贝贝　吴属连　陈小刚

　　　　　李珊珊　喻　阳　李贵春

序

流域农业面源污染是近年国内外关注的重点。传统农业"高投入、高消耗、高排放、低效益"的粗放型发展模式是我国农业面源污染问题的根源，严重制约了我国农业的可持续发展。为有效防控农业面源污染，自"十一五"以来生态环境部、农业农村部相继出台系列文件，科学技术部设立重大专项，将"一控两减三基本"作为治理农业面源污染的重要策略和终极目标。根据第二次全国污染源普查结果，过去十年间我国面源污染治理虽取得一定成效，但农业源污染物仍然很高，分别占化学需氧量、总氮和总磷排放总量的73%、61%和79%。因此，开展流域农业面源污染防治技术研究十分紧迫，意义重大。

目前，我国流域农业面源污染防治工作尚存在诸多问题。从种植、养殖、农村生活方面来看，存在种植结构体系与化肥农药使用方式难以保障水体质量，大量畜禽养殖废弃物缺乏资源化处置与循环利用，农村生活废水设施化资源化处理有待提升，农业流域的人工排水治污系统不够完善等问题。究其原因，在技术方面，精准的污染物迁移转化规律和溯源技术有待深入研究，大尺度流域层面整体解决方案的配套的政策体系尚未建立，流域尺度的"种养生"污染一体化控制与资源化利用成套技术还需进一步完善等；在工程实施方面，缺少因地制宜的农业面源污染防治技术与技术组合的应用示范与推广，支撑乡村振兴与农业绿色发展的适用性农业面源污染控制与产业链循环利用体系还未建立等。

尽管如此，随着农业面源污染的加剧和《重点流域农业面源污染综合治理示范工程建设规划（2016—2020年）》等一系列文件的出台，农业面源污染防治攻坚战已到了关键期。该书作为系统介绍重点流域农业面源污染防治技术与应用的专著，其出版恰逢其时。该书瞄准技术前沿和国家需求，系统阐述了作者多年来在流域面源污染防治技术应用与实践方面的最新研究成果。该书在国家水体污染控制与治理科技重大专项"海河下游多水源灌排交互条件下农业排水污染控制技术集成与流域示范"课题（2015ZX07203-007）和中国农业科学院农业清洁流域创新工程的资助下，针对流域农业面源污染的"痛点"问题，按照"清洁生产、种养平衡、生态联控、区域统筹"的研究思路，突破了区域种养一体化农业增效减负技术，开展了种植-养殖-村镇污染一体化系统控制技术集成与案例示范，提出了农村有机废弃物资源化处置与循环利用技术，建立了流域退水污染过程生态联控技术体系，构建了典型流域河灌渠网农业清洁流域示范区，摸索出以企业为"内动力"推动废弃物资源化产业化良性循环的新通路，合产、学、研、政之力，实现了河流水质改善，为我国同类河流治理提供了模式参考，为流域农业面源污染控制与水质改善提供了技术支撑。

　　该书在流域粮食主产区农业面源污染控制、粮畜产品绿色化生产与乡村振兴等方面进行了成功的探索。依托该书的"基于种养结合生态循环的农业面源污染治理关键技术"入选中国科学技术协会生态环境产学联合体2019年度"中国生态环境十大科技进展"。该书的出版将为我国流域面源污染防治技术应用与实践提供可借鉴的科学信息，对于促进流域面源污染防治工作的深入开展，服务农业农村绿色发展和农村人居环境整治，引领乡村振兴具有重要意义。在此，我愿意向广大读者推荐这部新著。

中国科学院院士

2020 年 8 月

前　言

　　重点流域地区是我国化肥消费量最大的区域之一，在保障粮食安全的同时也付出了巨大的资源环境代价。一方面，粮食刚性需求压力下农田地力衰竭导致土壤养分固持能力差、氮磷资源流失严重；另一方面，畜禽养殖业迅猛发展造成巨大的环境压力，养殖业废弃物处置不合理，种养关系失衡，养分和能量循环利用不畅。高投入、高消耗、高排放的集约化农业方式，导致农业面源污染成为流域水体污染的主要来源之一。与第一次全国污染源普查的结果相比，我国农业农村源污染贡献仍分别占到化学需氧量、总氮和总磷排放总量的73%、61%和79%。"表象在水体，根子在陆域"，削减进入水体的陆域污染负荷是治理农业面源污染的根本出路。因此，十分有必要且极为迫切开展重点流域农业面源污染防治技术与应用相关研究，在切实保障重点流域水环境安全的前提下确保农业主产区粮食增产任务顺利完成。

　　在国家水体污染控制与治理科技重大专项"海河下游多水源灌排交互条件下农业排水污染控制技术集成与流域示范"课题（2015ZX07203-007）和中国农业科学院农业清洁流域创新工程的资助下，从农业增产稳产和水环境安全的长期需求出发，遵循"清洁生产、种养平衡、生态联控、区域统筹"的研究思路，从农田/养殖/农村污染控制-退水沟渠与河岸带结构与功能优化-农业清洁流域构建等层面开展系统研究。在流域污染源解析的基础上，形成了基于水质目标管理的流域面源污染防治统筹方案，用于指导污染控制方案的流域统筹与对接；针对农田化肥、规模化养殖和农村生活等典型污染源控制需求，集成清洁生产和源头减负技术体系，开展了种植-养殖-村镇污染一体化系统控制技术集成与案例示范；建立了流域退水污染过程生态联控技术体系，与源头控制体系构成相互补充与配合，形成全过程控制体系；构建了海河流域河灌渠网农业清洁流域示范区，为海河下游流域农业面源污染控制与水质改善提供技术支撑，为海河流域粮食主产区农业面源污染控制、粮畜产品绿色化生产与乡村振兴等提供技术支撑。本书系统阐述了流域面源污染防治技术与应用研究的最新成果，为今后进一步深入研究提供基础和经验借鉴，为重点流域面源污染防治研究提供科学参考。

　　本书是系统介绍流域面源污染防治技术应用与实践的专著。全书包括6章。第1章阐述了流域农业主产区面源污染概况，分析了种植业、养殖业、农村生活废水，以及农业流域排水治污方面的主要问题；第2章阐述了以基于耕层土壤水库及养分库扩蓄增容基础上的农田增效减负技术和多水源灌溉条件下的农田节水控肥抑盐增效减负一体的调控技术为核心的农田增效减负与清洁生产技术；第3章介绍了规模化养殖废弃物资源化处置与种养一体化循环利用技术，阐述了猪粪与酒糟混合厌氧发酵技术和畜禽废水生物发酵制备微生物肥料技术；第4章介绍了农村有机废弃物资源化处置与循环利用技术，阐述了农村节水无臭味生态厕所源分离及资源化技术，建立了农村节水无臭味生态厕所全程质量控制体系，开展了农村节水无臭味生态厕所的应用；第5章介绍了灌排交互条件下流域面源退水污染复合生态系统控制技术，阐述了灌区农田退水污染生态沟渠构建工程技术、退水沟渠水质净化与生态修复技术、河岸带湿地水质净化与功能强化技术、退水生态截流净化与循环利用技术；第 6 章从农业面源污染全过程防控技术体系构建思路与方法的需求出发，阐述了农业清洁流域建设的理论和方法，分析了农业清洁流域控制技术集成和综合应用案例，并以海河流域为例，总结了流域面源污染政策机制建设的保障措施和问题建议。

本书在完成过程中受到山东省滨州市人民政府、山东省滨州市生态环境局、山东省滨州中裕食品有限公司给予的大力支持，在此一并表示衷心的感谢。

为提高本书的可读性和实用性，在本书撰写过程中模型所用公式推导和试验方法描述等尽可能详尽，以供读者参考应用。限于作者水平，加之流域农业面源污染研究的长期性和复杂性等问题，书中研究和应用仍处于不断完善之中，相关研究不可避免地存在不妥之处，恳请读者批评指正，也敬请各位专家、学者多提宝贵意见。

张晴雯

2020 年 5 月

目　录

序
前言
第1章　绪论 …………………………………………………………………………… 1
　1.1　流域农业主产区面源污染概况 ……………………………………………… 1
　　1.1.1　重点流域水质与面源污染概况 ……………………………………… 1
　　1.1.2　种植业面源污染防治现状 …………………………………………… 1
　　1.1.3　畜禽养殖污染防治现状 ……………………………………………… 2
　　1.1.4　农村生活污染现状 …………………………………………………… 2
　1.2　流域农业主产区面源污染主要问题 ………………………………………… 2
　　1.2.1　种植结构体系与化肥农药使用方式难以保障水体质量 ………… 2
　　1.2.2　大量畜禽养殖废弃物缺乏资源化处置与循环利用 ……………… 3
　　1.2.3　农村生活废水设施化资源化处理有待提升 ……………………… 4
　　1.2.4　农业流域的人工排水治污系统不够完善 ………………………… 4
第2章　平原河网区农田增效减负与清洁生产技术 ……………………………… 6
　2.1　典型农田肥料运筹技术 ……………………………………………………… 6
　　2.1.1　化肥科学减量技术 …………………………………………………… 6
　　2.1.2　肥料结构优化 ………………………………………………………… 13
　　2.1.3　新型肥料替代技术 …………………………………………………… 15
　2.2　以碳调氮为核心的土壤库容扩增技术 ……………………………………… 21
　　2.2.1　秸秆生物炭的制备及其对土壤理化性质与植物生长的影响 …… 22
　　2.2.2　生物炭和有机肥配施增效减负技术 ……………………………… 31
　2.3　水肥盐协同高效的农田增效减负技术 ……………………………………… 36
　　2.3.1　微咸水灌溉模式下重度盐碱土盐分分布特征及改良效果 ……… 36
　　2.3.2　表层掺沙对盐碱土壤水盐运移和夏玉米生长的影响 …………… 44
　　2.3.3　改良剂对土壤水盐分布特征的影响 ……………………………… 52
　2.4　典型案例 ……………………………………………………………………… 66
　　2.4.1　"全链条"农田增效减负与清洁生产技术体系 ………………… 66
　　2.4.2　农田增效减负技术案例分析 ………………………………………… 67
　2.5　本章小结 ……………………………………………………………………… 67
第3章　规模化养殖废弃物资源化处置与种养一体化循环利用技术 …………… 69
　3.1　猪粪与酒糟混合厌氧发酵技术 ……………………………………………… 69
　　3.1.1　猪粪厌氧发酵强化技术 ……………………………………………… 69
　　3.1.2　猪粪酒糟联合厌氧发酵技术 ………………………………………… 80

3.2 畜禽废水生物发酵制备微生物肥料技术 ······ 89
    3.2.1 畜禽废水生物发酵制备微生物肥料技术 ······ 89
    3.2.2 沼液氮磷回收及青饲料生产技术 ······ 98
3.3 典型案例 ······ 103
    3.3.1 种养一体化农业增效减负技术体系 ······ 103
    3.3.2 猪粪-沼气-生物肥制备技术应用案例 ······ 103
    3.3.3 物质流应用案例 ······ 115
3.4 本章小结 ······ 117

第4章 农村有机废弃物资源化处置与循环利用技术 ······ 118
4.1 农村节水无臭味生态厕所源分离及资源化技术 ······ 118
    4.1.1 农村生活污水源分离技术 ······ 119
    4.1.2 负压超节水生态厕所系统 ······ 123
4.2 农村粪便制备高效专用肥技术 ······ 128
    4.2.1 微观混合接种技术 ······ 129
    4.2.2 静态好氧发酵技术 ······ 130
4.3 典型案例 ······ 131
    4.3.1 基于循环利用的农村有机废弃物资源化能源化技术体系 ······ 131
    4.3.2 应用案例：农村节水无臭味生态厕所源分离及资源化技术 ······ 133
    4.3.3 应用案例：农村粪便制备高效专用肥技术 ······ 133
4.4 本章小结 ······ 133

第5章 灌排交互条件下流域面源退水污染复合生态系统控制技术 ······ 134
5.1 灌区农田退水污染生态沟渠构建工程技术 ······ 134
    5.1.1 集约化农田排水系统的构建技术 ······ 134
    5.1.2 农田退水污染防控生态沟渠系统及构建方法 ······ 139
5.2 退水沟渠水质净化与生态修复技术 ······ 142
    5.2.1 新型材料吸附技术 ······ 142
    5.2.2 植物过滤带原位修复技术 ······ 150
    5.2.3 基质材料修复技术 ······ 152
    5.2.4 仿生水草技术 ······ 152
    5.2.5 人工浮岛技术 ······ 152
    5.2.6 水肥盐一体化控制的沟渠生态系统技术 ······ 154
5.3 河岸带湿地水质净化与功能强化技术 ······ 156
    5.3.1 河岸带基底形态优化技术 ······ 156
    5.3.2 河岸带植被群落优化技术 ······ 161
5.4 退水生态截流净化与循环利用技术 ······ 173
    5.4.1 河道走廊湿地技术 ······ 174
    5.4.2 高效生物塘技术 ······ 190
5.5 技术体系与典型案例 ······ 203

　　　5.5.1　流域退水生态系统联控与自净能力提升技术体系 ·················· 203
　　　5.5.2　应用案例：流域退水生态系统联控与自净能力提升技术 ·········· 206
　5.6　本章小结 ·· 212
第 6 章　农业清洁流域的构建与推广 ··· 213
　6.1　农业清洁流域建设的理论和方法 ··· 213
　　　6.1.1　清洁生产原理在农业清洁流域建设中的应用 ····························· 213
　　　6.1.2　生态学理论在农业清洁流域建设中的应用 ································· 214
　　　6.1.3　农业水文学对农业清洁流域建设的指导作用 ····························· 214
　　　6.1.4　系统控制论在农业清洁流域建设中的应用 ································· 215
　6.2　农业清洁流域控制技术集成与应用 ·· 216
　　　6.2.1　指导思想、构建原则和目标 ·· 216
　　　6.2.2　农业清洁流域全过程控制技术模式 ·· 217
　　　6.2.3　农业清洁流域综合应用 ··· 219
　6.3　海河下游面源污染政策机制建设的保障措施 ·· 226
　　　6.3.1　"政产学研用"推广模式 ··· 227
　　　6.3.2　试验应用基地建设 ·· 227
　　　6.3.3　技术培训 ··· 228
　　　6.3.4　管理机制和防治对策 ··· 229
　6.4　问题与建议 ·· 231
　　　6.4.1　农业面源污染根治是一项长期性持久性工作 ····························· 231
　　　6.4.2　北方退水生态截留净化与循环利用技术 ····································· 231
　　　6.4.3　流域农业面源污染防控技术保障机制亟须加强 ·························· 232
参考文献 ·· 233

第1章 绪 论

1.1 流域农业主产区面源污染概况

1.1.1 重点流域水质与面源污染概况

根据 2018 年《中国水资源公报》,全国 26.2 万 km 的河流水质状况评价结果为,Ⅰ~Ⅲ类、Ⅳ~Ⅴ类、劣Ⅴ类水河长分别占评价河长的 81.6%、12.9%和 5.5%,主要污染项目是氨氮、总磷和化学需氧量(COD)。对 124 个湖泊共 3.3 万 km² 水面进行水质评价的结果为,Ⅰ~Ⅲ类、Ⅳ~Ⅴ类、劣Ⅴ类湖泊占比分别为 25.0%、58.9%和 16.1%,主要污染项目是总磷、化学需氧量和高锰酸盐指数。对全国 2833 眼浅层地下水监测井进行水质评价的结果为,Ⅰ~Ⅲ类、Ⅳ类、Ⅴ类水质占比分别为 23.9%、29.2%和 46.9%,主要污染项目是锰、铁、总硬度、溶解性总固体、氨氮、氟化物、铝、碘化物、硫酸盐和硝酸盐氮等。全国河流湖泊水质总体有所改善,但部分河段污染加剧。其中重点流域水污染物主要来自农业面源污染。我国主要河流流域面积大,污染物来源复杂,主要有城市工业、城市居民生活、农业面源和农村居民生活。《第二次全国污染源普查公报》指出,七大流域(长江、黄河、珠江、松花江、淮河、海河、辽河)水污染物排放量主要来自农业,COD、总氮和总磷排放比例远超过工业源和生活源,排放比例达到一半以上。农业源中,种植和畜禽养殖及农村居民生活是主要污染来源。

1.1.2 种植业面源污染防治现状

我国种植业生产中存在化肥使用强度大、利用率低等问题,尤其是氮肥更为明显。我国耕地面积不到全球的 1/10,但是近年来氮肥的使用量却占全球的 1/3(郑宗星和吕翠玲,2018)。有研究表明,我国当季农田对氮肥的利用率只有 30%~35%,集约化蔬菜主产区蔬菜对氮肥的利用率只有 10%~20%,因此化肥不合理施用不仅造成作物产量和品质下降,并且过量的肥料通过淋溶、径流、氨挥发等过程流入水系,加剧水体富营养化(刘艳菊等,2007)。根据《第二次全国污染源普查公报》,从种植业源与全国农业源层面上比较,种植业氨氮、总氮、总磷流失量分别占全国农业污染源总排放量的 38.4%、50.8%和 35.9%。在化肥方面,环境友好新型环保肥料已被《国家中长期科学技术发展规划纲要(2006—2020 年)》列入农业领域优先发展方向,新型肥料也受到越来越多的关注(白珊珊等,2017),如测土配方施肥,基于 GPS、GIS 等系统分析进行单位面积精准变量施肥,推广免耕、少耕、秸秆覆盖等保护性耕作技术,引进高产优良的新品种,根据不同作物与实际条件确立合理施肥用量及比例,无机肥、有机肥、微生物肥与微量元素肥等多种肥料综合施用技术,采用滴灌、喷灌等水肥一体化综合管理技术,提高肥料利用率和控制化肥用量,实现作物增产与环境保护(Huang et al., 2005)。在农药方面,中国先后出台《农药管理条例》《安全用药规定》《农药合理使用准则》和《无公害农产品生产规范》等法律法规规范农药监管与使用，进一步加强农药使用指导与监管执法。当前中国农药使用主体正逐步由个体农户向种植大户与专业化病虫害防治服务组织转移。生物农药、绿色防控在植物保护学学科中的地位与作用也越加突显，农作物病虫害监测预警体系已在多个省区、市进行研究与应用（吴小芳等，2007）。

1.1.3　畜禽养殖污染防治现状

大量粪便污水肆意排放造成的环境污染问题日趋严重，成为流域主要污染源之一。畜禽养殖污染主要有污水、固体粪便、恶臭气体和大量的氮、磷、悬浮物及致病菌，其中所携带的 COD、总氮、总磷是最大的污染物（冯倩等，2014）。根据《第二次全国污染源普查公报》，畜禽养殖业源与全国农业源层面上比较，畜禽养殖业氨氮、总氮、总磷流失量分别占全国农业污染源排放总量的 51.3%、42.1%和56.5%。各区域养殖环境容量和畜禽粪污承载负荷评估结果表明，规模化沼气、生物天然气、资源化利用等养殖粪污处理工程建设是控制畜禽养殖污染减排和实现养殖废弃物资源化综合利用的有效途径；当前中国农村畜牧业养殖正由传统的分散养殖逐渐向适度规模养殖转变，规模化养殖向标准化养殖升级，同时由于畜禽养殖规模逐步增大，对中国畜禽养殖产生的环境污染治理也带来了新的挑战（白璐，2016）。因此，如何合理处置及有效利用规模化养殖废弃物已经成为当前环境保护迫切需要解决的一个问题。针对不同养殖场废弃物的实际情况，使用不同工艺的处理，以实现规模化养殖场废弃物的资源化、无害化。

1.1.4　农村生活污染现状

目前，全国有 4 万多个乡镇，其中绝大多数没有环保基础设施；在 60 多万个行政村中，绝大部分污染治理还处于起步状态。农村生活废水分散、难以分类收集，生活废水不仅传播病毒细菌，其渗漏液直接污染地表水和地下水，导致生态环境恶化（尹微琴等，2010），如海河流域为我国水资源严重匮乏的流域，有河皆干、有水皆污的局面广泛存在（朱梅等，2010）。这一方面源于开发利用率大于 100%、各河流上游皆修建了大中型水库，生态流量下泄不足；另一方面广大农村区域沿河发展的村镇居民随意堆放垃圾、随意排放污水，加剧了水体污染。初步统计，海河流域总计 4000 余千米的河长，有 2000余千米为断流河段，无稀释水量，其余 2000 余千米虽有水但河段稀释能力较差，分散排放的各类污染物均留存于当地，污染地表水和地下水。随着海河流域入海水量每年近百亿立方米减至 2 亿～3 亿 m³，海河流域产生的各类污染物均成为破坏流域生态环境的主要原因。每年海河流域的农村土地均直接收纳这些污染物，逐年恶化，破坏地表水、地下水和土壤。

1.2　流域农业主产区面源污染主要问题

1.2.1　种植结构体系与化肥农药使用方式难以保障水体质量

（1）节能减排的种植结构体系尚未形成。我国种植的主要作物多为粗放式管理，需要消耗大量的水肥,如大田作物上,氮肥利用率不足40%,而在蔬菜、花卉、水果等经济作物农田上,氮肥利用率只有10%左右,较欧美发达国家低10~30个百分点(徐志远等,2007)。近年来,我国在"测土配方施肥"、养分高效利用作物品种和低污染种植结构调整上进行了研究和应用,但总体而言,我国仍缺乏养分高效利用的品种,低污染种植结构尚未形成。

(2)化肥农药过量和不合理使用问题较为突出。集约化农区粮食生产中越来越依靠化肥的投入,长期以来高施肥量投入使土壤和水环境承受着巨大的压力。首先,施用结构上重化肥,轻有机肥;重氮、磷肥,轻钾肥,重大量元素肥,轻中、微量元素肥。理想的氮、磷、钾比例为1:(0.4~0.5):(0.4~0.5),我国平均水平为1:0.31:0.11。以海河流域为例,其氮、磷、钾的施用结构分别为1:0.35:0.18,氮肥施用偏高,比例不协调。其次,在施肥品种上,长期以来比较单一,复合肥、新型肥料的品种及使用比例和发达国家相比较低,推广应用率不高,肥料种类以氮肥为主,新型肥料品种少且推广度低,致使化肥利用效率不高,氮肥利用率为25%~30%,磷肥利用率为10%~20%。低于发达国家10~20个百分点。另外,施肥方法落后,不仅大量肥料白白浪费,还使环境污染风险加剧,出现增肥不增产、增产不增收的现象。总之,施用量高而利用率低导致农田氮磷负荷不断增高,流失风险日益加大,加上当地大部分农田仍在施肥后采用漫灌方式灌溉,直接导致尚未被作物利用的及过量施用的化肥,以气态、径流和淋溶的形式集中进入地表及地下水环境,农田退水造成的面源污染问题不容忽视。

总之,目前粮食刚性需求下化肥投入量高,清洁生产技术缺乏,技术集成度低,农田潜在污染压力突出;批量畜禽养殖废弃物缺乏处理与循环利用,区域种养关系脱节,平衡体系远未形成。因此,构建作物高产条件下农田肥料运筹、耕层土壤水库及养分库扩蓄增容、节水控肥抑盐增效减负一体的技术体系,集成集约化农区农业清洁生产模式,有效削减农田面源污染负荷,为流域水质改善提供支撑。

1.2.2 大量畜禽养殖废弃物缺乏资源化处置与循环利用

从整体上看,我国畜禽养殖场内部的环境管理比较粗放,60%的养殖场缺少干湿分离这一最为必要的环境管理措施;而且对于环境治理的投资力度明显不足,80%左右的规模化养殖场缺少必要的污染治理投资。随着畜禽养殖集约化程度的不断提高,大量废弃物的集中排放给周边环境带来的挑战将进一步升级。

(1)缺乏经济适用的畜禽养殖技术和环境治理技术。随着规模化程度的不断提高,畜禽养殖技术由传统的垫料养殖转变成水冲粪或水泡粪模式。在"菜篮子"工程初期大量的规模化猪场绝大多数采用了水泡粪清粪工艺,由于缺乏相应的粪污储存设施和配套的农田及农田利用设备,大量的粪污无法得到有效处理和利用,造成了严重的环境污染。为了减少规模化养殖场(小区)畜禽养殖过程粪污产生,各级畜牧主管部门正在大力推广干清粪工艺和垫料养殖技术。然而因缺乏配套农田和技术的适用范围,仍无法从根本上解决畜禽粪尿污染难题。目前常用的畜禽养殖环境污染治理技术多借鉴工业污水处理技术和工艺,以猪场污水处理工程为例,处理工艺以厌氧+好氧为主,该处理工艺投资高、运行费用高,大多数养殖场无力承担,无法得到广泛推广应用。

（2）畜禽养殖布局和养殖结构不合理。改革开放之前，我国畜禽多为散户饲养，畜禽粪便作为农家肥能就近回用于农田，未出现畜禽废弃物污染环境现象。改革开放后，为改善大中城市居民膳食结构和保障肉蛋奶的供应，一大批规模化养殖场建立在大中城市近郊，由于当时在畜禽养殖区域规划布局，尤其是对畜禽环境污染认识不足，尽管畜禽粪便污水可以作为植物养分利用，但是养殖场周围可以消纳畜禽粪污的农田有限，加上农田植物季节性施肥和无自有养殖场，每天所产生的畜禽粪便无法得到利用，只能排放，大量粪便污水造成了严重的环境污染。

1.2.3　农村生活废水设施化资源化处理有待提升

首先，农村生活废水收集配套设施不完善。由于缺乏配套的生活废水处理设施，农村居民生活废水得不到处理，回收和资源化处理困难，且缺乏监管，严重影响居民日常生活和污染农村环境卫生。其次，生活废水处理技术不适用。现有的生活废水处理技术主要是针对人口众多的城市生活废水组成和特性进行研究和应用，由于农村人口少、生活垃圾和废水数量少，现有的生活废水处理技术和配套工程存在技术复杂、投资高、运行成本高等问题，难以在农村环境卫生治理中得到应用。最后，缺乏农村生活废水分类收集技术、有机垃圾肥料化和能源化技术以及农村生活污水综合管理机制。

因此，农村生活污水排水设施和资源化集成利用系统是当前农村厕所革命的重点技术需求和污染控制的重点攻关方向，其中生活污水净化与回用及相应的理论与技术研发正在成为热点。农村生活污水由来自于盥洗、淋浴、洗衣、卫生间冲厕及厨房等用水点所排放的废水组成，其污染物浓度差异很大，可简单分为灰水、黑水。其中灰水由洗浴、洗衣、厨房和盥洗等废水组成，占生活用水量的 35%～45%，污染物浓度低，无病原微生物和色度，易于净化。黑水由来自卫生间的大小便和冲洗废水组成，占生活用水量的 30%～35%，有机碳和氮磷等含量占 70%以上，且含各类病原生物和色度。因此需要开发农村生活污水供排水和资源化技术，以提高农村水资源的综合利用效率，节省新鲜水用量，控制污染物排放，降低能源消耗并实现农村生活污染物资源化利用。

1.2.4　农业流域的人工排水治污系统不够完善

目前，针对农田排水生态沟渠系统构建及恢复、自然和人工水塘/湿地、河岸带重建及恢复，以及人工快渗系统等技术取得了丰富的成果，但针对农业流域面源污染问题的应用还不够完善。首先，排水沟渠方面，长期以来，人们主要关注的是农田排水沟渠调节水平衡等水利功能，对长期环境效应和生态功能研究较少（陆海明等，2010）。其次，在湿地/塘水陆交错带方面，自然湿地、人工湿地及塘组成的湿地系统能明显降低农业面源污染对环境的影响。再次，在河流岸边水陆交错带方面，由于河岸植被缓冲带位于陆地生态系统和河流水体之间，因而在转化农业面源污染等方面具有重要作用，河岸植被带也是被欧美国家农业部门推荐为控制非面源污染的最佳管理措施之一（Duchemin and Hogue，2009）。传统的河道护坡往往片面强调河道的防洪、引水、排涝、蓄水和航运等功能，较少考虑河道的生态或环境功能，因此河道的护坡结构多采用浆砌块石或混凝土等刚性硬质材料，甚至有的地方追求所谓的"高标准"河道，对河道进行全断面刚性材料衬砌，使河道的环境条件模式化，并使生物种类单一化。实践证明，河流生态护坡技术对构建河岸植被缓冲带尤为重要，特别是对农业流域的河流生态修复和农业地区的生态护坡技术尤为重要（陈小华和李小平，2006）。农业流域内的水陆交错地带与城市河流完全不同，其生态特征更接近自然河道，生态问题更复杂。对农业流域水陆交错带的开发利用不但要考虑交错带本身，还要考虑对毗邻生态系统的影响。最后，在人工快渗技术方面，人工快渗技术由于简单、高效、省投资、易维护等特点，可作为农业排水污染净化的生态控制工程环节进行应用，有利于农业面源污染的终端处理，减少面源污染入河，保证海河流域水环境质量及水生态安全。

随着农业面源污染的问题越来越突出，为有效防控农业面源污染，我国相继出台了《全国农业可持续发展规划（2015—2030 年）》《农业环境突出问题治理总体规划（2014—2018 年）》和《重点流域农业面源污染综合治理示范工程建设规划（2016—2020 年）》等一系列文件，全面推进农业面源污染防控工作，从污染源头入手，深刻认识到打好农业面源污染防治攻坚战的重要意义，理清打好农业面源污染防治攻坚战的总体思路，明确打好农业面源污染防治攻坚战的工作目标，抓紧做好农业面源污染防控工作，有效改善农业生态环境。

第 2 章　平原河网区农田增效减负与清洁生产技术

2.1　典型农田肥料运筹技术

肥料是农作物的"粮食"，缺少肥料或肥料过多都会造成农作物的生长发育不良，影响其最终产量。据农业部《新中国农业 60 年统计资料》及农业统计资料，我国农业化肥使用量（折纯）从 1952～2015 年呈现出持续增长的趋势，1952 年的使用量仅为 7.8 万 t，2015 年为 6022.6 万 t，2017 年为 5859.41 万 t；氮、磷、钾肥使用量从 1979 年的 825.9 万 t、223.5 万 t、31.6 万 t 增长到 2015 年的 2361.6 万 t、843.1 万 t、642.3 万 t，其后用量有所下降。2017 年，3 种肥料使用量分别为 2221.82 万 t、797.59 万 t、619.74 万 t。施用化肥一方面使农作物产量快速提高，而另一方面也带来了一系列环境问题，如土壤板结、肥力下降、土壤和水环境污染等（Cui et al., 2014）。因此，在维持农田生态系统肥料输入输出平衡，保障作物产量的情况下，最大限度地减少向环境的排放。同时，通过土壤碳氮关系，调节 C/N，扩大土壤氮磷库容，是维持土壤养分库的可持续生产的重要基础。

2.1.1　化肥科学减量技术

化肥减量增效是保障我国粮食安全和农业可持续发展必经之路。华北平原是我国集约化农业生产的主产区之一，在创造粮食高产的同时也造成了氮肥资源的低效利用和环境污染。冬小麦和夏玉米是华北平原的主要粮食作物，氮肥是其获得稳产、高产的重要因素，故而氮肥利用效率受到高度关注，而氮肥利用效率并不总是随其用量增加而提升，随着氮肥用量的持续增加，农田已出现氮肥报酬递减现象，粮食增产速率和氮肥利用效率逐渐下降（巨晓棠和谷保静，2014）。据估测，世界氮肥的平均利用率为 40%～60%，我国仅为 30%～35%。因此，如何实施氮肥合理减量，挖掘作物产量潜力和养分资源利用效率，降低环境成本，是当前国际上确保全球粮食安全和农业可持续发展的研究热点，也是农业面临的巨大挑战（张福锁等，2008；Foley et al., 2011；Tilman et al., 2011）。

适宜的氮肥减量是保障作物高产稳产，维持土壤肥力和减少农业面源污染的关键（刘学军等，2004；赵士诚等，2010）。研究表明，氮肥适宜减量可以保证水稻、玉米、小麦、蔬菜等的产量（赵冬等，2011），提高黄瓜产量和果实品质（汪峰等，2017），降低温室气体排放（韩雪等，2016）。减量施氮还可以降低作物病害，研究表明，与习惯施氮相比，减量施氮提高了蔬菜土壤线虫群落结构，降低了根瘤病的丰度（Ruan et al., 2013）。孙震等（2014）研究发现，当施氮量减少 20%（即降低到 240kg N/hm^2）时，土壤线虫总量有明显提高，而随施氮量进一步降低，线虫总数并没有进一步变化。云鹏等（2010）研究表明，与习惯施氮相比，氮肥减施 25% 和 40% 未影响根际土壤微生物量碳、氮含量，反而增加了非根际土壤微生物量碳、氮水平。还有研究表明，减少氮肥施用后，植株抗病虫害能力相对提高（Peng et al., 2010）。可见，适当的氮素减量对作物产量及氮素吸收不会引起显著变化，而且还可能通过作物间方式、适时适地施肥、改变施肥比例等方式促进作物产量提高，提高肥料利用效率，降低氮肥损失，以及植株的抗病虫能力。

研究区农民习惯施肥量为，冬小麦，N：315kg/hm²，P_2O_5：270kg/hm²，氮肥按照基肥和追肥 1∶1 的比例施入。夏玉米，N：255kg/hm²，P_2O_5：45kg/hm²，K_2O：60kg/hm²，氮肥按照基肥和追肥 6∶4 的比例施入，其他肥料底施。肥料品种：尿素（46%）、重过磷酸钙（43%）和硫酸钾（50%）。根据当地实际情况，本节设置在常规施肥（CK）条件下，减量 10%（N_1）、20%（N_2）和 30%（N_3）三个额度，设置处理情况见表 2-1。

表 2-1　试验设计

处理	减氮比例/%	小麦季/（kg/hm²）	玉米季/（kg/hm²）
CK	0	315	255
N_1	−10	284	230
N_2	−20	252	204
N_3	−30	221	179
N_0	不施氮	0	0

1. 冬小麦-夏玉米全周期的氮磷盈余

氮元素盈余量=氮输入总量−氮输出总量。氮素每年在土壤中的氮素盈余量用 A 表示，输入总量用 I_{Total} 表示，输出总量用 O_{Total} 表示，三者单位均为 kg N/（hm²·a），公式为

$$A = I_{Total} - O_{Total} \tag{2-1}$$

而 I_{Total} 为各输入项之和，公式为

$$I_{Total} = I_f + I_{st} + I_{se} + I_r + I_a \tag{2-2}$$

式中，I_f 为氮肥输入氮量；I_{st} 为秸秆还田输入氮量；I_{se} 为种子输入氮量；I_r 为灌溉水输入氮量；I_a 为大气沉降输入氮量。O_{Total} 为各损失项之和，公式为

$$O_{Total}=O_g + O_{st} + O_r \tag{2-3}$$

式中，O_g 为小麦玉米籽粒吸氮量；O_{st} 为小麦玉米秸秆吸氮量；O_r 为损失氮量。上述参数的单位均为 kg N/（hm²·a）。

磷素盈余量=磷输入总量−磷输出总量。磷素每年在土壤中的氮素盈余量用 A' 表示，输入总量用 I'_{Total} 表示，输出总量用 O'_{Total} 表示，三者的单位均为 kg P/（hm²·a），公式为

$$A' = I'_{Total} - O'_{Total} \tag{2-4}$$

而 I'_{Total} 为各输入项之和，公式为

$$I'_{Total} = I'_f + I'_{st} + I'_{se} + I'_r + I'_a \tag{2-5}$$

式中，I'_f 为磷肥输入磷量；I'_{st} 为秸秆还田输入磷量；I'_{se} 为种子输入磷量；I'_r 为灌溉水输入磷量；I'_a 为大气沉降输入磷量。O'_{Total} 为各损失项之和，公式为

$$O'_{\text{Total}} = O'_g + O'_{\text{st}} + O'_r \tag{2-6}$$

式中，O'_g 为小麦玉米籽粒吸磷量；O'_{st} 为小麦玉米秸秆吸磷量；O'_r 为损失磷量。上述参数的单位均为 kg P/（$hm^2 \cdot a$）。

1）氮输入项和输出项数据具体来源和算法

氮输入项包括氮肥施用量、秸秆还田带入量、灌溉带入量、种子带入量及干湿沉降量。其中，氮肥施用量为田间实际施用量；秸秆还田带入氮 = 秸秆产量 × 秸秆还田率 × 秸秆氮含量；秸秆产量为田间实测产量；灌溉带入氮 = 整个轮作周期灌溉量 × 灌溉水氮含量；种子带入氮 = 播种量 × 作物籽粒氮含量；干湿沉降量来自文献荟萃结果。

氮输出项：籽粒移出氮 = 作物籽粒产量 × 籽粒携出氮量；秸秆移出氮 = 秸秆产量 × 秸秆氮含量；损失氮包括地表径流、淋洗、氨挥发和 N_2O 排放，其数据为田间实测数据。

本试验条件下，输入项中的干湿沉降数据是根据 2010～2017 年已发表的关于华北地区冬小麦-夏玉米轮作体系下沉降的文章荟萃分析的结果；非共生固氮数据参考地区相关文献；种子含氮量为田间实际播种量乘以种子含氮量；灌溉水中氮含量为灌溉水量并乘以其含氮量（采集水样分析测定其氮含量）。输出项中的作物吸收氮量和氨挥发、N_2O 排放，以及淋洗、径流等损失氮量均为田间实测数据。作物收获时每个监测点收获 $6m^2$（$2m \times 3m$）的样方进行籽粒和秸秆测产，利用 $H_2SO_4\text{-}H_2O_2$ 消煮、蒸馏定氮方法测定籽粒和秸秆含氮量；氨挥发的测定采用通气法进行捕获，采集的海绵样品用 1mol/L 的 KCl 溶液浸提，利用流动化学分析仪（auto analyzer 3）测定其 $NH_4^+\text{-}N$ 含量，进而计算 NH_3 挥发量；采用静态箱法采集 N_2O，利用气相色谱（Agilent 7890，USA）对气样进行测定；收集淋洗和径流的水样并测定水量和水样含氮量进而计算淋洗和径流氮素损失量。

2）磷输入项和输出项数据具体来源和算法

磷输入项：磷肥施用量的数据为试验田实际施用量；秸秆还田带入磷 = 秸秆产量 × 秸秆还田率 × 秸秆磷含量；秸秆产量为田间实测产量；灌溉带入磷 = 整个轮作周期灌溉量 × 灌溉水磷含量；种子带入磷 = 播种量 × 作物籽粒磷含量；干湿沉降来自文献荟萃结果。

磷输出项：籽粒移出磷 = 作物籽粒产量 × 籽粒携出磷量；秸秆移出磷 = 秸秆产量 × 秸秆磷含量；损失磷包括地表径流、淋洗，其数据为田间实测数据。

在本试验条件下，输入项中的干湿沉降数据是根据 2010～2017 年关于华北地区冬小麦-夏玉米轮作体系下沉降的文章荟萃分析的结果；种子含磷量为田间实际播种量乘以种子含磷量；灌溉水中磷含量为灌溉水量并乘以其含磷量（采集水样分析测定其磷含量）。输出项中，作物吸收磷量，以及淋洗、径流等损失磷量均为田间实测数据。作物收获时每个监测点收获 $6m^2$ 的样方进行籽粒和秸秆测产，利用钒钼黄吸光光度法方法测定籽粒和秸秆含磷量；收集淋溶和径流水样并测定水量和水样含磷量进而计算淋洗和径流磷素损失量。

2. 冬小麦-夏玉米的氮磷盈余

1）小麦季

小麦季的氮素平衡情况见表 2-2。从表中可以看出，各处理的化肥氮投入量基本满足作物所需。除化肥氮的投入外，还有干湿沉降、非共生固氮、秸秆还田等其他氮素投入方式，因此造成了土壤氮素盈余，加大了环境污染的风险。

表 2-2　小麦季氮素盈余量

处理		CK	N_0	N_1	N_2	N_3
氮素输入项 /[kg N/（hm²·a）]	化肥氮	315	0	284	252	221
	干湿沉降氮	9.00	9.00	9.00	9.00	9.00
	非共生固氮	11.00	11.00	11.00	11.00	11.00
	种子	5.00	5.00	5.00	5.00	5.00
	玉米秸秆	145.93	112.22	162.67	168.17	153.3
	灌溉	7.50	7.50	7.50	7.50	7.50
	总输入	493.43	144.72	479.17	452.67	406.80
氮素输出项 /[kg N/（hm²·a）]	籽粒吸收	82.39	57.45	86.14	79.95	87.03
	秸秆吸收	179.60	129.97	227.2	225.51	168.80
	氨挥发	55.26	31.13	45.91	51.75	82.79
	N_2O 排放	5.68	0.64	4.57	2.86	1.71
	氮素淋洗	59.43	4.57	49.14	29.14	13.14
	总输出	382.36	233.76	412.96	389.21	353.47
氮素盈余量/[kg N/（hm²·a）]		111.07	−79.04	66.21	63.46	53.33
氮素损失量 /[kg N/（hm²·a）]		120.37	36.34	99.62	83.75	97.64
氮肥有效率/%		61.79	—	64.92	66.77	55.82

注：—表示无数据，下同

小麦季的磷素平衡情况见表 2-3。从数据反映的情况可以看到，各处理的化肥磷投入量已远远满足作物生长籽粒和秸秆所需。化肥磷投入，加上干湿沉降及秸秆还田等磷素投入，产生了土壤磷的盈余。

表 2-3　小麦季磷素盈余量　　　　　　　　　　[单位：kg P/（hm²·a）]

处理		CK	N_0	N_1	N_2	N_3
磷素输入项	化肥磷	117.90	117.90	117.90	117.90	117.90
	干湿沉降磷	0.30	0.30	0.30	0.30	0.30
	种子	0.13	0.13	0.13	0.13	0.13
	玉米秸秆	42.97	41.92	44.30	45.56	41.06
	灌溉	0.30	0.30	0.30	0.30	0.30
	总输入	161.60	160.55	162.93	164.19	159.69
磷素输出项	籽粒吸收	21.48	20.96	22.15	22.78	20.53
	秸秆吸收	23.63	23.06	24.37	25.06	22.58
	淋洗、径流	0.05	0.05	0.06	0.04	0.05
	总输出	45.16	44.07	46.58	47.88	43.16
磷素盈余量		116.45	116.48	116.35	116.31	116.53

2）玉米季

玉米季的氮素平衡情况结果展示见表 2-4。与小麦季相同，在玉米季各处理的化肥氮投入量基本满足作物生长籽粒和秸秆所需。由于既有化肥氮的投入，又有干湿沉降、非共生固氮、秸秆还田等其他氮素投入方式，也出现了土壤氮素盈余，环境污染风险仍然存在。

表 2-4 玉米季氮素盈余量

处理		CK	N_0	N_1	N_2	N_3
氮素输入项 /[kg N/(hm²·a)]	化肥氮	255.00	0.00	230.00	204.00	179.00
	干湿沉降氮	19.00	19.00	19.00	19.00	19.00
	非共生固氮	4.00	4.00	4.00	4.00	4.00
	种子	2.10	2.10	2.10	2.10	2.10
	玉米秸秆	179.60	129.97	227.20	225.51	168.80
	灌溉	7.50	7.50	7.50	7.50	7.50
	总输入	467.20	162.57	489.80	462.11	380.40
氮素输出项 /[kg N/(hm²·a)]	籽粒吸收	145.22	66.22	158.58	158.29	166.10
	秸秆吸收	145.93	112.22	162.67	168.17	153.30
	氨挥发	41.45	23.35	34.43	38.81	32.10
	N_2O 排放	4.26	0.42	3.58	2.48	1.38
	氮素淋洗	44.57	3.12	36.42	20.47	12.77
	总输出	381.43	205.33	395.68	388.19	365.65
氮素盈余量/[kg N/(hm²·a)]		85.77	−104.74	93.83	72.84	17.75
氮素损失量/[kg N/(hm²·a)]		90.28	26.89	74.43	61.73	46.25
氮肥有效率/%		64.60	—	67.64	69.74	74.16

玉米季磷素平衡情况见表 2-5。与小麦季不同的是，玉米季各处理的化肥磷投入量较低，不能满足作物生长籽粒和秸秆所需。虽然有化肥磷的投入，还有干湿沉降、秸秆还田等其他磷素投入方式，但依然不能满足作物所需，表现为土壤消耗磷素，出现磷亏缺。

表 2-5 玉米季磷素盈余量　　　　[单位：kg P/(hm²·a)]

处理		CK	N_0	N_1	N_2	N_3
磷素输入项	化肥磷	20.60	20.60	20.60	20.60	20.60
	干湿沉降磷	0.50	0.50	0.50	0.50	0.50
	种子	0.27	0.27	0.27	0.27	0.27
	玉米秸秆	23.63	23.06	24.37	25.06	22.58
	灌溉	0.30	0.30	0.30	0.30	0.30
	总输入	45.30	44.73	46.04	46.73	44.25

续表

处理		CK	N_0	N_1	N_2	N_3
磷素输出项	籽粒吸收	26.86	26.20	27.69	28.47	25.66
	秸秆吸收	42.97	41.92	44.30	45.56	41.06
	淋洗、径流	0.06	0.06	0.08	0.06	0.07
	总输出	69.89	68.18	72.07	74.09	66.79
磷素盈余量		−24.59	−23.45	−26.03	−27.36	−22.54

3）全年

冬小麦-夏玉米典型轮作的氮素盈余见表 2-6。在整个冬小麦-夏玉米轮作周期中，由于秸秆还田，秸秆氮素输入项和输出项相等，因此，表 2-6 中省略了输入项中的秸秆输入氮量和输出项中的秸秆吸收氮量。从表中可以看出，冬小麦-夏玉米轮作农田氮素输入主要来源于化肥投入；而氨挥发和氮素淋洗是重要的氮素损失去向。通过降低化肥施用量，均不同程度地降低了氮素损失量。过量的氮肥施用是对资源的一种浪费，未来要合理引导农户适当施肥，以此实现在保证不减产的情况下优化施肥的目标。而在输出项中，氨挥发和淋洗是氮素损失的主要途径，尤其 CK 处理，两项输出项占其总氮素输出的 31.60%。因此，如何有效降低氨挥发和减少氮素淋洗是该地氮素管理的重要难题。

表 2-6　冬小麦-夏玉米轮作体系下氮素盈余量

处理		CK	N_0	N_1	N_2	N_3
氮素输入项/[kg N/(hm²·a)]	化肥氮	570.00	0.00	514.00	456.00	399.00
	干湿沉降氮	28.00	28.00	28.00	28.00	28.00
	非共生固氮	15.00	15.00	15.00	15.00	15.00
	种子	7.10	7.10	7.10	7.10	7.10
	灌溉	15.00	15.00	15.00	15.00	15.00
	总输入	635.10	65.10	579.10	521.10	465.10
氮素输出项/[kg N/(hm²·a)]	籽粒吸收	227.61	123.67	244.72	238.24	253.13
	氨挥发	96.71	54.48	80.34	90.56	114.89
	N_2O 排放	9.94	1.06	8.15	5.31	3.09
	氮素淋洗	104	7.69	85.56	49.61	25.91
	总输出	438.26	186.90	418.77	383.72	397.02
氮素盈余量/[kg N/（hm²·a)]		196.84	−121.80	160.33	137.38	67.08
氮素损失量/[kg N/（hm²·a)]		210.65	63.23	174.05	145.48	143.89
氮肥有效率/%		63.04	—	66.14	68.10	64.03

冬小麦-夏玉米典型轮作的磷素盈余见表 2-7。在冬小麦-夏玉米轮作周期中，由于秸秆还田，秸秆磷素输入项和输出项相等，因此，表 2-7 中省略了输入项中的秸秆输入磷量和输出项中的秸秆吸收磷量。从表中可以看出，冬小麦-夏玉米轮作农田磷素输入主

要来源于化肥投入；而磷素淋洗是重要的氮素损失去向。虽然在玉米季磷素表现为土壤消耗磷素的状态，但是在整个轮作周期内看，土壤磷素仍表现为磷素过量。

表 2-7　冬小麦-夏玉米轮作体系下磷素盈余量　　　[单位：kg P/（hm²·a）]

	处理	CK	N_0	N_1	N_2	N_3
磷素输入项	化肥磷	138.5	138.5	138.5	138.5	138.5
	干湿沉降磷	0.8	0.8	0.8	0.8	0.8
	种子	0.8	0.8	0.8	0.8	0.8
	灌溉	0.6	0.6	0.6	0.6	0.6
	总输入	140.7	140.7	140.7	140.7	140.7
磷素输出项	作物吸收	48.34	47.16	49.84	51.25	46.19
	淋洗、径流	0.105	0.112	0.134	0.098	0.127
	总输出	48.445	47.272	49.974	51.348	46.317
磷素盈余量		92.255	93.428	90.726	89.352	94.383

综合以上分析，在冬小麦-夏玉米全年施氮量399kg/hm²（氮肥减量30%）和315kg/hm²的磷素用量下，氮素和磷素的盈余量分别为68.08kg/hm²和94.383kg/hm²，理论上盈余量越接近零，各种输入和输出越接近平衡，此时不消耗土壤养分库，可以实现土壤可持续生产。而在目标产量情况下作物的吸收量和外界输入量接近相同，对外损失量为零，是理想的氮磷投入量。但在实际中，对外损失基本不可能为零，如果仅以作物吸收量来投入相应的氮磷养分，就会导致土壤养分库的损耗。这可能短期内不会对作物生长发育造成影响，但在土壤养分库的持续损耗下，必将影响作物产量和品质。

氮在土壤中的盈余状况，也是植物氮肥利用和有效性的体现。表 2-8 是冬小麦-夏玉米全周期内土壤氮素的累积状况。从表中可以看出，随着氮肥减量额度的增加，籽粒和秸秆的氮吸收量出现先增加后降低的趋势，而氮利用效率却逐渐增加。与对照相比，N_3 处理的冬小麦和夏玉米籽粒氮吸收量最高，分别增加 5.63% 和 8.51%；N_1 和 N_2 处理秸秆氮吸收量最高，分别增加 26.50% 和 15.24%。

表 2-8　冬小麦-夏玉米单株氮累积特征　　　（单位：%）

处理	小麦季		玉米季	
	氮肥利用率	氮肥有效率	氮肥利用率	氮肥有效率
CK	23.67	61.79	44.20	64.60
N_0	—	—	—	—
N_1	44.34	64.92	62.09	67.64
N_2	46.84	66.77	72.56	69.74
N_3	30.95	55.82	78.75	74.16

表 2-9 是氮肥减量处理情况下的冬小麦-夏玉米产量状况，从表 2-9 可以看到，与对

照相比，氮肥减量 10%～20%（N_1 和 N_2）时，冬小麦–夏玉米产量与常规处理在数值上有差异，但是统计分析结果显示差异不显著。N_3 处理的 2017 年玉米季和 2018 年小麦季产量则降低明显。

表 2-9　不同技术模式下作物产量　　　　　　（单位：kg/hm²）

生长季	CK	N_1	N_2	N_3
2017 年玉米季	7660±213.43a	7874±576.32a	7416±191.51a	7136±175.29b
2017 年冬小麦季	7145±218.57a	6780±280.00a	6780±215.17a	7150±50.01a
2018 年玉米季	7125±254.45a	6587±456.13a	6703±156.45a	6982±286.12a
2018 年冬小麦季	7683±185.46a	7423±142.46a	7401±122.25a	7104±101.75b

注：小写字母 a、b 和 c 代表不同处理间的差异性。字母相同表示差异不显著（$p<0.05$），字母不同表示差异显著（$p<0.05$），下同

2.1.2　肥料结构优化

作物生长需要氮、磷、钾的合理配比，但是，实际施肥时，农民对氮磷肥重视程度较高，钾肥考虑较少。因此，本节针对当地农民习惯施肥氮磷多无钾的现象，优化氮磷钾比例，降低氮肥用量，提高氮肥利用效率，实现小麦玉米种植模式下氮磷用量优化的减污增效。

试验共设置 6 个处理。小麦季：农民习惯（N-P_2O_5-K_2O=315-270-0）、优化施肥 1（270-270-90）、优化施肥 2（270-225-90）、优化施肥 3（270-180-90）、优化施肥 4（270-135-90）和优化施肥 5（270-90-90）；玉米季：农民习惯（255-45-60）、优化施肥 1（225-45-60）、优化施肥 2（195-45-90）、优化施肥 3（165-45-120）、优化施肥 4（195-75-60）和优化施肥 5（165-105-60），每个小区面积为 90m²，各设 3 个重复。

1. 不同施肥处理对小麦和玉米产量的影响

图 2-1 是优化施肥处理情况下的小麦和玉米产量状况。由图 2-1（a）可知，与农民习惯相比，优化施肥 1、3、4 处理下小麦产量略有升高，但未达到显著增产水平。因此，

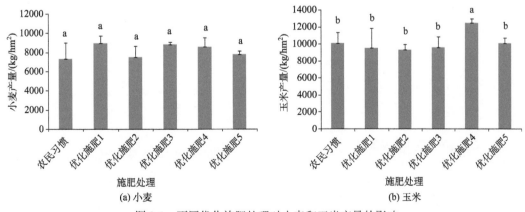

图 2-1　不同优化施肥处理对小麦和玉米产量的影响

在氮肥用量减少 14.3%的水平下，保持小麦产量略有增加或持平是可能的。同时，综合考虑山东其他地区小麦施氮量水平，在本试验条件下，氮磷用量都仍有一定的下调空间。

图 2-1（b）是优化施肥处理情况下的玉米产量状况。由图可知，各优化施肥处理的玉米产量均保持持平或略有增长的趋势，其中，优化施肥 4 处理增产达到显著水平，增产 8.9%，其他处理差异不显著。可见，在本试验条件下，减少一定量的氮肥不会降低玉米产量，而适当增加玉米季磷肥量可提高玉米产量。

2. 不同施肥处理对小麦和玉米氮、磷投入与产出的影响

表 2-10 是不同优化施肥情况下的小麦氮、磷养分投入与产出情况。由表可知，在小麦季，各施肥处理的氮磷养分投入量明显超过了收获小麦带走的输出量，氮磷均出现显著盈余；尤其以农民习惯最为明显，优化施肥 2 和优化施肥 5 处理氮盈余量较高，与小麦产量有关；磷盈余量的变化与磷肥施用量的多少有关，呈正相关关系。和农民习惯相比，氮磷施用量的减少并没有减少产量，说明氮磷肥用量都有一定的下调空间。

表 2-10　不同优化施肥情况下的小麦氮磷投入与产出　［单位：kg/（hm²·a）］

处　理	肥料投入		收获植株		养分平衡	
	N	P_2O_5	N	P_2O_5	N	P_2O_5
农民习惯	315	270	170.5	56.0	144.5	214.0
优化施肥 1	270	270	191.0	59.6	79.0	210.4
优化施肥 2	270	225	165.7	51.9	104.3	173.1
优化施肥 3	270	185	183.6	61.1	86.4	123.9
优化施肥 4	270	135	185.6	58.3	84.4	76.7
优化施肥 5	270	90	163.7	55.7	106.3	34.3

3. 优化施肥处理对氮径流和氨挥发损失的影响

表 2-11 是优化施肥情况下小麦季和玉米季的氮径流损失情况。由表 2-11 可知，在本试验条件下，各种形态的氮损失量均较小，可忽略不计；不同处理间径流量大小差异和水量有很大关系。因此，应尽量避免大水漫灌。

表 2-11　优化施肥情况下小麦和玉米两季氮径流损失　（单位：kg/hm²）

处　理	$NO_3^- $-N	NH_4^+-N
农民习惯	0.111	0.010
优化施肥 1	0.069	0.019
优化施肥 2	0.352	0.120
优化施肥 3	0.052	0.008
优化施肥 4	0.171	0.055
优化施肥 5	0.067	0.024

可知，小麦季和玉米季氨挥发量均较大，其变化范围在 24.85～46.84kg/hm^2。小麦季中，农民习惯和优化施肥 2 处理的氨挥发量最大；通过氮盈余量数据发现，土壤中氮盈余量越多，氨挥发量越大。玉米季中，以农民习惯和优化施肥 1 处理氨挥发量最大，可见氨挥发和施氮量呈正比（表 2-12）。

表 2-12　优化施肥情况下小麦和玉米两季氨挥发损失　　（单位：kg/hm^2）

处　　理	小麦季氨挥发量	玉米季氨挥发量
农民习惯	41.46	46.40
优化施肥 1	32.95	46.84
优化施肥 2	44.24	35.90
优化施肥 3	30.55	32.90
优化施肥 4	37.15	30.74
优化施肥 5	24.85	29.02

研究通过调整不同的氮磷钾比例，筛选出适合冬小麦和夏玉米的肥料结构，适合小麦的施肥结构是 N-P$_2$O$_5$-K$_2$O=270-135-90，氮肥投入降低 14%，磷肥投入降低 50%，产量增加 16.9%，氮素流失减少 63%；适合玉米的施肥结构是优化施肥：N-P$_2$O$_5$-K$_2$O= 195-75-60，氮肥投入降低 23%，产量不变。

2.1.3　新型肥料替代技术

因地制宜地研发新型控型肥料是解决传统型化肥肥效短、环境外部性强的重要途径。研究共设置 7 个处理。小麦季：农民习惯施肥为对照（N-P$_2$O$_5$-K$_2$O=315-270-0）、缓控释肥 A（270-150-120）、缓控释肥 B（270-150-120）、缓控释肥 C（270-150-120）、缓控释肥 D（270-150-120）、微生物肥料（270-150-120）（功能性土壤调理剂，用量 600kg/hm^2，中农绿康）和稳定性肥料（270-150-120）（常规肥料配施硝化抑制剂，双氰胺用量为尿素用量的 8%，市场购买）。玉米季：农民习惯施肥为对照（255-45-60）、缓控释肥 A（225-45-60）、缓控释肥 B（225-45-60）、缓控释肥 C（225-45-60）、缓控释肥 D（225-45-60）、微生物肥料（225-45-60）和稳定性肥料（225-45-60）。每个小区面积为 90m^2，各设 3 个重复（缓控释肥 A 为金正大生产的小麦专用控释肥；缓控释肥 B、C 和 D 为山东农科院资环所自制产品）。

1. 缓控释肥替代技术

1）不同肥料对小麦和玉米产量的影响

图 2-2（a）是施用不同肥料情况下的小麦产量。从图中可以看出，与农民习惯相比，缓控释肥 A 略增产，但增产不显著；微生物肥处理的产量有所降低，但未达到显著性差异水平；缓控释肥 B、C、D 和稳定性肥料处理产量基本与农民习惯处理持平。说明在减氮 14.3%的水平下，各处理未明显降低小麦产量，缓控释肥 A 且略有增加小麦产量。

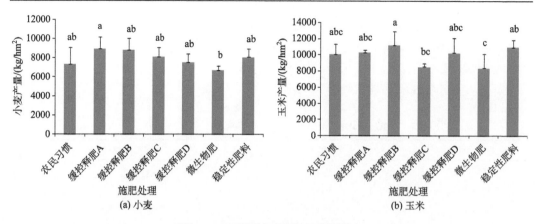

图 2-2　新型肥料对作物产量的影响

不同新型肥料对玉米产量的影响见图 2-2（b）。与农民习惯相比，缓控释肥 B 和稳定性肥料处理的玉米产量略有升高，增产幅度在 8.8%～11.0%；而缓控释肥 C 和微生物肥处理的产量比农民习惯略有下降，但差异都不显著；缓控释肥 A 和缓控释肥 D 与农民习惯产量持平。与农民习惯相比，以新型肥料减氮投入 11.8%替代常规氮肥，对玉米产量影响不显著。

2）不同施肥处理对小麦 N、P 养分投入与产出的影响

表 2-13 是小麦季不同施肥处理的养分平衡情况。由表可见，农民习惯处理的氮磷肥投入量最高，但其植株带走量并非最高；缓控释肥 A 带走的氮量最高，其次是缓控释肥 B，且缓控释肥 B 带走磷量最高；这与作物产量有一定关系。研究结果显示，氮磷盈余最高的都是农民习惯施肥处理，其次是微生物肥料，这与农民习惯性施肥带入的氮磷量最多和微生物肥料处理的作物产量较低有关。可见，在农业生产中，农民习惯性的氮磷肥施用量可适当减少。

表 2-13　小麦季不同施肥处理的养分平衡情况

处　理	肥料投入		收获植株		养分平衡	
	N	P_2O_5	N	P_2O_5	N	P_2O_5
农民习惯	315	270	170.5	56.0	144.5	214.0
缓控释肥 A	270	150	189.6	56.7	80.4	93.3
缓控释肥 B	270	150	188.5	61.6	81.5	88.4
缓控释肥 C	270	150	182.5	55.7	87.5	94.3
缓控释肥 D	270	150	160.8	58.7	109.2	91.3
微生物肥	270	150	156.3	51.4	113.7	98.6
稳定性肥料	270	150	174.9	54.3	95.1	95.7

2. 生物菌肥替代技术

1）化肥减量配施生物菌肥对耕层土壤硝态氮淋溶的影响

表 2-14 是化肥减量配施生物菌肥情况下的土壤硝态氮淋溶情况。由表可知，化肥减

量 25%配合生物菌肥处理土壤耕层的硝态氮淋溶较少，而该有机肥的添加导致很高的硝态氮淋溶，对环境风险较大。

表 2-14 不同采样日期淋溶硝态氮量 （单位：g/hm²）

日 期	CK	B1N2P2	B1ON1P1	B2N2P2	B2ON1P1
7 月 3 日	195.5a	—	40.6b	67.8b	235.6a
7 月 13 日	635.6b	350.4c	1792a	332.6c	2151.8a
7 月 23 日	373.2a	8.5c	249.3b	352.5a	291.3a
8 月 2 日	463.1b	576.4ab	588.8ab	176.8c	686.2a
8 月 12 日	—	119.2c	221.6a	34.9d	303.6b
8 月 22 日	59.0c	215.3b	179.6b	49.7c	391.6a
9 月 1 日	47.8c	28.7c	313.3b	38.3c	637.7a
9 月 21 日	8.3b	3.9b	15.7b	19.7b	910.7a
总 计	1782.5c	1302.4c	3400.9b	1072.3c	5608.5a

注："—"表示硝态氮量过低，未检测到

2）化肥减量配施生物菌肥对土壤全氮碱解氮的影响

图 2-3 是玉米全生育期内土壤碱解氮动态变化情况。从图 2-3 可以看到，玉米全生育期内，耕层土壤碱解氮含量在 85～105mg/kg 变化。从图 2-4 土壤全氮的总体情况看，只有 B2ON1P1 的全氮最高并显著高于 CK（$p<0.05$），无论是全氮还是速效磷四个菌肥处理都比 CK 高，说明菌肥的施用能够活化土壤氮磷营养，即便开始时施入土壤的化肥氮素和化肥磷素少于 CK 中的氮磷。

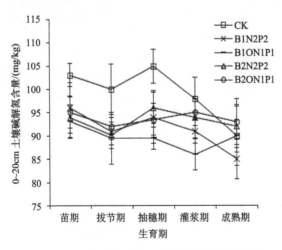

图 2-3 不同生育期各处理土壤碱解氮动态变化

3）化肥减量配施生物菌肥对玉米氮素吸收利用的影响

表 2-15 是收获期玉米的氮素吸收利用情况。可以看出，常规施肥量（N-200kg/hm²）下的 NUE 和 NHI 偏低，PFP 也很低，菌肥配施下化肥减量 25%能不同程度地提高植物

对氮素的吸收和利用，且 B2N2P2 最高；但是只有 B1N2P2 的 NPE 高于 CK，说明氮素生理利用率这个指标在反映作物氮素利用方面有一定的局限性，不能反映实际差异。

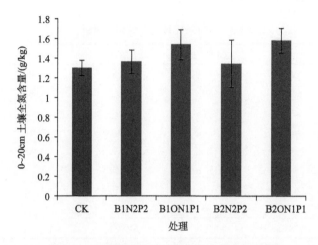

图 2-4　不同菌肥组合下各处理土壤全氮含量

表 2-15　玉米收获期氮素利用率及氮肥偏生产力

处　理	氮素收获指数/%	氮素生理利用率/（kg/kg）	氮素利用效率/（kg/kg）	氮肥偏生产力/（kg/kg）
CK	55.35b	33.50b	1.18b	40.79c
B1N2P2	60.11a	38.24a	1.55ab	58.74ab
B1ON1P1	52.60b	27.33c	1.65ab	48.09b
B2N2P2	59.85a	32.35b	1.87a	62.39a
B2ON1P1	56.78a	29.82c	1.77a	54.19b

　　4）化肥减量配施生物菌肥对玉米产量及构成因素分析

　　表 2-16 是玉米产量构成及经济系数。可以看出反映出菌肥与化肥减少 1/4 的组合相比常规化肥和菌肥与有机肥组合有其明显的优越性，化肥减量 25％再配合生物菌肥下的产量最高。B1N2P2 和 B2N2P2 的经济系数均显著高于同菌种的有机肥处理和常规施肥处理，说明化肥减少 1/4 配施菌肥有利于提高玉米种植的经济效益，有机肥的施用会降低经济系数。

表 2-16　玉米产量构成因素和经济系数

处　理	有效穗数/（个/hm²）	穗粒数/粒	千粒重/g	产量/（kg/hm²）	经济系数
CK	53372.0ab	515.0b	296.8a	8158.3b	0.45c
B1N2P2	56395.9a	530.6b	296.5a	8811.0a	0.58a
B1ON1P1	50490.9b	527.8b	304.5a	7213.1c	0.47bc
B2N2P2	59520.9a	511.7b	302.3a	9358.3a	0.49b
B2ON1P1	52180.5b	561.3a	300.8a	8127.9b	0.45c

3. 生物菌肥与化肥减量对小麦氮素吸收的影响

1）生物菌肥与化肥减量对小麦生育后期地上部分吸氮速率的影响

从图 2-5 可以看到，在拔节期和灌浆期 CK 处理的吸氮速率均低于菌肥处理，拔节期显著低于 B1N2P2 和 B2N2P2 处理（$p<0.05$），灌浆期还显著低于 B2ON1P1 处理；拔节期和灌浆期的吸氮速率均表现为 B2N2P2>B2ON1P1、B1N2P2>B1ON1P1，后两者之间差异显著（$p<0.05$），说明小麦对化肥氮的吸收能力比有机肥氮强；成熟期吸氮速率 B2ON1P1>B1ON1P1>CK>B2N2P2>B1N2P2，前两者显著高于后三者（$p<0.05$），其中 B1N2P2 和 B2N2P2 的吸氮速率较灌浆期有所降低，B2ON1P1 的吸氮速率基本持平，而 CK 与 B1ON1P1 的吸氮速率较灌浆期有所增加。经田间实际考察，发现 CK、B1ON1P1、B2ON1P1 处理均有成熟度不一，部分小麦的旗叶和茎秆在成熟期还没有干枯变黄，过量氮素供应造成这些处理贪青晚熟，导致在成熟期吸氮速率仍然居高不下。有机肥中的有机态氮分解缓慢，未能在作物的养分需求临界期前提供适量的氮素营养，而后期氮供应过剩，这是造成菌肥和有机肥与低量化肥组合营养器官生物量过大而籽粒产量不高的主要原因。

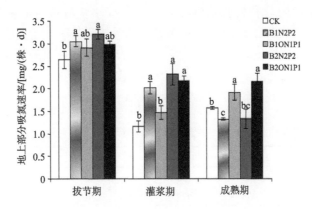

图 2-5　冬小麦生长发育后期地上部分吸氮速率动态变化

2）生物菌肥与化肥减量对小麦地上吸氮量的影响

图 2-6 是冬小麦全生育期内地上部分对氮肥吸收利用情况。由图可见，常规化肥处理仅能在前期促进小麦生长和吸氮，而后期表现不佳；菌肥配施下化肥不同程度减量能在小麦生育中后期提高地上吸氮量，各时期均表现为 B2ON1P1>B1ON1P1 和 B2N2P2>B1N2P2，说明菌肥 2 在提高植株对氮素的获取能力方面比菌肥 1 优越；菌肥配施下化肥不同程度减量或结合有机肥能在小麦生育中后期提高地上携氮量，为营养器官中的氮素向籽粒中转移奠定了良好的基础。虽然成熟期 B1ON1P1 的吸氮量显著高于 B1N2P2，但这些氮在用于形成产量上的能力却不如 B1N2P2，B1ON1P1 和 B2ON1P1 的营养器官含氮量过高、群体成熟度不一致是导致其产量偏低的主要原因，过量施氮不利于提高籽粒中的氮素分配比例。

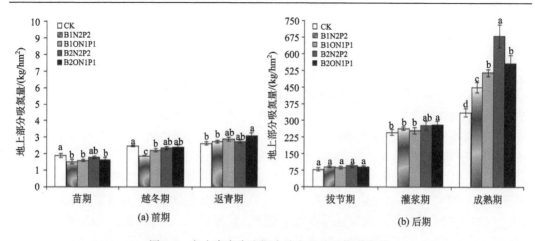

图 2-6　冬小麦全生育期内地上部分吸氮量变化

3) 生物菌肥与化肥减量对小麦氮素分配的影响

表 2-17 是灌浆期与成熟期冬小麦营养器官和籽粒的吸氮量对比。由表可见,灌浆期菌肥配施化肥减量 25%,两个处理的植株地上部分籽粒中的氮素分配比例已经开始逐渐增高,且显著高于菌肥与有机肥配施处理。成熟期小麦籽粒吸氮量表现为 B2N2P2>B2ON1P1>B1N2P2>B1ON1P1>CK,可见菌肥 2 的吸氮量显著大于菌肥 1 和 CK,说明菌肥 2 优于菌肥 1;成熟期小麦地上营养器官吸氮量表现为 B1ON1P1>B2ON1P1>B2N2P2>B1N2P2>CK,前两者显著高于后三者,亦说明菌肥与有机肥配施可能会增加小麦整株吸氮量,但是籽粒吸氮的分配比例并不高,因此会影响最终产量。

表 2-17　灌浆期和成熟期冬小麦营养器官和籽粒吸氮量对比　　　　　（单位：mg/株）

日期	生育期	CK	B1N2P2	B1ON1P1	B2N2P2	B2ON1P1
灌浆期	籽粒	29.91c	36.24b	26.9d	48.6a	31.1c
	营养器官	224.4a	127.8c	161.7b	119.2c	162.4b
成熟期	籽粒	425.9e	588.57c	490.49d	943.4a	618.85b
	营养器官	153.2d	164.9cd	275.31a	185.2c	231.4b

注：营养器官包括叶+叶鞘+茎秆+穗轴+颖壳

4) 生物菌肥与化肥减量对小麦产量及氮素利用率的影响

表 2-18 冬小麦产量构成因素及经济系数是生物菌肥与化肥减量配合施用情况下的冬小麦产量构成因素及经济系数,反映出菌肥与中量化肥的组合相比常规化肥和菌肥与有机肥组合具有明显的优越性,化肥减量 25% 再配合生物菌肥下的产量最高。由此说明菌肥配施与秸秆还田下化肥减量产量不减反增是可以实现的,这与在夏玉米上得到的结论一致。经济系数的表现为两种菌肥与有机肥共用的处理显著低于其他处理,说明该有机肥会降低冬小麦和夏玉米的谷草比,影响产量。从表 2-19 可以看出,常规施肥量（N-200kg/hm²）的氮素吸收效率和收获指数偏低,氮肥偏生产力也很低,菌肥配施下化肥减量 25% 能不同程度地提高植物对氮素的吸收和利用,且 B2N2P2 的最高;氮素生理

利用率的表现与其他三个氮素利用指标明显不同，菌肥反而表现出劣势。

表 2-18　冬小麦产量构成因素及经济系数

处　理	有效穗数/（10^4/hm²）	穗粒数/颗	千粒重/g	产量/（kg/hm²）	经济系数/（kg/kg）
CK	390.6a	42.5b	29.7b	4927.0ab	0.46b
B1N2P2	372.3c	45.1a	29.9ab	5031.3a	0.49ab
B1ON1P1	367.1d	42.5b	29.9ab	4672.5b	0.40c
B2N2P2	384.0b	42.3b	31.6a	5130.6a	0.52a
B2ON1P1	381.4b	42.1b	30.3ab	4859.7ab	0.42c

表 2-19　冬小麦收获期氮素利用率及氮肥偏生产力

处　理	氮素收获指数/%	氮素生理利用率/（kg/kg）	氮素利用效率/（kg/kg）	氮肥偏生产力/（kg/kg）
CK	57.2b	18.5a	1.75c	24.64c
B1N2P2	62.1a	15.59b	3.01b	33.54a
B1ON1P1	54.3c	14.71bc	3.43b	31.15b
B2N2P2	65.6a	14.9b	4.53a	34.2a
B2ON1P1	59.7b	13.1c	3.75ab	32.4ab

　　综合以上分析，若以本次试验结果为准，不考虑根系吸氮，冬小麦拔节期的氮素阶段累积量在各处理间的平均值为 85kg/hm²。因此，在返青与拔节期之间追施 85kg/hm² 的化肥氮素才能保证冬小麦的正常生长和发育。本试验条件下，化肥减量 25%（N-150kg/hm²）配合生物菌肥下冬小麦的产量最高，这和段文学等（2012）在山东省的研究结果相同。由此表明，菌肥配施与秸秆还田下化肥减量不减产是可以实现的。菌肥与中量化肥的组合比其他处理方式有明显的优越性，说明低量化肥已不能满足小麦正常的生长需要，氮肥减量要适度。据估计，若山东滨州地区冬小麦-夏玉米轮作系统年化肥氮用量以 400kgN/hm² 为准，全部减量 25% 可以减少滨州市年纯氮投入量 4.52 万 t，折合普通尿素约为 9.82 万 t，若小麦的当季氮素回收率为 43.8%，玉米的当季回收率为 32.4%（朱兆良等，2012），则每年可减少各种途径损失氮素 1.39 万 t，而有机肥投入的增加可以减少畜禽粪便无序排放及环境污染。

2.2　以碳调氮为核心的土壤库容扩增技术

　　C、H、O、N 是土壤有机质和生物有机体的重要组成元素。在土壤中，C、H、O、N 占比分别为 52%～58%、34%～39%、3.3%～4.8% 和 3.7%～4.1%，C/N 比约为 10∶1（黄昌勇和徐建明，2010）。有机质的分解与转化受其本身含氮量和含碳量比值的影响，一般而言，矿化速度与其含氮量呈正比，与含碳量呈反比。有机质的分解离不开土壤微生物，而微生物在分解有机质时，需要同化一定数量的 C 和 N 构成身体的组成成分，同时还要分解一定数量的有机碳化合物作为能量来源。通常微生物在生命活动过程中需要有机质的 C/N 比约为 25∶1。小于此值则 N 素充足,大于此值则表明 N 素不足。因此一般要求土壤有机质的 C/N 比为 25∶1(黄昌勇和徐建明,2010;刘春生,2006)。以碳调氮是调整和维持土壤碳氮库容的重要方法之一,如增施有机肥、秸秆还田等。通过碳氮关系调节,可以改善土壤质量,扩大土壤库容,增加土壤对氮磷的持留能力,一方面可以为作物生长和土壤环境的维持提供更多的物质来源;另一方面可以减少农田生态系统向环境的排放量。本节主要结合海河流域的实际情况,围绕产后资源化就作物秸秆直接还田及炭化还田开展工作。

2.2.1　秸秆生物炭的制备及其对土壤理化性质与植物生长的影响

1. 生物炭性质的表征

1)生物炭的微观表面形貌特征分析

原料和制备条件影响生物炭的组成及构造特征,进而决定生物炭的性质。因此,本节对生物炭的微观形貌、孔隙分布、表面官能团、元素组成、晶形结构等进行表征分析,以期通过了解四种生物炭的特性,为后续分析生物炭在土壤理化性质改良中效应与功能提供依据。测定对象为 D、L、M、Y 四种秸秆生物质,以及以 10℃/min 升温速率升温至 500℃制得的四种生物炭,实验仪器采用日立公司生产的 SU-5000 扫描电子显微镜,对四种秸秆生物质及其对应生物炭进行扫描分析(图 2-7)。SEM 图分析表明,四种秸秆生物炭经热解炭化后都表现出丰富且发达的孔隙结构,孔隙均在 10μm 左右。这些孔隙结构对土壤通气性、孔隙率、保水保肥性能起着决定性的改良作用。

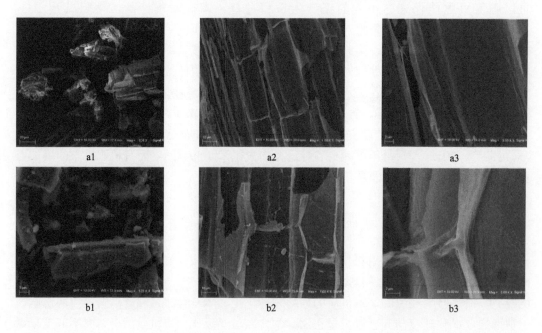

a1　　　　　　　　　　　　a2　　　　　　　　　　　　a3

b1　　　　　　　　　　　　b2　　　　　　　　　　　　b3

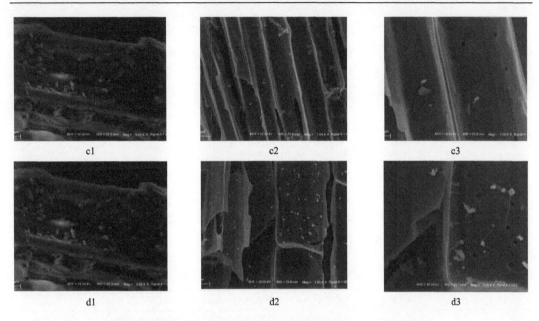

图 2-7　四种秸秆生物质及其制备的生物炭电镜扫描影像（SEM）

a、b、c、d 分别代表水稻秸秆、小麦秸秆、芦苇秸秆和玉米秸秆，1 表示秸秆，2、3 表示对应炭化后的生物炭

2）生物炭的元素组成分析

表 2-20 表明不同秸秆生物质原料各元素含量水平有所差异但不大，而热解反应放大了这种差异，但不同秸秆中元素含量大小的规律在热解后的秸秆生物炭中基本呈现出一致性。组分间的差异主要表现在灰分、C 含量和 O 含量方面，灰分上是 MC>DC>YC>LC。水稻生物炭高于玉米秸秆生物炭，这主要是由于玉米秸秆中的有机质较高，而水稻秸秆纤维素较高，热解后无机组分残留较高。C 含量上，芦苇>玉米>水稻>小麦，与原料中大小规律一致。

表 2-20　四种秸秆及生物炭的元素组成及原子比

	灰分/%	C/%	H/%	N/%	O/%	H/C	(O+N)/C	O/C	C/N
M	14.8	38.0	7.07	1.19	38.9	2.23	0.80	0.77	37.2
Y	12.4	38.9	7.06	1.58	40.7	2.21	0.83	0.80	28.2
D	12.5	38.3	7.39	0.94	40.2	2.28	0.80	0.78	48.5
L	9.26	39.8	7.21	0.53	43.2	2.17	0.82	0.81	87.0
MC	31.3	53.0	2.16	0.22	13.3	0.49	0.19	0.19	277.4
YC	23.5	58.4	2.99	0.29	14.8	0.62	0.19	0.19	237.4
DC	25.6	58.0	2.90	0.33	13.2	0.60	0.18	0.17	203
LC	17.7	66.5	3.37	0.22	12.2	0.61	0.14	0.14	353

在本试验条件下制得的生物炭中，由于不同秸秆中有机碳成分与含量的不同导致芳香性上表现为 MC>DC>LC>YC。有研究表明 O/C 与 CEC 呈现良好的正相关性，而阳离子交换作用是土壤保持肥力的一个重要途径，O/C 比和 H/C 比分别小于 0.4 和 0.6 的生

物炭适合土壤中进行碳的固定，因此使用制备的生物炭对土壤进行改良能够很大程度上提高阳离子的交换能力，从而提升土壤的保肥能力（Enders et al., 2012）。（O+N）/C 主要用于评定物质的极性大小，原子比越大，极性越大。因此理论上来说，水稻秸秆生物炭表现出较好的氮素有效性。

2. 生物炭对冬小麦根系形态和内生真菌群落多样性的影响

1）生物炭对冬小麦成熟期根系形态和生物量的影响

冬小麦初生根与次生根的形态和生物量对生物炭的响应见表 2-21。由表可见，初生根的总根长、直径和生物量明显低于次生根，比根长却明显高于次生根。对照（CK）两类根的分支密度差异不显著，但在生物炭处理中初生根明显低于次生根。可见，两类根系生长特性不同，对生物炭的响应也存在差异。

表 2-21 不同处理根系形态和生物量

根系类型	处理	总根长/cm	直径/mm	分支密度/（枝/cm）	比根长/（m/g）	生物量/g
初生根	CK	345.80±18.61ay	0.20±0.01by	1.68±0.07ax	320.08±47.93cx	0.011±0.00ay
	C1	354.75±4.89ay	0.22±0.01ay	0.58±0.01by	406.81±11.22bx	0.009±0.00by
	C2	358.76±5.78ay	0.21±0.01ay	0.55±0.04by	427.54±14.03bx	0.008±0.00by
	C3	353.36±7.97ay	0.21±0.00ay	0.28±0.01cy	539.52±83.03ax	0.007±0.00by
次生根	CK	710.64±25.29bx	0.38±0.02ax	1.60+0.05ax	119.36+3.55ay	0.06±0.00bx
	C1	716.11±8.70bx	0.35±0.02abx	0.87+0.05cx	110.40+12.98ay	0.07±0.01bx
	C2	718.19±7.83bx	0.33±0.03bx	1.05+0.07bx	110.68+6.29ay	0.07±0.00bx
	C3	766.04±14.13ax	0.36±0.02abx	1.12+0.05bx	74.77+4.72by	0.10±0.01ax

注：数据采用平均值±标准差，a、b 代表不同处理之间的差异性，x、y 代表不同类型根系之间的差异性，下同

由表 2-22 可知，本试验发现，生物炭对冬小麦的有效穗数、穗粒数和千粒质量的提高均有促进作用，但随生物炭施用量增加，产量反而有所降低，但仍然高于对照处理。生物炭施用量为 13.5t/hm^2 时，次生根总根长和生物量明显增加，需要消耗大量的光合产物，故而导致产量降低。有研究表明，生物炭应用在砂质和砂质壤土不仅增加根生物量，而且通过优化根系结构，形成发达根系，提高其抵抗干旱能力（Abiven et al., 2015）。可见，适量的生物炭可以通过优化根系形态对作物产量的提高起到促进作用。

表 2-22 不同处理下冬小麦产量和产量构成因素

处理	有效穗数/（万/hm^2）	穗粒数/个	千粒质量/g	产量/（kg/hm^2）
CK	463.43±34.71b	31.77±1.37a	48.90±0.26a	5785.67±167.01c
C1	466.68±12.09ab	32.03±1.39a	49.23±0.45a	6914.29±53.33b
C2	512.58±28.29a	32.90±1.95a	49.60±0.44a	7415.24±55.24a
C3	451.57±22.00b	32.27±1.21a	48.40±0.44a	6085.71±175.09c

2）生物炭对冬小麦根内生真菌多样性和群落组成的影响

表 2-23 是不同处理作物根系内真菌群落多样性指数。由表 2-23 可知，与对照处理相比，C1 和 C2 处理降低两类根内丰富度 Chao1 指数，但未达到显著水平，仅 C3 处理显著降低两类根内 Chao1 指数。生物炭显著降低了两类根内生真菌多样性 Shannon 指数。比较初生根与次生根内生真菌丰富度 Chao1 指数发现，各处理差异均不显著。多样性 Shannon 指数在 CK 中初生根显著低于次生根，在 C1 和 C2 处理中初生根显著高于次生根，C3 处理中两者差异不大。

表 2-23　不同处理根系内真菌群落多样性指数

处理	初生根		次生根	
	Chao1 指数	Shannon 指数	Chao1 指数	Shannon 指数
CK	553.93±42.23ax	5.58±0.05ay	547.37±9.31ax	6.12±0.06ax
C1	493.70±3.32ax	5.34±0.09bx	511.50±49.11ax	5.10±0.08by
C2	445.13±22.94abx	5.20±0.11bx	485.36±21.06ax	4.62±0.26cy
C3	363.34±27.90bx	4.45±0.23cx	290.31±22.27bx	4.75±0.16bcx

图 2-8 为两类根各处理在门和目 2 个分布水平的真菌群落的丰度。由图 2-8（a）可知，在门分布水平上构成冬小麦灌浆后期初生根内的优势真菌群落为子囊菌门，占初生根全部群落的 74.76%。其他为担子菌门、接合菌门、壶菌门和球囊菌门。与对照处理相比，C1 和 C2 处理显著提高子囊菌门丰度 40.21%、46.20%，C3 处理仅提高 3.37%，与对照差异不显著。C3 处理担子菌门丰度显著高于对照 120.59%，而 C1 和 C2 处理却分别显著低于对照处理 57.85%、58.62%。同时，施用生物炭极大地降低接合菌门、壶菌门和未鉴定杂菌丰度，对球囊菌门丰度影响不大。在常见目分布水平上，对照处理优势菌是肉座菌目（Hypocreales）、粪壳菌目（Sordariales）和格孢菌目，丰度分别占 12.69%、13.15%、16.94%；而 C1、C2 和 C3 处理优势菌均是格孢菌目，丰度分别为 26.52%、31.82%、23.97%。与对照处理相比，C1 和 C2 处理显著提高肉座菌目、粪壳菌目、巨座壳目（Magnaporthales）和格孢菌目丰度，C3 处理仅显著提高巨座壳目和格孢菌目丰度；C1、C2 和 C3 处理显著降低散囊菌目和被孢霉目丰度，其中 C3 处理还显著降低肉座菌目丰度。

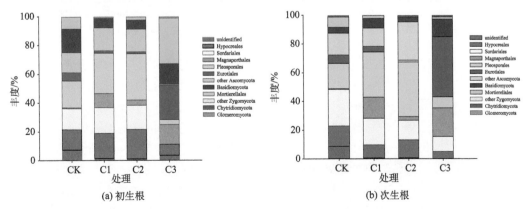

图 2-8　不同处理根系内生真菌门和目水平（子囊菌门和接合菌门的常见目）丰度

由图 2-8（b）可知，冬小麦次生根中内生真菌群落组成同初生根。在门分布水平上次生根中的优势菌门也为子囊菌门，占次生根全部群落 88.47%。与对照处理相比，C1、C2 和 C3 处理的子囊菌门丰度显著提高 16.40%、21.62%、19.08%。C2 处理的担子菌门丰度比对照显著提高 66.34%，C1 和 C3 处理分别显著降低 17.82%、68.32%。施用生物炭还显著降低接合菌门、壶菌门和未鉴定杂菌丰度，对球囊菌门丰度影响不大，与初生根中表现一致。在常见目分布水平上，对照处理优势菌是粪壳菌目丰度占 25.06%；而 C1、C2 和 C3 处理优势菌目均是格孢菌目，丰度分别为 31.40%、37.81%、41.80%。与对照处理相比，C1、C2 和 C3 处理显著提高格孢菌目丰度，而 C1 和 C3 处理还显著提高巨座壳目丰度；C1、C2、C3 处理显著降低散囊菌目和被孢霉目丰度，而 C1 和 C2 处理显著降低粪壳菌目丰度，C1 和 C3 处理显著降低肉座菌目丰度。

3）生物炭对冬小麦不同类型根系形态影响的微生物机制

图 2-9 根系形态指标和内生真菌群落结构的 RDA 分析图。数据分析表明，在门水平，初生根内生真菌群落可以解释同类根系形态变异 9.69%；在常见目分布水平上，可以解释根系形态变异的 10.31%。经蒙特卡洛 999 次检验可知，初生根形态受接合菌门、散囊菌目和被孢霉目真菌的显著影响。

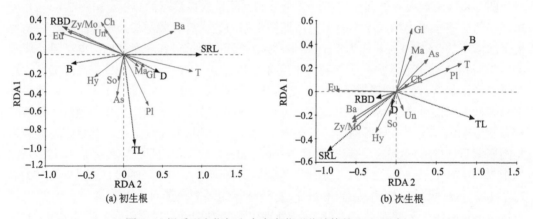

图 2-9　根系形态指标和内生真菌群落结构的 RDA 分析

As. Ascomycota；Ba. Basidiomycota；　Zy. Zygomycota；Ch. Chytridiomycota；Gl. Glomeromycota；Un. Unidentified fungus；Hy. Hypocreales；So. Sordariales；Ma. Magnaporthales；Pl. Pleosporales；Eu. Eurotiales；Mo. Mortierellales；TL. 总根长；D. 直径；B. 生物量；RBD. 分支密度；SRL. 比根长；T. 处理（黑色字体代表根系形态，红色字体代表根内生真菌）

冗余分析表明，初生根内子囊菌门内散囊菌目和接合菌门及其被孢霉目真菌丰度与同类根的分支密度和生物量显著正相关，与其总根长、直径和比根长显著负相关。本节发现施用生物炭显著提高次生根内格孢菌目真菌丰度，由于此时小麦成熟，次生根组织开始老化，有利于格孢菌目真菌生长繁殖，故此时次生根生物量有增加趋势。

经综合比较生物炭对冬小麦根系形态、产量及根际菌群状况，9.0t/hm² （C2）的生物炭处理效果最为明显，与对照处理相比，小麦成熟期初生根直径、分支密度和生物量分别显著降低 5%、67.26%、27.27%，比根长显著提高 33.57%；次生根直径和分支密度分别显著降低 13.16%、34.38%；有效穗数和产量的增加比例分别为 10.60%、28.14%。

3. 生物炭对夏玉米根系形态和内生真菌群落多样性的影响

1）生物炭对夏玉米根系形态和生物量的影响

在夏玉米灌浆后期，C1 和 C2 处理的直径显著低于对照，仅 C2 处理的总根长、表面积、体积和生物量显著高于其他处理。由此可见，从根系整体分析，可能忽略了生物炭对不同类型根系形态的调控。由表 2-24 可知，与对照相比，在初生根仅 C1 处理的总根长显著高于对照；地上节根 C2 处理显著提高总根长、表面积、体积和生物量，C1 处理显著降低直径；生物炭对地下节根的各形态指标和生物量影响均不显著。由此可见，生物炭可在生长后期保持一定根系总根长、表面积、体积和生物量，有利于满足后期地上部籽粒灌浆对养分的需求。总体上看，在夏玉米生育后期生物炭缩小了初生根的直径，却显著促进后期地上节根生长，对地下节根影响不大。

表 2-24　生物炭对夏玉米根系形态和生物量的影响

根系类型	处理	总根长/cm	表面积/cm²	体积/cm³	直径/mm	生物量/g
初生根	CK	784.39b	37.40a	0.61a	0.64a	0.18a
	C1	1490.04a	53.12a	0.71a	0.58a	0.28a
	C2	615.14b	43.26a	0.74a	0.62a	0.14a
	C3	571.76b	33.25a	0.51a	0.63a	0.16a
地下节根	CK	1465.62a	146.08a	3.52a	0.96ab	1.06a
	C1	1068.82a	106.68a	2.02a	0.74b	1.23a
	C2	1567.61a	175.29a	3.53a	0.77b	1.05a
	C3	1853.64a	194.89a	5.91a	1.12a	1.38a
地上节根	CK	7444.29b	994.65b	29.85b	1.33a	6.69b
	C1	9502.03b	1130.67b	30.62b	0.99b	7.75ab
	C2	18343.81a	2388.92a	54.16a	1.24a	10.53a
	C3	6625.54b	879.12b	28.09b	1.26a	6.01b
总和	CK	9694.30b	1178.12b	33.98b	0.98a	7.94b
	C1	12060.88b	1290.47b	33.35b	0.77c	9.26ab
	C2	20526.56a	2607.47a	58.43a	0.88b	11.72a
	C3	9050.94b	1107.27b	34.50b	1.00a	7.55b

2）生物炭对夏玉米根内生真菌群落组成和多样性的影响

表 2-25 是夏玉米根系内生真菌多样性情况。由表 2-25 可知，初生根 C2 处理 Shannon 指数显著低于对照，C3 处理丰富度 Chao1 指数和 Shannon 指数显著高于对照。地上节根，C1、C2 和 C3 处理丰富度 Chao1 指数和 Shannon 指数均显著高于对照。地下节根，C1 和 C2 处理丰富度 Chao1 指数和 Shannon 指数显著低于对照，C3 处理丰富度 Chao1 指数显著高于对照。

表 2-25　生物炭对夏玉米根系内生真菌多样性的影响

处理	初生根		地下节根		地上节根	
	Chao1 指数	Shannon 指数	Chao1 指数	Shannon 指数	Chao1 指数	Shannon 指数
CK	164.75b	3.30b	236.43b	4.29a	156.58b	2.83b
C1	169.59b	3.26b	172.61c	3.34b	191.25a	3.82a
C2	165.75b	3.02c	176.59c	3.58b	203.87a	3.69a
C3	291.68a	3.75a	302.57a	3.96a	213.34a	3.94a

从图 2-10（a）可知，在门分布水平上，构成夏玉米成熟期初生根内的优势真菌群落为子囊菌门，丰度占 71.31%～84.36%；其次为担子菌门（0.50%～6.30%），其他接合菌门、壶菌门和球囊菌门，各菌丰度均小于 2%。从图 2-10（b）可知，在门分布水平上，构成夏玉米成熟期地下节根内的优势真菌群落为子囊菌门，丰度占 53.81%～68.51%；其次为担子菌门（0.58%～13.45%），其他接合菌门、壶菌门和球囊菌门，各菌丰度均小于 1%。从图 2-10（c）可知，在门分布水平上，构成夏玉米成熟期地上节根内的优势真菌群落为子囊菌门，丰度占 33.39%～74.65%；其次为担子菌门（0.31%～30.59%），其他接合菌门、壶菌门和球囊菌门，各菌丰度均小于 1%（图 2-11、图 2-12）。从表 2-26 可以看出，适宜的生物炭用量对夏玉米增产有重要作用。生物炭提高了亩①穗数，是增产的主要原因。

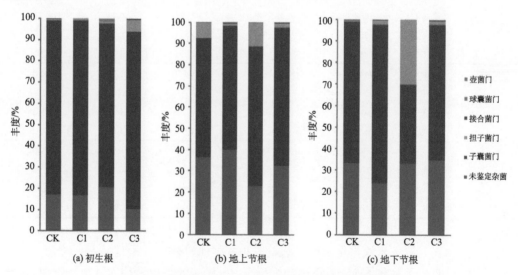

图 2-10　生物炭对夏玉米根内生真菌门水平丰度的影响

3）生物炭对夏玉米不同类型根系形态影响的微生物机制

冗余分析表明，初生根内生真菌群落组成对同类根形态和生物量变异的解释量为 7.83%。经蒙特卡罗 999 次检验发现，粪壳菌纲和散囊菌纲对初生根形态和生物量变异

---

① 1 亩≈666.7m^2

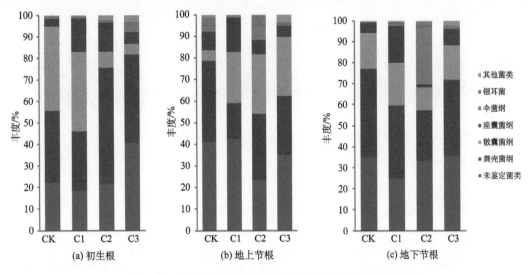

图 2-11　生物炭对夏玉米根内生真菌纲水平丰度的影响

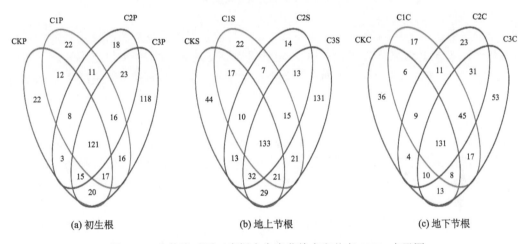

图 2-12　生物炭对夏玉米根内生真菌特有和共有 OTUs 韦恩图

数字表示共有数量

表 2-26　生物炭对夏玉米产量和产量构成因素的影响

处理	亩穗数	穗粒数/个	百粒重/g	产量/（kg/hm²）
CK	4768b	576a	29a	14600b
C1	5138a	632a	30a	15191ab
C2	5385a	640a	31a	17424a
C3	5311a	634a	31a	15508ab

有显著影响，解释比例分别为 12.33% 和 10.06%。由图 2-13 可见，粪壳菌纲丰度与第一轴呈显著负相关，散囊菌纲丰度与第一轴呈显著正相关。地上节根内生真菌群落组成对同类根形态和生物量变异的解释量为 16.96%。经蒙特卡罗 999 次检验发现，子囊菌门、担子菌门、粪壳菌纲、散囊菌纲和伞菌纲对地上节根形态和生物量变异有显著影响，解

释比例分别为 71.73%、0.75%、0.23%、0.40%和 5.44%。地下节根内生真菌群落组成对同类根形态和生物量变异的解释量为 68.25%，无显著影响因子。经蒙特卡罗 999 次检验发现，地下节根内生真菌群落组成对地下节根的形态和生物量变异无显著影响因素。

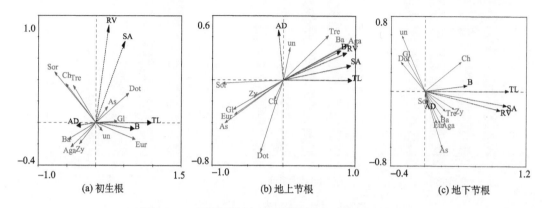

图 2-13　不同类型根内生真菌群落组成的 RDA 分析

作物根系的形态结构反映其生理生态功能，与地上部生长发育和产量关系密切。与对照相比，玉米灌浆后期仅 C1 处理的总根长显著高于对照；C1 处理显著降低地上节根直径，C2 显著提高其总根长、表面积、体积和生物量；生物炭对地下节根的形态和生物量影响均不显著。可见，不同类型根系的形态和生物量对生物炭的响应存在差异。同时，说明生物炭激发地上节根通过主动调节自身生理代谢过程，较大幅度地提升了地上节根的吸收能力，优化了拔节期节根结构，增强其生理功能，为地上部营养物质供应、转化与积累提供了重要保障。施加生物炭优化了玉米根系结构，增强根系生理功能，这一结果与蒋健等（2015）研究结果类似。生物炭也增加玉米根系表面积和分枝（Abiven et al.，2015）。玉米根系直径显著减小，寿命缩短，也有利于提高根系吸收效率。

结果显示，生物炭可提高夏玉米 3 类根的 Shannon 指数，同时提高两类节根的 Chao1 指数，说明生物炭对根系内生真菌数量和多样性具有一定的激发效应，使其群落向多样性方向发展，较有利于节根内生真菌物种数量的增加。施加生物炭后根系直径变细，含氮量增加，更容易被侵染，因而多样性提高。以往研究表明，生物炭能够通过促进菌根菌这一类微生物的生长，特别是提高泡囊丛枝状菌根真菌的侵染与活性（Rillig et al.，2010）。研究发现，生物炭施用量为 13.50t/hm^2 时，玉米节根中球囊菌门丰度显著增大，尤其是地下节根内球囊菌门丰度达 13.63%。

从相似性来看，地下节根的内生真菌群落相似性高于初生根和地上节根，体现出一定的组织差异性，与对照相比，随着生物炭添加量的增加，玉米根中内生真菌的相似性出现降低趋势，这可能是施加生物炭后根系内生真菌的多样性更加丰富，且具有一定的专一性造成的。本节还发现根内真菌中还有很多未分类或是未确定种属的物种，它们虽受到生物炭的影响，但其功能和特点尚不清楚，还有待通过深度测序或利用其他先进手段对其进行更细致地分类研究，并结合根际土壤的相关指标进行深入探索。

2.2.2　生物炭和有机肥配施增效减负技术

生物炭和有机肥的添加可提升土壤肥力、改善土壤环境，使农作物在良好的土壤环境下，获得稳产高产。有机物料的缓效性及环境友好性，使其成为化肥的主要替代品，在土壤环境修复上发挥重要作用。因此，本节在大田试验中，尝试使用不同的机物料，希望以此改变土壤理化性质，起到对土壤和作物提质增效的重要作用。

试验在山东省滨州市滨城区滨北镇中裕生态产业园进行，该地区属于温带大陆性季风气候，多年平均气温 12.7℃，平均地面温度 14.7℃，平均日照时数 2632.0h，年平均降水量 564.8mm，降水多集中在 7～8 月。作物种植方式为冬小麦-夏玉米轮作，土壤类型为盐碱土，2016 年试验前土壤的基本理化性质见表 2-27。

表 2-27　试验前土壤的基本理化性质

样　　品	有机质/（g/kg）	全氮/%	全钾/%	速效磷/（mg/kg）	水解性氮/（mg/kg）	速效钾/（mg/kg）
0～20cm	13.7	0.09	2.1	70.6	83.4	227.0
20～40cm	10.7	0.06	2.1	22.0	46.5	146.9

采用大田小区试验，每个小区面积为 14m×10m=140m^2。试验共设置 6 个处理，每处理 3 个重复。各处理基肥用量与当地施肥一致，生物炭、有机肥、磷肥作为基肥一次性施入，氮肥中 1/3 尿素作为基肥，2/3 尿素追肥。试验设置对照 CK[N：200kg/（hm^2·a），P$_2$O$_5$：120kg/（hm^2·a）]、C1[5t/（hm^2·a）生物炭]、C2[10t/（hm^2·a）生物炭]、C3[20t/（hm^2·a）生物炭]、M1[7.5t/（hm^2·a）有机肥]、M2[10t/（hm^2·a）有机肥]6 个处理。生物炭、有机肥及基肥尿素、磷酸二胺由人工均匀撒施，小区旋耕 15cm。

1. 土壤铵态氮（NH$_4^+$-N）

在整个玉米生育期中，施加生物炭和有机肥对土壤 NH$_4^+$-N 影响较小（图 2-14）。与 CK 相比，C1、C2、C3、M1 和 M2 处理中 NH$_4^+$-N 并没有显著差异性，变化范围均在 1.34～1.94mg/kg 之间，仅在施肥和追肥后表现出轻微的增长。在小麦季土壤 NH$_4^+$-N 平均变化范围在 2.88～16.94mg/kg，相比 CK，C2、C3、M1 和 M2 均增加了土壤 NH$_4^+$-N 含量。

2. 土壤硝态氮（NO$_3^-$-N）

在玉米生育期内，施加生物炭和有机肥对土壤 NO$_3^-$-N 的影响显著（图 2-15），对于土壤 NO$_3^-$-N 平均含量来说，相比 CK，C1、C2、C3、M1 和 M2 处理分别增加了 43.8%、68.7%、74.5%、123.4% 和 242.3%，其中，C2 处理与 M1 处理间存在显著性差异。在小麦季生育期中，仅有 M1 和 M2 处理中 NO$_3^-$-N 含量显著增加了 302.4% 和 422.2%。

总之，生物炭和有机肥显著增加了小麦季土壤 NH$_4^+$-N 含量。生物炭使玉米季土壤 NO$_3^-$-N 含量增加了 43.8%～74.5%，而有机肥的施加使小麦-玉米轮作系统的土壤 NO$_3^-$-N 含量增加了 123.4%～422.2%。

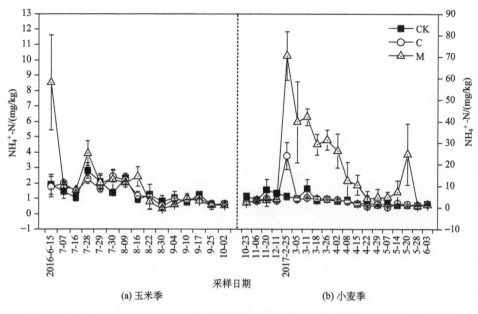

(a) 玉米季 (b) 小麦季

图 2-14 施加生物炭和有机肥对土壤 NH_4^+-N 的影响

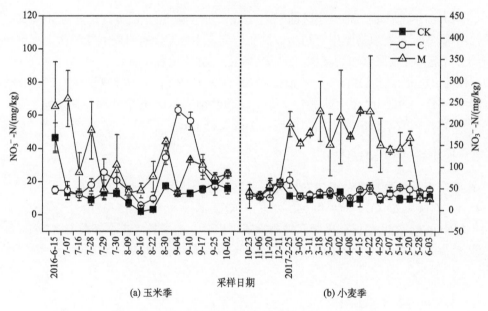

(a) 玉米季 (b) 小麦季

图 2-15 施加生物炭和有机肥对土壤 NO_3^--N 的影响

3. 土壤氮的淋失状况

施加生物炭降低了土壤淋溶 NH_4^+-N 含量[图 2-16（a）]，其浓度变化范围为 1.5～2.3mg/L，C1、C2 和 C3 处理分别降低了淋溶 NH_4^+-N 34.9%、33.0%和 6.3%。施加生物炭同样降低了土壤淋溶液中 NO_3^--N 含量[图 2-16（b）]，在 C1、C2 和 C3 处理中，淋溶液中 NO_3^--N 含量分别降低了 55.9%、37.2%和 47.7%。

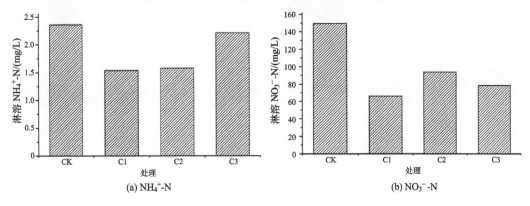

图 2-16　施加生物炭对土壤淋溶液中无机态氮的影响

施加不同量生物炭对土壤淋溶 TN 的影响并不一致[图 2-17（a）]，在 C1 处理中，土壤淋溶中 TN 含量并没有发生明显变化，而在 C2 处理中生物炭增加了 TN 含量，增加了 20.7%。但是在 C3 处理中 TN 则降低了 12.1%。生物炭对土壤淋溶中 TP 的影响也表现出不一致[图 2-17（b）]，施加 5t/（hm²·a）生物炭（C1）增加了淋溶 TP 浓度，增加了 68.2%，而施加 10t/（hm²·a）（C2）和 20t/（hm²·a）（C3）生物炭则降低了淋溶 TP 的浓度，分别降低了 35.9% 和 15.1%。

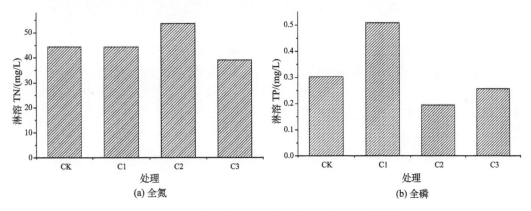

图 2-17　施加生物炭对土壤淋溶液中全氮和全磷的影响

由以上分析可见，施加生物炭平均降低了淋溶 NH_4^+-N 和 NO_3^--N 浓度达 37.2%～55.9% 和 6.3%～34.9%。施加 5t/（hm²·a）生物炭（C1）增加了淋溶 TN 浓度，增加了 20.7%，而施加 20t/（hm²·a）生物炭（C3）仅降低了 12.1%。对于淋溶中 TP 浓度，施加 10t/（hm²·a）生物炭（C2）和 20t/（hm²·a）生物炭（C3）分别降低了 35.9% 和 15.1%，而施加 5t/（hm²·a）生物炭（C1）则增加了 68.2%TP 浓度。

4. 土壤氮的径流损失

施加生物炭降低了土壤径流 NH_4^+-N 含量[图 2-18（a）]，并随着生物炭施加量的增加而减少。在 C1、C2 和 C3 处理中流 NH_4^+-N 浓度分别降低了 12.1%、25.9% 和 29.4%。

但是施加生物炭则增加了径流中 NO_3^--N 的浓度,C1、C2 和 C3 分别增加了 20.7%、54.6% 和 10.5%[图 2-18(b)]。

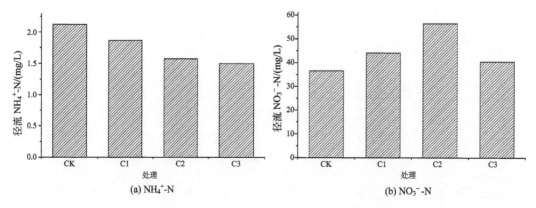

(a) NH_4^+-N (b) NO_3^--N

图 2-18   施加生物炭对土壤径流中无机氮的影响

施加生物炭对土壤径流中 TN 浓度的影响并不明显[图 2-19(a)],施加 5t/(hm²·a) 生物炭(C1)增加了 5%TN 浓度,而施加 10t/(hm²·a)(C2)和 20t/(hm²·a)(C3)生物炭分别降低了 7.3% 和 7.0%TN 浓度。而对于径流中 TP 浓度[图 2-19(b)],在施加 10t/(hm²·a)(C2)生物炭处理中径流 TP 浓度最高,相比对照增加了 72.4%,而 C1 和 C3 处理也分别增加了 30.7% 和 12.6%。

综上,对于土壤径流,施加 5t/(hm²·a)生物炭(C1)仅降低了径流中 NH_4^+-N 浓度(12.1%),增加了径流中 NO_3^--N(20.7%)、TN(5.0%)和 TP(30.7%)浓度。施加 10t/(hm²·a)生物炭(C2)降低了 NH_4^+-N 和 TN 浓度,分别降低 25.9% 和 7.3%,而增加了 NO_3^--N 和 TP 浓度分别达 54.6% 和 72.4%。施加 20t/(hm²·a)生物炭(C3)同样降低了 NH_4^+-N 和 TN 浓度,分别降低 29.4% 和 7.0%,同时增加了径流 NO_3^--N(10.5%)和 TP(12.6%)浓度。

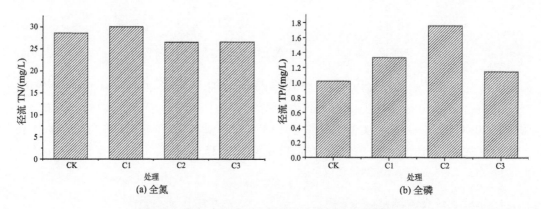

(a) 全氮   (b) 全磷

图 2-19   施加生物炭对土壤径流中全氮和全磷的影响

5. 土壤氮素的气态损失

冬小麦-夏玉米轮作系统中，C1、C2、C3、M1 和 M2 处理中 N_2O 排放通量如图 2-20（a）所示，呈不规则多峰曲线。在小麦季，N_2O 排放通量通常比较低[<10μgN_2O-N/(m^2·h)]，甚至出现负值。玉米生育期，在所有处理中，基肥和追肥后均会刺激土壤 N_2O 的大量排放。追肥后 N_2O 大量排放约持续一周，占年平均 N_2O 排放量的 40%~60%。在玉米季，最高 N_2O 排放通量出现在 2016 年 6 月 20 日施加基肥之后，M1 和 M2 峰值分别为 7641.6μg/（m^2·h）和 3859.7μg/（m^2·h）。第二次 N_2O 排放通量峰值出现在 2016 年 7 月 19 日追肥后，M1 和 M2 峰值分别为 4443.2μg/（m^2·h）和 1336.2μg/（m^2·h）。而生物炭处理在 2016 年 6 月 20 日降低了 76.4%（C1）、59.1%（C2）和 69.3%（C3）N_2O 排放通量；2016 年 7 月 19 日在 C1、C2 和 C3 处理中分别降低了 77.2%、59.8%和 44.2%N_2O 排放量。小麦季的峰值远远小于玉米季，2016 年 10 月 23 日施加基肥后，M1 和 M2 处理中峰值分别为 109.09μg/（m^2·h）和 112.85μg/（m^2·h）。但是生物炭处理则降低了 N_2O 排放量达 62.4%（C1）、84.1%（C2）和 42.4%（C3）。

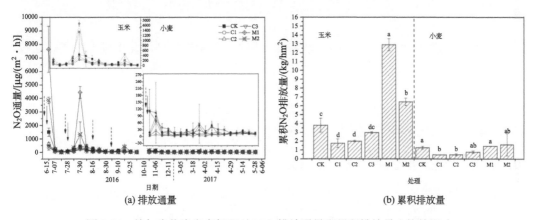

图 2-20　施加生物炭和有机肥对 N_2O 排放通量和累积排放量土壤的影响

玉米季和小麦季各处理 N_2O 累积排放量如图 2-20（b）所示。在玉米季，与对照相比，在 C1 和 C2 处理中，N_2O 累积排放量分别降低了 54.0%和 47.7%，而在小麦季则降低了 63.2%和 62.2%，而有机肥处理的 N_2O 累积排放量增加。玉米季的 M1 和 M2 处理，N_2O 累积排放量分别增加 311.1%和 69.5%，但是小麦季的有机肥处理对 N_2O 累积排放量影响并不显著。总体而言，施加生物炭处理的土壤年平均 N_2O 排放量降低了 26.1%~56.3%，而有机肥处理的土壤增加了 59.2%~183.2%。

6. 生物炭和有机肥配施对作物产量的影响

施加生物炭和有机肥对玉米（除 M1）和小麦（除 C2）产量有增加的趋势（图 2-21）。在玉米季，C1、C2、C3、M2 处理与 CK 相比，玉米产量有增加的趋势，但没有显著性差异，而 M1 处理玉米产量降低，降低效果显著[图 2-21（a）]。对小麦产量而言，仅 C2 处理出现产量降低的趋势，C1、C3、M1、M2 处理的产量均有增加的趋势，但各处理间并无显著性差异［图 2-21（b）］。

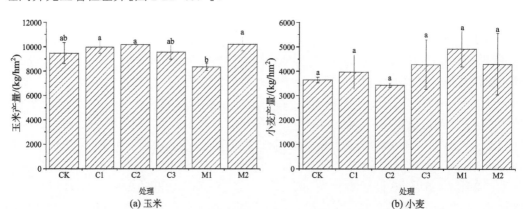

图 2-21　施加生物炭和有机肥对作物产量的影响

2.3　水肥盐协同高效的农田增效减负技术

　　目前，海河等流域仍存在大面积盐渍化土壤。一些中轻度盐渍化土壤如不加以防控，就可能变成重度盐渍化土壤而失去其可利用性。因此，总结国内外治盐、防盐和控盐经验，依据水肥盐耦合理论、作物生育期对水盐敏感程度，通过合理的灌溉，结合施加土壤改良剂，实现土壤盐分的再分布，进而达到增产增效，减少污染排放的目的，是缓解当地耕地压力、维持农田生态系统健康发展的重要途径。

2.3.1　微咸水灌溉模式下重度盐碱土盐分分布特征及改良效果

　　本节以盐碱耕地土壤为研究对象，研究微咸水灌溉对土壤剖面含水率分布及盐分运移规律的影响，以期为鲁北平原地下微咸水的合理利用、盐碱土壤改良提供理论基础与技术参考。供试土壤取自山东省东营市垦利区的棉花地，从表层至 60cm 深度每隔 20cm 分层取土，经风干、碾压、过筛（2mm）、均匀混合后制备成试验土样。供试土壤基本理化性质见表 2-28。

表 2-28　供试土壤的基本理化性质

土壤	容重/（g/cm³）	饱和含水率/%	田间持水率/%	$EC_{5:1}$（mS/cm）	全盐量/（g/kg）
盐碱土	1.41	33.63	27.85	0.965	4.099

　　试验设置微咸水直接灌溉和咸淡水组合灌溉两种模式，其中微咸水直接灌溉研究的因素为灌溉水质，即微咸水矿化度；咸淡水组合灌溉研究的因素为组合比例和组合次序（以矿化度为 3g/L 和 5g/L 的微咸水为例），共 13 个处理，每个处理重复 3 次。不同矿化度的微咸水灌溉试验以淡水（蒸馏水，矿化度为 0g/L）为对照，微咸水设置 4 个矿化度水平，分别为 2g/L、3g/L、4g/L 和 5g/L，共 5 个处理。不同咸淡水组合比例灌溉试验以

淡水和微咸水（矿化度为 3g/L 和 5g/L）直接灌溉为对照，在相同的咸淡水组合次序（先咸后淡）下，设置 3 种组合比例，分别为 2∶1、1∶1 和 1∶2，即把灌水定额分成两次入渗，一次为微咸水，另一次为淡水，单次入渗结束后，立即进行下一轮入渗，共 9 个处理。不同咸淡水组合次序下灌溉试验方案，对于矿化度为 3g/L 和 5g/L 的微咸水，在相同的咸淡水组合比例（咸∶淡=1∶1）下，研究 2 种组合次序，分别为先咸后淡和先淡后咸，即在一次灌溉中，待微咸水入渗结束后立即灌溉淡水，或待淡水入渗结束后立即灌溉微咸水，共 4 个处理。

1. 微咸水灌溉对重度盐碱土盐分空间分布的影响

1）微咸水矿化度对土壤盐分垂直分布的影响

由于微咸水本身含有盐分，用其灌溉必定会造成土壤积盐，但在整个土壤剖面上含盐量并非都会增加。由图 2-22 可知，0～30cm 土层是作物根系密度较大的区域，其对作物整个生育期的生长发育具有重要作用。因此，有必要进一步研究该土层的盐分变化规律。为了全面反映灌溉水质对 0～30cm 土层含盐量的影响，计算平均含盐量（$\bar{S}$）及其变异系数，结果见表 2-29。

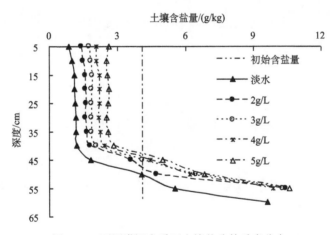

图 2-22 不同灌溉水质下土壤盐分的垂直分布

表 2-29 不同灌溉水质下 0～30cm 土层盐分含量的平均值和变异系数

矿化度/（g/L）	0	2	3	4	5
$\bar{S}$/（g/kg）	1.057	1.544	1.843	2.148	2.563
CV/%	9.992	4.777	2.642	3.008	1.842

由表 2-29 可知，入渗水矿化度越大，0～30cm 土层的平均 $\bar{S}$ 含盐量越高。说明与淡水灌溉相比，微咸水会给 0～30cm 土层带来额外的盐分，故在大田实际灌水中要注意其对作物根系生长的影响。对于 0～30cm 土层盐分含量的变异系数，其变化规律与 $\bar{S}$ 相反，淡水灌溉变异系数依次大于矿化度为 2g/L、4g/L、3g/L、5g/L 的微咸水，但均未超过 10%，为弱变异，说明微咸水直接灌溉下作物根系密集区的土壤盐分垂直分布比较均匀，不会

产生局部高盐的危害。

2）咸淡水组合比例对土壤盐分垂直分布特征的影响

无论微咸水矿化度如何，灌溉后土壤剖面盐分含量均高于淡水灌溉，给作物生长和土壤环境带来潜在危害。为缓解这一问题，将灌水定额分成不同比例的两份：一份为微咸水；另一份为淡水。先后进行咸、淡水灌溉，其对土壤盐分垂直分布特征的影响如图 2-23 所示。

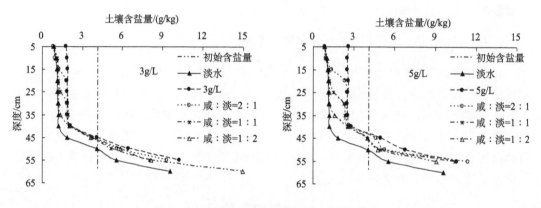

(a) 不同咸淡水组合比例下土壤盐分垂直分布特征

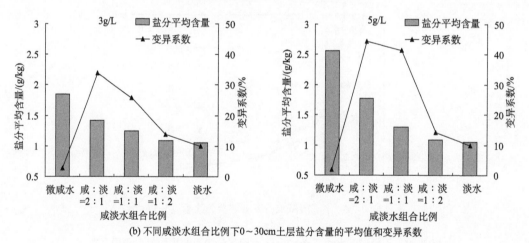

(b) 不同咸淡水组合比例下0～30cm土层盐分含量的平均值和变异系数

图 2-23　不同咸淡水组合比例下的土壤盐分垂直分布特征和 0～30cm 土层盐分状况

由图 2-23（a）可知，在一定深度范围内，咸淡水组合灌溉的土壤含盐量明显小于微咸水直接灌溉，与淡水灌溉差异较小；随土层深度增加，对于咸:淡=2:1 和咸:淡=1:1 的组合灌溉，土壤含盐量先增加后不变，然后再急剧增加，而对于咸:淡=1:2 的组合灌溉，土壤盐分含量不断增加，但三者均在湿润锋处含盐量最大。从整个土壤剖面上来看，咸淡水组合灌溉中淡水所占灌水定额的比例越大，其对首轮微咸水灌溉带入土壤中的盐分的淋洗作用越明显，当咸:淡=1:2 时，在土壤中上层（5～35cm），土壤含盐量与淡水灌溉基本一致，在整个土层，土壤含盐量明显小于微咸水直接灌溉。

由图 2-23（b）可知，随着淡水占灌水定额比例增大，0～30cm 土层盐分含量的平均值逐渐降低，而变异系数先升高后降低，其中咸：淡=2：1 时最大，但当淡水所占灌水定额的比例升高到一定程度时，不同处理之间，盐分含量的平均值和变异系数差异较小，说明存在一个最佳的咸淡水组合比例，既能使 0～30cm 土层盐分含量的平均值和变异系数与淡水灌溉之间没有显著差异，又能够在不对作物根系密集区产生盐害的前提下充分利用微咸水缓解灌区农田干旱问题。

　　3）咸淡水组合次序对土壤盐分垂直分布的影响

　　咸淡水组合次序对土壤盐分垂直分布特征的影响如图 2-24 所示，随土层深度增加，先咸后淡的土壤含盐量逐渐升高，而先淡后咸的含盐量先减小后增大，但两者土壤盐分含量的峰值均出现在湿润锋处；在土壤上层（<25cm）和 60cm 深度附近[图 2-24（a）]，先咸后淡组合次序下含盐量明显小于先淡后咸，而在土壤中下层（25～55cm），变化规律完全相反，说明先咸后淡的组合次序有利于淋洗土壤上层的盐分，而先淡后咸的组合次序有利于降低土壤中下层的盐分含量。造成这种结果的原因是首轮淡水灌溉结束时，入渗率基本上达到稳定状态，进入第二轮微咸水灌溉后，入渗率较小，导致微咸水集中在土壤上层，而入渗稍早的淡水入渗较快，将土壤中下层大部分盐分淋洗到湿润锋附近，从而出现了图 2-24 中的变化现象。

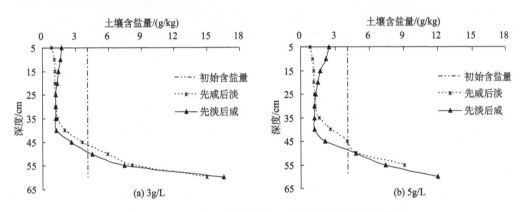

图 2-24　不同咸淡水组合次序下土壤盐分垂直分布特征

　　对作物根系密集区 0～30cm 土层，由表 2-30 可知，先淡后咸组合次序下盐分含量的平均值和变异系数均大于先咸后淡，分别高 29.6%（3g/L）、58.2%（5g/L）和 21.3%（3g/L）、114.7%（5g/L），说明与先灌咸水后灌淡水相比，先淡后咸的组合次序更容易使作物遭受 0～30cm 土层整体和局部高盐胁迫的风险，并且微咸水矿化度越高，危害可能越大。

表 2-30　不同咸淡水组合次序下 0～30cm 土层盐分含量的平均值和变异系数

咸淡水组合次序	3g/L		5g/L	
	先咸后淡	先淡后咸	先咸后淡	先淡后咸
$\bar{S}$ /（g/kg）	1.088	1.410	1.080	1.709
CV/%	13.791	16.734	14.288	30.682

2. 微咸水灌溉模式对重度盐碱土的改良效果

1）微咸水灌溉模式下的土壤脱盐深度

微咸水灌溉一方面会增加土壤整体的盐分含量，但另一方面，由于水分的淋洗作用，会把土层分为土壤盐分降低区和累积区两部分，从而达到在一定深度内改良盐碱土壤的目的。脱盐区是土壤含盐量低于初始水平的土体范围，不同微咸水灌溉模式下土壤脱盐深度见表 2-31～表 2-33。

表 2-31　不同灌溉水质下土壤脱盐深度

矿化度/（g/L）	0	2	3	4	5
深度/cm	50.13	47.31	45.01	44.15	42.95

表 2-32　不同咸淡水组合比例下土壤脱盐深度

咸淡水组合比例	3g/L					5g/L				
	微咸水	咸：淡=2：1	咸：淡=1：1	咸：淡=1：2	淡水	微咸水	咸：淡=2：1	咸：淡=1：1	咸：淡=1：2	淡水
深度/cm	45.01	46.04	46.34	46.07	50.13	42.95	43.55	45.62	45.40	50.13

表 2-33　不同咸淡水组合次序下土壤脱盐深度

咸淡水组合次序	3g/L		5g/L	
	先咸后淡	先淡后咸	先咸后淡	先淡后咸
深度/cm	46.07	48.91	45.40	48.67

由表 2-31 可知，土壤脱盐深度与入渗水矿化度呈反比，并且两者之间存在良好的线性关系（R^2=0.9846）。由表 2-32、表 2-33 可知，不同咸淡水组合比例和次序下土壤脱盐深度的变化规律为：淡水>咸：淡=1：1>咸：淡=1：2>咸：淡=2：1>微咸水，先淡后咸>先咸后淡。但从整体上看，所有处理的土壤脱盐深度在 42.95～50.13cm，变幅为 7.18cm，不足土壤计划湿润层（60cm）的 1/8，说明微咸水灌溉模式对土壤脱盐深度的影响相对较小。

2）微咸水灌溉模式下的土壤脱盐率

为了进一步研究不同微咸水灌溉模式下水分对土壤盐分的淋洗效果，计算土壤脱盐深度内的脱盐率，结果见图 2-25～图 2-27。

由图 2-25 可知，不同矿化度灌溉水入渗结束后，在 0～40cm 土层，土壤脱盐比较均匀，脱盐率基本不变，分别在 73.40%（淡水）、61.29%（2g/kg）、54.30%（3g/kg）、46.61%（4g/kg）和 36.67%（5g/kg）左右；随着土层深度的增加，土壤脱盐率迅速减小到 0。在同一深度，入渗水矿化度越大，土壤脱盐率越小，故从盐碱土改良的角度来看，淡水洗盐效果最佳，矿化度为 5g/L 的微咸水洗盐效果最差。

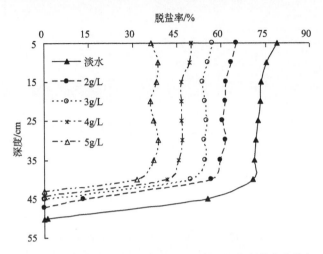

图 2-25　不同灌溉水质下土壤脱盐深度内脱盐率的变化特征

咸淡水组合比例对土壤脱盐率的影响如图 2-26 所示。由图可知，在一定脱盐深度范围内，咸淡水组合灌溉的脱盐率与淡水灌溉差异较小，并且淡水所占灌水定额的比例越高，这一深度越大，说明与微咸水直接灌溉相比，组合灌溉在一定程度上可以显著提高土壤的脱盐效果；但当土层深度大于 10cm、20cm 和 30cm 时，咸∶淡=2∶1、1∶1 和 1∶2 的土壤脱盐率分别出现了一个明显的下降过程，之后脱盐率远远小于淡水，而与微咸水差异较小，故在实际灌溉中，要根据不同作物根系的活动层和耐盐能力选择合适的咸淡水组合比例，以免因土层脱盐不充分而影响作物生长。

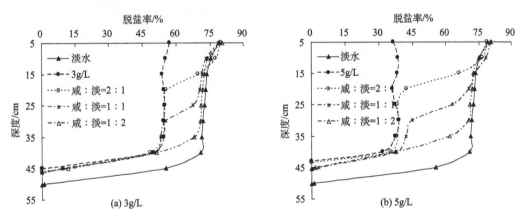

图 2-26　不同灌溉咸淡水组合比例下土壤脱盐深度内脱盐率的变化特征

不同咸淡水组合次序下土壤脱盐率随深度的变化规律存在明显的差异。由图 2-27 可知，当土层深度<25cm 时，先咸后淡组合次序下土壤脱盐率明显大于先淡后咸；随土层深度增大，两者脱盐率的大小关系完全相反。但从脱盐区的整体脱盐效果看（表 2-34），两种组合次序的差异不明显，平均脱盐率仅相差 0.12%（3g/L）和 0.17%（5g/L），说明在同一矿化度的咸淡水组合灌溉中，对脱盐深度内脱盐总量起决定性作用的是组合比例，而非组合次序。

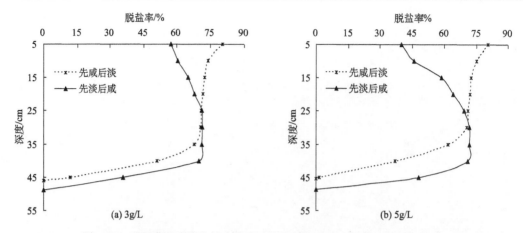

图 2-27　不同灌溉咸淡水组合次序下土壤脱盐深度内脱盐率的变化特征

表 2-34　不同咸淡水组合次序下土壤脱盐深度内的平均脱盐率

咸淡水组合次序	3g/L		5g/L	
	先咸后淡	先淡后咸	先咸后淡	先淡后咸
平均脱盐率/%	57.19	57.07	54.24	54.07

3）微咸水灌溉模式对作物生长的影响

由于作物苗期耐盐度较小，对土壤盐分较敏感，并且该生育期作物根系较浅，需水量少，故在实际灌溉中不建议在此阶段进行微咸水灌溉。所以，需要重点研究土壤耕层盐分对冬小麦、夏玉米、棉花和花生生育旺期生长的影响。

由图 2-28～图 2-30 可知，对于矿化度为 2～5g/L 微咸水，无论是直接灌溉，还是与淡水组合灌溉，入渗结束后土壤耕层盐分含量均小于冬小麦和棉花生育旺期的耐盐度，不会对作物产生盐害。但对于花生和夏玉米，如果选择的微咸水灌溉模式不当，土壤耕层盐分极易阻碍作物的正常生长。由图 2-28 可知，花生在生育旺期对土壤盐分非常敏感，

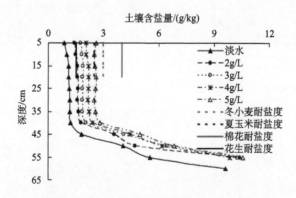

图 2-28　不同灌溉水质下土壤耕层盐分状况

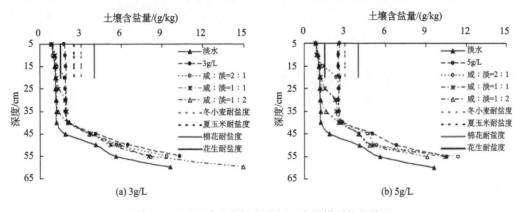

图 2-29　不同咸淡水组合比例下土壤耕层盐分状况

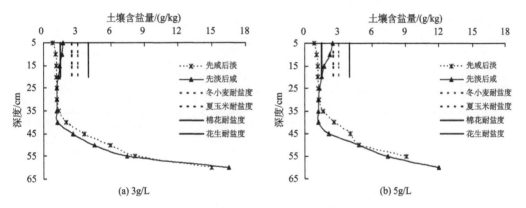

图 2-30　不同咸淡水组合次序下土壤耕层盐分状况

矿化度为 2～5g/L 的微咸水直接灌溉后土壤耕层盐分含量均大于其耐盐度；夏玉米在矿化度为 5g/L 的微咸水灌溉下亦会受到土壤耕层盐分的胁迫。但这种情况在咸淡水组合灌溉的条件下得到良好的缓解，由图 2-29 和图 2-30 可知，当咸：淡=1：1、1：2 和组合次序为先咸后淡时，土壤耕层盐分含量均在花生的耐盐范围内；在所有咸淡水组合灌溉处理下，夏玉米根系均不会遭受土壤耕层盐分的"毒害"。

　　以上微咸水直接灌溉和咸淡水组合灌溉模式对于重度盐碱土灌溉试验研究表明：在整个灌溉土层，先咸后淡灌溉次序下土壤含水率均大于先淡后咸；微咸水灌溉模式对土壤脱盐深度影响较小，但对脱盐深度内的脱盐率影响显著。对于矿化度为 2～5g/L 的微咸水，无论是直接灌溉，还是与淡水组合灌溉，入渗结束后土壤耕层盐分含量均小于冬小麦和棉花生育旺期的耐盐度，不会对作物产生盐害。但对于花生和夏玉米，如果选择的微咸水灌溉模式不当，土壤耕层盐分极易阻碍作物的正常生长。花生在生育旺期对土壤盐分非常敏感，矿化度为 2～5g/L 的微咸水直接灌溉后土壤耕层盐分含量均大于其耐盐度；夏玉米在矿化度为 5g/L 的微咸水灌溉下亦会受到土壤耕层盐分的胁迫。但这种情况在咸淡水组合灌溉的条件下得到良好的缓解，当咸：淡=1：1、1：2 和组合次序为先咸后淡时，土壤耕层盐分含量均在花生的耐盐范围内；在所有咸淡水组合灌溉处理下，夏玉米根系均不会遭受土壤耕层盐分的"毒害"，故在鲁北平原的盐碱耕地上，只要选择合适的微咸水矿化度、咸淡水组合比例和次序,微咸水可以用于缓解冬小麦、夏玉米、棉花和花生生育旺期灌溉淡水缺乏的问题,达到节水抑盐减负效果。

2.3.2 表层掺沙对盐碱土壤水盐运移和夏玉米生长的影响

考虑到黄河三角洲地区淡水资源短缺,河沙资源丰富但利用率低的现状,探寻一种节水-增效-经济可行的盐碱地改良方法。以黄河三角洲地区盐碱土为研究对象,利用当地河沙作为添加物质,在室内进行垂直一维积水入渗试验,研究不同掺沙比对盐碱土水盐运移规律的影响;并在滨州市进行盐碱地掺沙改良的大田试验,通过分析土壤水盐运移和作物生长状况及产量的变化,对盐碱土掺沙改良效果做出评价,寻求最佳的盐碱地掺沙改良方案,以期为黄河三角洲地区盐碱地改良提供理论和数据依据。试验用土壤基本物理化学性质和河沙颗粒分析结果见表 2-35、表 2-36。设置掺沙比例(重量比)为:CK(掺沙 0%)、S1(掺沙 5%)、S2(掺沙 10%)、S3(掺沙 15%)、S4(掺沙 20%),每个处理重复 3 次。

表 2-35 供试土壤基本物理化学性质

土壤类型	土壤容重/(g/cm^3)	田间持水率/%	风干土含水率/%	全盐量/(g/kg)	土壤质地
中度盐碱土	1.39	28.62	2.00	2.381	粉砂质壤土
重度盐碱土	1.41	27.85	1.00	4.099	砂质壤土

表 2-36 供试土壤与河沙颗粒组成

材料类型	颗粒组成/%		
	砂粒(2~0.02mm)	粉粒(0.02~0.002mm)	黏粒(<0.002mm)
中度盐碱土	20.26	78.78	0.77
重度盐碱土	75.70	21.53	2.78
河沙	87.74	12.20	0.06

根据鲁北平原地区黄河水盐分组成资料(苏小四等,2006),利用 $NaHCO_3$、Na_2SO_4、$CaCl_2$、$MgCl_2$ 配制试验用水,每升水中含量分别为 277.2mg、142mg、203.3mg 和 111mg,矿化度为 0.63g/L。中度盐碱土每次试验的灌水定额为 22.2cm、重度盐碱土为 22.71cm。试验装置与 5.1 节相同。供水水头控制在 2cm 左右。

1. 表层掺沙对盐碱土壤剖面盐分分布的影响

1)掺沙对不同类型盐碱土剖面含盐量的影响

图 2-31 是掺沙情况下剖面含盐量情况。在上层脱盐区,中度盐碱土和重度盐碱土的土壤含盐量差异不大,说明上层脱盐区受土壤初始含盐量的影响较小,下层积盐区两种盐碱土的含盐量差异较大,说明积盐区受土壤初始含盐量影响较大。

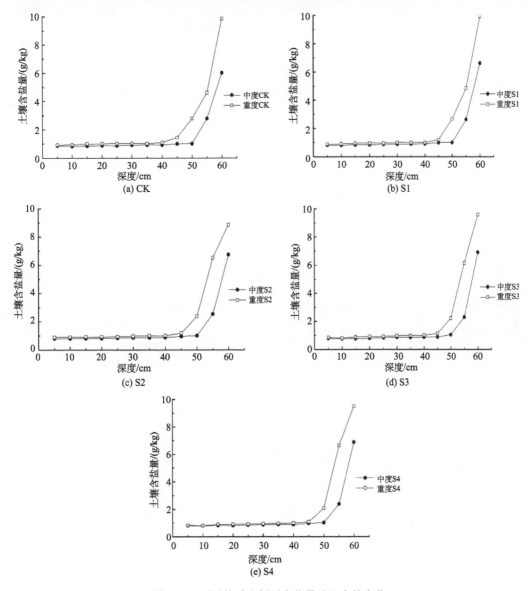

图 2-31　不同盐碱土剖面含盐量随深度的变化

　　由图 2-32 可知，两种盐碱土各处理土壤脱盐率变化规律基本一致，两种盐碱土的脱盐率在 0～45cm 土层基本保持不变，重度盐碱土的土壤脱盐率均大于中度盐碱土。这说明在相同灌溉方式下，脱盐区重度盐碱土的土壤脱盐率高于中度盐碱土。由图 2-32 可知，灌溉结束后在脱盐区两种土壤的含盐量基本一致，说明重度盐碱土淋去的盐分更多，所以重度盐碱土的脱盐率更高。45cm 以下土层土壤脱盐率迅速降低并出现负值，表示下层土壤出现积盐。

　　2）不同掺沙比例对土壤剖面含盐量的影响

　　不同掺沙比例下土壤含盐量随深度变化规律如图 2-33 所示。由图可见，在 0～50cm 深度范围内，中度盐碱土和重度盐碱土的各处理的土壤含盐量都小于土壤的初始含盐量，

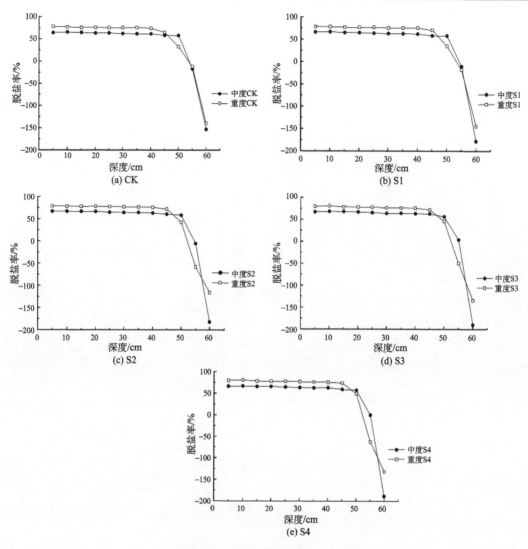

图 2-32　不同盐碱土壤脱盐率的变化特征

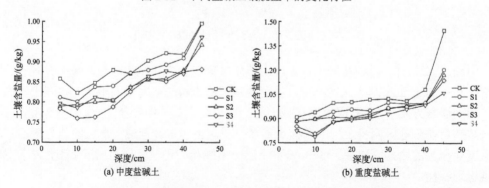

图 2-33　不同掺沙比例下土壤剖面含盐量随深度的变化曲线

在 50cm 以下土层，土壤积盐导致含盐量迅速上升，故 50cm 以下土层含盐量随深度变化过程在图中没有显示且土壤含盐量均随深度增加而增大，表层掺沙处理的土壤全盐含量均小于对照组，说明掺沙可以降低土壤全盐含量。出现这一现象可能的原因是：表层掺沙改变了掺沙层的土壤结构，进而影响土壤的水分运移和分布，而土壤盐分运移与水分运移有关，因此表层掺沙改变了土壤水分运移规律，从而影响土壤盐分的分布。

从以上分析可见，中度盐碱土各处理的土壤含盐量在 0～50cm 范围内逐渐增大，土壤的含盐量整体表现为 CK>S1>S2>S4>S3，除 S4 处理外，土壤含盐量随掺沙比例增大而降低；重度盐碱土含盐量在 0～40cm 范围内略有增大，基本保持稳定，40cm 以后土壤含盐量迅速上升，土壤的含盐量整体表现为 CK>S1>S2>S3>S4，土壤含盐量与掺沙比例呈反比。试验结果表明，表层掺沙后不同盐碱土壤盐分分布略有不同，土壤结构和初始含盐量是导致差异出现的主要原因。

3）表层掺沙对土壤脱盐效果的影响

以脱盐率、脱盐区深度、脱盐区深度系数作为脱盐效果评价指标。根据当地种植作物冬小麦和夏玉米的耐盐限度，认为土壤含盐量小于 2g/kg 时作物可以正常生长（张建国和金斌斌，2010），因此以含盐量低于 2g/kg 时的深度为达标脱盐区深度；达标脱盐区深度系数为达标脱盐区深度与湿润锋运移深度之比。

由表 2-37 可知，中度盐碱土表层掺沙显著影响土壤脱盐效果，其中 S2、S3、S4 的各项脱盐指标显著高于 CK，S1 与 CK 差异较小。中度盐碱土的脱盐评价指标均高于重度盐碱土，说明脱盐效果受土壤初始含盐量和土壤结构的影响，土壤初始含盐量较低的中度盐碱土脱盐效果更好。在相同入渗条件下中度盐碱土表层掺沙 10%～20%显著提高土壤脱盐效率，其中掺沙 15%效果最佳；重度盐碱土表层掺沙也提高了土壤的脱盐效率，掺沙 20%的土壤脱盐指标与对照有显著性差异，重度盐碱土的最佳掺沙比例为 20%。

表 2-37　不同掺沙比例下土壤盐分分布评价指标对比分析

土壤类型	处理	平均脱盐率/%	脱盐区深度/cm	脱盐区深度系数	达标脱盐区深度/cm	达标脱盐区深度系数
中度盐碱土	CK	54.88c	53.85d	0.909c	52.78b	0.891c
	S1	56.18c	54.22c	0.925b	53.05b	0.905b
	S2	57.67b	54.53b	0.952a	53.28ab	0.930a
	S3	59.09a	55.36a	0.943a	53.84a	0.917ab
	S4	58.04ab	55.01a	0.916bc	53.62a	0.893bc
重度盐碱土	CK	45.80b	51.42d	0.858b	47.09d	0.786b
	S1	45.92b	51.71c	0.859b	47.72c	0.792ab
	S2	46.41a	52.78ab	0.853b	48.45b	0.799a
	S3	46.37a	52.60b	0.856b	49.01b	0.798a
	S4	46.47a	52.91a	0.872a	49.65a	0.803a

2. 表层掺沙对大田水盐分布的影响

根据黄河三角洲地区盐碱土改良现状，依据掺沙可以改善盐碱土壤结构和透水性，提高入渗淋盐效率，结合室内实验的研究结果，进行了黄河三角洲地区中度盐碱土掺沙改良大田试验，于2017～2018年对滨州地区中度盐碱耕地进行掺沙改良。

1）表层掺沙对大田土壤含水率的影响

图2-34为2017年大田试验不同处理的土壤含水率变化曲线，受雨季（7～8月）影响不同深度的土壤含水率变化趋势都是先增大后减小。试验结果表明掺沙会降低耕层（0～20cm）的土壤含水率，使20～60cm的土壤含水率升高。

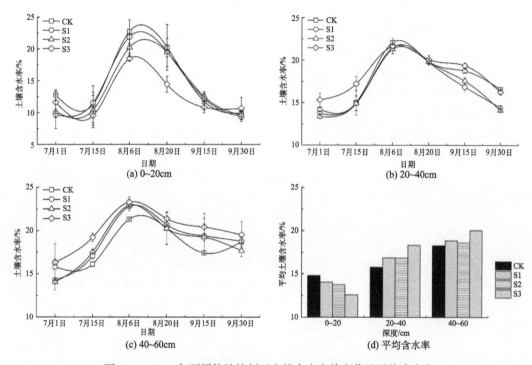

图2-34　2017年不同掺沙比例下土壤含水率的变化及平均含水率

由图2-35可知，2018年大田试验不同处理的土壤含水率变化规律与2017年相似，三个土层含水率的整体表现为先增大后减小。在2018年整个玉米生育季0～20cm土层的平均含水率随掺沙比例增大而降低，20～40cm土层和40～60cm土层的土壤含水率均随掺沙比例增大而升高，验证了室内试验的结论，与2017年野外试验结果相同。2017年、2018年的试验结果均表明表层掺沙可以改善土壤水分分布，有利于提高水资源的利用效率。

2）表层掺沙对大田土壤含盐量的影响

2017年不同处理土壤含盐量变化如图2-36所示，试验结果表明掺沙处理的土壤含盐量整体于CK，其中S3的整体含盐量最低，与室内试验结果一致。表层掺沙可以降低土壤的盐分含量，掺沙15%的降盐效果最好。图2-37是2018年掺沙处理土壤含盐量的变化情况。由图可见，2018年不同处理土壤含盐量变化均呈现先降低后略有升高的趋势。2018年平均含盐量变化规律与2017年相似，土壤平均含盐量随土层深度增大而增大，掺沙处理的平均含盐量均小于CK。各土层的平均含盐量均随掺沙比例增大而降低，S3（掺沙15%）在各土层的平均土壤含盐量均为最小值，掺沙15%对于降低土壤含盐量效果最佳，与 2017 年结论一致。

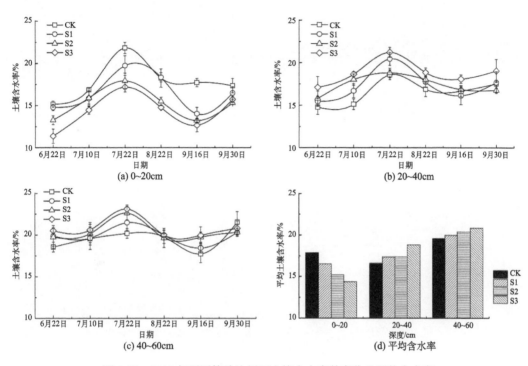

图 2-35 2018 年不同掺沙比例下土壤含水率的变化及平均含水率

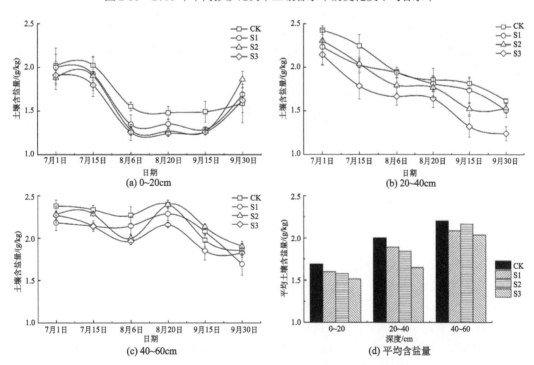

图 2-36 2017 年不同掺沙比例下土壤含盐量的变化及平均含盐量

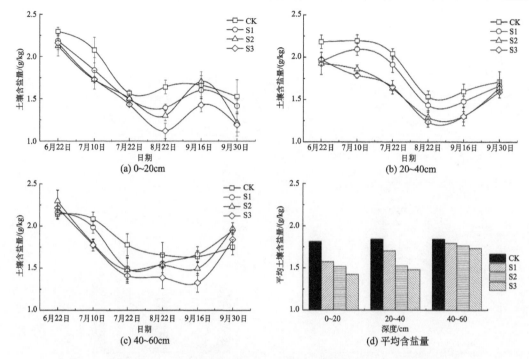

图 2-37　2018 年不同掺沙比例下土壤含盐量的变化及平均含盐量

3. 表层掺沙对夏玉米生长指标及产量的影响

1）表层掺沙对夏玉米生长指标的影响

图 2-38 是 2017 年不同掺沙比例下的玉米生长情况。试验结果说明表层掺沙会影响夏玉米生长，表层掺沙后夏玉米株高、茎粗、叶面积和干物质重均有不同程度增大，其中 S3（掺沙 15%）的玉米长势最好。图 2-39 为 2018 年大田试验各处理夏玉米生长指标，2018 年试验结果表明，表层掺沙后夏玉米的各种生长指标都有不同程度的提高，S3 处理（掺沙 15%）的玉米长势最好，与 2017 年的试验结论相同。

2）表层掺沙对夏玉米产量的影响

由表 2-38 的 2017～2018 年夏玉米产量结果可知，表层掺沙显著提高了夏玉米的产量，掺沙比例越大夏玉米产量越高。掺沙改良第二年夏玉米产量比第一年有所提高，但年增产率与掺沙比例之间无明显关系，增产的原因可能与气候条件和玉米种子差异等因素有关。

由以上分析得到如下结果：

（1）表层掺沙情况下，土壤含水率变化范围较大，受雨季（7～8 月）影响，不同深度土壤含水率变化趋势都是先增大后减小，由于表层土壤受降水影响较大，0～20cm 土层的土壤含水率波动范围大于其他两个土层。表层掺沙可以降低掺沙层土壤含水率，且土壤含水率随掺沙比例增大而降低，20～60cm 土层土壤含水率增大。土壤平均含水率随深度增加而增大，0～20cm 土层平均含水率随掺沙比例增大而降低，20～60cm 土层的平均含水率随掺沙比例增大而增大，表层掺沙 15%效果最好。

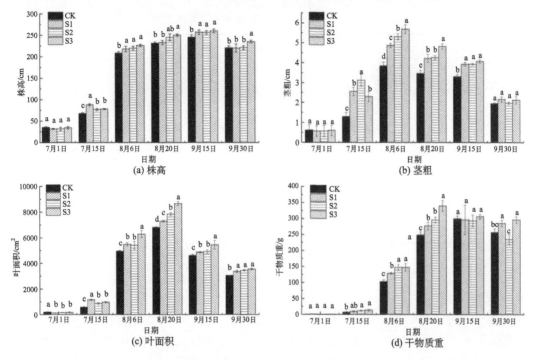

图 2-38　2017 年不同掺沙比例下玉米生长指标的变化

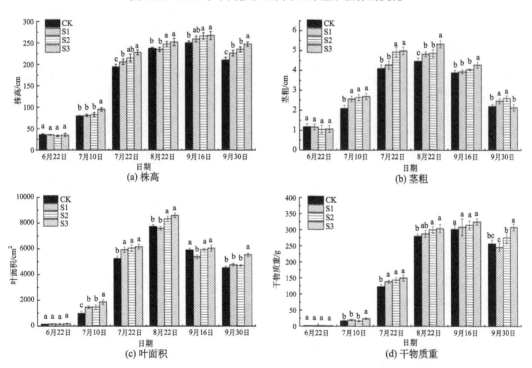

图 2-39　2018 年不同掺沙比例下玉米生长指标的变化

表 2-38　不同掺沙比例下夏玉米产量与增产率

年份	处理	产量/（kg/hm^2）	增产率/%
2017	CK	9437.1c	0
	S1	10046.7b	6.46
	S2	10146.6b	7.52
	S3	10419.0a	10.40
2018	CK	10007.4d	0
	S1	10372.7c	3.72
	S2	10753.7b	7.54
	S3	11255.3a	12.55

（2）大田土壤含盐量在整个夏玉米生育期呈现降低趋势，这与夏季降水增多有关。野外试验数据空间差异性较大，除个别异常点外，大田土壤含盐量整体表现为 CK>S1>S2>S3，表层掺沙可以降低大田土壤的盐分含量，且掺沙比例越大土壤盐分含量降低越明显。土壤平均含盐量均随深度增加而增大，掺沙处理的土壤平均含盐量均小于 CK，S3（掺沙 15%）。表层掺沙可以降低 0～60cm 的土壤含盐量，掺沙比例越大土壤含盐量降低越明显，掺沙 15%的土壤含盐量在所有处理中最低。

（3）表层掺沙会影响夏玉米的生长指标和产量。表层掺沙处理的玉米长势要好于对照，其中 S3（掺沙 15%）的夏玉米各生长指标为所有处理中最高。掺沙处理的玉米产量均高于 CK，增产率为 3.72%～12.55%，玉米产量与掺沙比例呈正比，掺沙 15%的玉米生长指标和产量最高。

2.3.3　改良剂对土壤水盐分布特征的影响

本节根据研究区土质及农业生产特点，选择应用几种有机复合肥，在改盐控盐的同时，保证作物产量。而外来物质添加后，土壤理化性质、水分和盐分时空分布特征及农作物响应状况，是利用化学物质改良盐碱土必须研究的重要问题，也是实现水肥盐协同高效增蓄扩容的重要基础工作。

1. 改良剂对土壤导水性能和盐分运移的影响

试验土样均取自滨洲示范区农田 0～60cm 土层。供试土壤的基本理化状况见表 2-39。试验设置 4 种处理，分别为土表施加竹炭型有机复合肥（bamboo charcoal organic compound fertilizer，BC）、菌型有机复合肥（bacteria organic compound fertilizer，BO）、阴离子型聚丙烯酰胺（polyacrylamide，PAM）土表混施及对照 CK（无处理，即常规种植）。表 2-40 为本节使用改良剂的基本理化性质。

表 2-39　研究区土壤机械组成及盐分含量

测定项目	土层深度/cm					
	0～10	10～20	20～30	30～40	40～50	50～60
黏粒/%	3.64	3.49	3.77	4.12	3.89	3.90
粉粒/%	60.54	56.24	62.78	71.50	67.15	73.71
砂粒/%	35.82	40.27	33.45	24.38	28.96	22.39
水溶性盐/ (g/kg)	1.51	1.51	0.96	0.95	0.97	1.16
pH	7.81	7.93	8.34	8.47	8.32	8.29

表 2-40　改良剂的基本理化性质

改良剂	盐分离子含量/（g/kg）						水溶性盐/ (g/kg)	电导率/ (mS/cm)	pH
	HCO_3含量	Cl^-含量	SO_4^{2-}含量	Ca^{2+}含量	Mg^{2+}含量	K^+/Na^+含量			
BC	0.28	1.54	1.38	5.18	0.82	21.04	30.24	1.63	7.52
BO	0.62	2.48	2.02	1.57	1.80	59.70	68.19	3.26	7.94
PAM	4.23	38.83	1.52	1.68	1.14	—	—	6.33	6.87

1）土壤饱和导水率

图 2-40 是土表施加 PAM、BO 和 BC 情况下的土壤饱和导水率。BO、BC 和 CK 的土壤饱和导水率无显著差异，但与 PAM 处理的饱和导水率差异较显著（$p<0.05$）。在试验用量范围内，BO 与 BC 处理的土壤饱和导水率均表现出随用量增加而增大的趋势。PAM 处理的饱和导水率则明显随用量增加而降低。PAM（1g/kg）、BO（20g/kg）、BC（20g/kg）的饱和导水率分别为 0.013cm/min、0.029cm/min 和 0.041cm/min、较 CK（0.031cm/min）分别增加-59.0%、-6.8%和 32.3%。

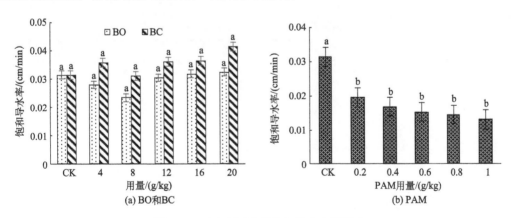

图 2-40　改良剂对土壤饱和导水率的影响

结合图 2-40 和表 2-41 可知，BO、BC 和 CK 的土壤饱和导水率无显著差异，但与 PAM 处理的饱和导水率差异较显著（$p<0.05$）。BC 各用量处理之间与 CK 的土壤饱和导水率无显著差异。BC 各处理土壤饱和导水率的相对增加值均为正，说明 BC 各处理均能

改善土壤导水性能，提高土壤饱和导水率。BO 对土壤饱和导水率影响较小，各处理间无显著差异。

表 2-41　不同处理土壤饱和导水率相对增加值

处理	饱和导水率/（cm/min）	相对增加值/%	处理	饱和导水率/（cm/min）	相对增加值/%	处理	饱和导水率/（cm/min）	相对增加值/%
CK	0.0303	0.00	—	—	—	—	—	—
$PAM_{0.2}$	0.0192	−36.60	BO_4	0.0276	−9.00	BC_4	0.0354	16.70
$PAM_{0.4}$	0.0165	−45.60	BO_8	0.0232	−23.50	BC_8	0.0307	1.30
$PAM_{0.6}$	0.0149	−50.70	BO_{12}	0.0301	−0.70	BC_{12}	0.0357	17.90
$PAM_{0.8}$	0.0141	−53.40	BO_{16}	0.0315	4.00	BC_{16}	0.0361	19.20
$PAM_{1.0}$	0.0127	−58.00	BO_{20}	0.0321	6.10	BC_{20}	0.0410	32.3

2）改良剂作用下的土壤渗透时间

渗透时间（土柱底部有水渗出的时间）是可以间接衡量土壤导水性能的又一指标，表 2-42 为各改良剂不同用量情况下的渗透时间。与 CK 相比，BC 和 BO 各处理所需渗透时间均较短，渗透较快。通过对改良剂施用量与土壤渗透时间的相关分析，PAM 各用量处理的相关系数为 0.979（$p<0.05$），土壤渗透时间与 PAM 施用量之间显著相关，且 PAM 各用量处理的渗透时间均大于 CK（47min），PAM 用量越多，所需的渗透时间越长，PAM_1 的渗透时间为 85min。这是由于施用 PAM 后，PAM 在水中溶解，一方面使土壤颗粒黏聚在一起，另一方面土壤水黏滞性增强，所需要的渗透时间增加。BO 和 BC 各处理的施用量与渗透时间的相关系数分别为 0.652 和 0.703（$p<0.05$），相关较显著。两者渗透时间均随用量增大而缩短，BC_{20} 的渗透时间为 31min，BO_{20} 的渗透时间为 35min。

表 2-42　各处理土柱的渗透时间

处　理	渗透时间/min	处　理	渗透时间/min	处　理	渗透时间/min
CK	47ab	CK	47ab	CK	47ab
$PAM_{0.2}$	57b	BO_4	35a	BC_4	37a
$PAM_{0.4}$	69c	BO_8	38a	BC_8	44a
$PAM_{0.6}$	75d	BO_{12}	37a	BC_{12}	41a
$PAM_{0.8}$	78e	BO_{16}	35a	BC_{16}	37a
PAM_1	85f	BO_{20}	31a	BC_{20}	35a

3）土壤水分与盐分的耦合运移

以 0～10cm、20～30cm 和 50～60cm 土层为例，对土壤中水分动态和盐分动态的变化关系进行探讨，分析结果见图 2-41～图 2-43。图 2-41 为 0～10cm 土层水分与盐分动态关系图。图 2-42 为 20～30cm 土层水分与盐分动态关系图。图 2-43 为 50～60cm 土层水分与盐分动态关系图。由图 2-43（a）～（c）可知，CK、BC 和 BO 处理下，水分和盐分二者关系变化趋势较一致，CK 处理下，除拔节期外，二者呈负相关，BC 处理则是除了乳熟期，BO 处理则是发芽出苗期-三叶期和乳熟期-成熟收获期除外。

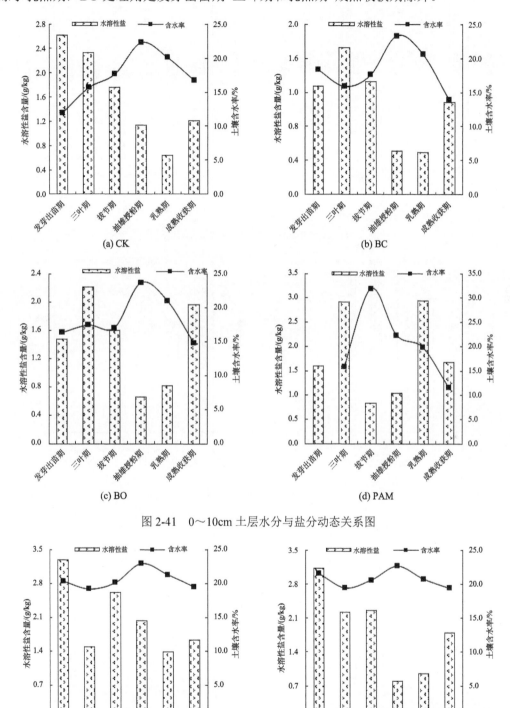

图 2-41　0～10cm 土层水分与盐分动态关系图

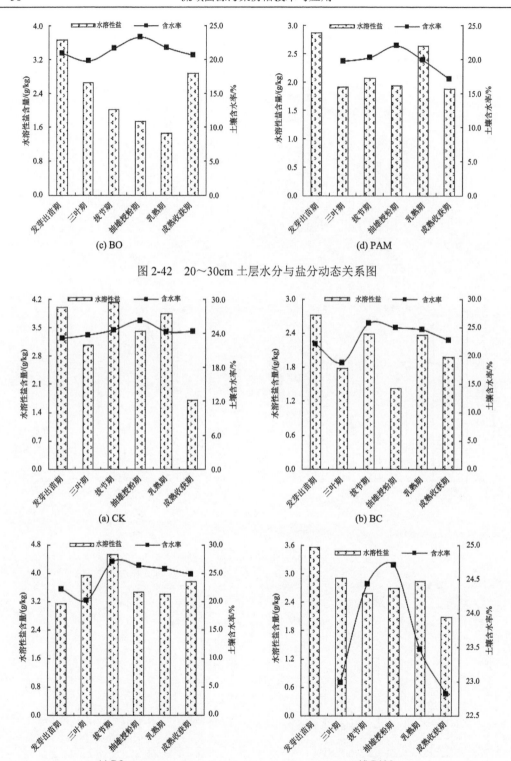

图 2-42　20～30cm 土层水分与盐分动态关系图

图 2-43　50～60cm 土层水分与盐分动态关系图

2. 改良剂对土壤盐分时空运移及分布特性的影响

1）改良剂作用下的土壤盐分时间动态

A. 土壤 Na^+ 时间动态

图 2-44 为 CK 处理、BC 处理、BO 处理和 PAM 处理的土壤 Na^+ 含量的时间动态。不同处理玉米生长季内 Na^+ 含量比较（表 2-43、表 2-44），PAM 处理除在乳熟期有积盐外，其他各时期均处于脱盐状态；CK 处理在三叶期和拔节期处于积盐状态，其他时期则处于脱盐状态；BO 与 BC 处理的变化规律相似，二者均在抽雄授粉期处于脱盐状态，其他时期有积盐现象，乳熟期积盐较轻，其他时期较明显。单从对土壤 Na^+ 含量的作用效果看，PAM 处理最好，BC 和 BO 处理的效果较差。

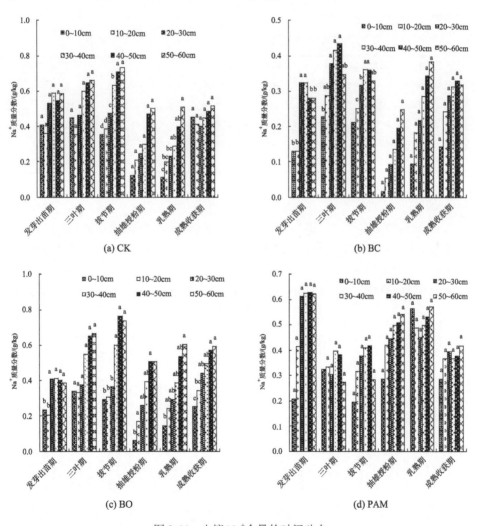

图 2-44 土壤 Na^+ 含量的时间动态

表 2-43　各处理不同时期 Na$^+$含量的差异显著性　　　　（单位：g/kg）

玉米生育期	处理方式			
	CK	BC	BO	PAM
发芽出苗期	0.51a	0.24b	0.34bc	0.52a
三叶期	0.53a	0.35a	0.49a	0.33b
拔节期	0.55a	0.31ab	0.51a	0.33b
抽雄授粉期	0.31b	0.12c	0.32c	0.45ab
乳熟期	0.29b	0.25b	0.37bc	0.52a
成熟收获期	0.45a	0.27b	0.45ab	0.37b

表 2-44　不同剖面深度和时期 Na$^+$含量相对减少量的差异显著性

土层深度 /cm	剖面 Na$^+$含量/（g/kg）				生长发育阶段	玉米生长季内 Na$^+$含量/（g/kg）			
	CK	BC	BO	PAM		CK	BC	BO	PAM
0～10	27.59ab	−6.62a	6.53a	−59.66b					
10～20	13.65ab	−56.96b	−34.49bc	6.93a	三叶期	−4.46b	−53.51c	−44.49c	24.26a
20～30	31.78a	20.34a	14.88a	35.65a	拔节期	−7.38b	−35.21bc	−48.28c	31.74a
30～40	22.67ab	6.83a	−17.77bc	30.54a	抽雄授粉期	40.52a	52.94a	12.53a	6.75ab
40～50	1.15b	−18.39ab	−50.34bc	29.36a	乳熟期	44.31a	−4.59b	−5.43ab	−20.09b
50～60	0.42b	−15.93ab	−61.28c	32.94a	成熟收获期	8.06b	−18.57bc	−33.06bc	20.48ab

B. 土壤 Cl$^-$时间动态

图 2-45 分别为 CK 处理、BC 处理、BO 处理和 PAM 处理的土壤 Cl$^-$含量的时间动态。比较土壤 Cl$^-$含量相对减少量，由表 2-45 可见，剖面 40～60cm 土层积盐显著，其他土层有明显的脱盐现象，层间差异不显著或无差异。不同时段比较，抽雄授粉期和乳熟期土壤 Cl$^-$含量相对减少量差异不显著，且脱盐明显，而其他时期的 Cl$^-$含量相对减少量

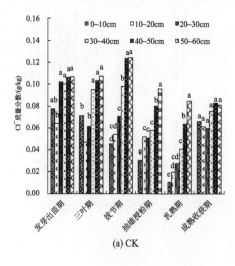

(a) CK

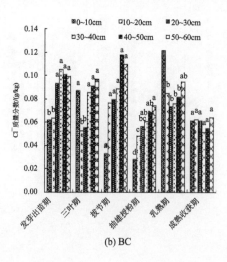

(b) BC

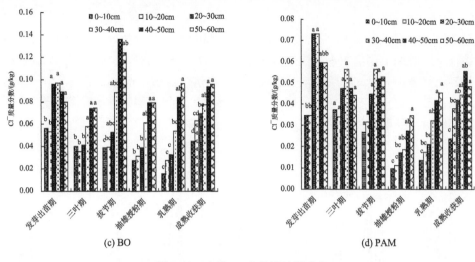

图 2-45　土壤 Cl⁻含量的时间动态

表 2-45　各处理不同时期 Cl⁻含量的差异显著性　　　　（单位：g/kg）

玉米生育期	处理方式			
	CK	BC	BO	PAM
发芽出苗期	0.09a	0.05a	0.08a	0.09a
三叶期	0.08abc	0.05a	0.05ab	0.08a
拔节期	0.09ab	0.04a	0.08a	0.09a
抽雄授粉期	0.06c	0.02c	0.05ab	0.06a
乳熟期	0.04d	0.03bc	0.05b	0.09a
成熟收获期	0.07bc	0.04ab	0.07ab	0.06a

差异显著，并以三叶期脱盐最明显。不同处理在玉米生长季 Cl⁻含量比较（表 2-46），CK、BC 和 BO 处理的变化规律相似，三者在各个时期均处于脱盐状态，抽雄授粉期-成熟收获期脱盐较明显，其他时期较轻；PAM 处理除在乳熟期有积盐外，其他各个时期均处于脱盐状态。单从对土壤 Cl⁻含量的作用效果看，BC 和 BO 处理的效果较好，PAM 处理较差。

表 2-46　不同剖面深度和时期 Cl⁻含量相对减少量的差异显著性

土层深度 /cm	剖面 Cl⁻含量/（g/kg）				生长发育阶段	玉米生长季内 Cl⁻含量/（g/kg）			
	CK	BC	BO	PAM		CK	BC	BO	PAM
0～10	42.19ab	36.13ab	40.75a	-6.62a					
10～20	26.93abc	23.85b	26.10a	-2.06a	三叶期	13.65bc	16.50b	30.44ab	8.05a
20～30	47.16a	52.79a	50.86a	30.25a	拔节期	9.53c	19.54b	0.08c	4.86a
30～40	27.03abc	42.88ab	30.27a	30.95a	抽雄授粉期	34.62ab	64.57a	33.33a	36.29a
40～50	14.96bc	24.89b	-5.20b	17.76a	乳熟期	58.16a	48.62a	35.95a	-9.52a
50～60	7.41c	24.58b	-18.34b	11.25a	成熟收获期	22.11bc	21.71b	3.90bc	28.24a

C. 土壤水溶性盐时间动态

图 2-46 分别为 CK 处理、BC 处理、BO 处理和 PAM 处理的水溶性盐含量的时间动态。比较不同时期土壤剖面水溶性盐含量（表 2-47、表 2-48），植物生长前期水溶性盐含量差异较显著，中期及后期差异不显著。比较水溶性盐含量相对减少量，40～50cm 土层的水溶性盐含量相对减少量与其他土层差异显著，其他土层差异不显著或无差异。不同时段比较，三叶期和拔节期的水溶性盐含量相对减少量差异显著，其他时期水溶性盐含量相对减少量无差异。

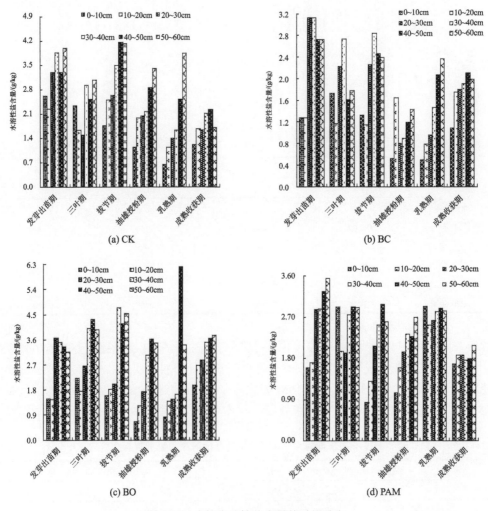

图 2-46　土壤水溶性盐含量的时间动态

表 2-47　各处理不同时期水溶性盐含量的差异显著性　　　　（单位：g/kg）

玉米生育期	处理方式			
	CK	BC	BO	PAM
发芽出苗期	3.21a	2.37a	2.77a	2.64ab
三叶期	2.33bc	1.87abc	3.16a	2.56abc

续表

玉米生育期	处理方式			
	CK	BC	BO	PAM
拔节期	3.11ab	2.07ab	3.15a	2.05abc
抽雄授粉期	2.26bc	1.08c	2.29a	1.98bc
乳熟期	1.86c	1.36bc	2.49a	2.78a
成熟收获期	1.76c	1.77abc	3.07a	1.84c

表 2-48 不同剖面深度和时期水溶性盐含量相对减少量的差异显著性

土层深度 /cm	剖面水溶性盐含量/（g/kg）				生长发育阶段	玉米生长季内水溶性盐含量/（g/kg）			
	CK	BC	BO	PAM		CK	BC	BO	PAM
0~10	45.89a	19.15ab	1.94ab	−18.03a					
10~20	20.17ab	−2.45b	−21.07b	−8.24a	三叶期	27.22ab	14.92a	−18.64a	−5.09a
20~30	44.25a	48.64a	41.35a	27.33a	拔节期	3.52b	10.71a	−15.36a	24.49a
30~40	36.16a	37.06ab	3.31ab	15.44a	抽雄授粉期	29.63a	46.59a	19.71a	24.58a
40~50	13.23b	30.68ab	−31.92b	20.98a	乳熟期	44.57a	43.13a	11.34a	−15.05a
50~60	19.10ab	26.92ab	−21.52b	26.20a	成熟收获期	44.06a	17.99a	−20.32a	24.14a

综合以上研究结果，CK、BC 和 BO 与 PAM 处理的土壤水盐时间动态差别较大，但其中也有共同点可循。表现在玉米苗期、拔节期前，降水量少，土壤含水量小，盐分含量相对增加，6~8 月（拔节期及其后）进入雨季，降水量增加，土壤受淋溶作用影响，可溶盐离子被冲刷淋溶进入土壤深层，因此剖面上各土层 Na^+、Cl^- 和水溶性盐含量均呈现下降趋势。抽雄授粉期和乳熟期后，由于玉米根系大量吸水，造成土壤中水分含量降低，形成盐分积聚效应，相应土层含盐量增大。此外，后期降水减少，土壤水分蒸发强烈也是土壤积盐的重要影响因素。这一方面与当地气候条件有关，也与土温、土壤理化性质等密切相关。

对比 3 种改良剂，不同玉米生育期的 Na^+、Cl^- 和水溶性盐含量，发芽出苗期（初始值）为 PAM 处理>BO 处理>BC 处理，而土壤含水量为 BC 处理>BO 处理，盐分积聚现象在拔节期前更加明显，这与改良剂本身的性质相关，也与土壤含水量小有关，从表 2-40 可知，BC 与 BO 的含盐量较高，施加过程中将一部分盐分带入土壤，这也是改良剂实际应用中需要解决的重要问题。3 种改良剂对水盐的作用机理存在差异，施用生物质炭可增加土壤交换性盐基数量和盐基饱和度，降低土壤碱化度和含盐量；此外，竹炭本身疏松多孔，可使土壤总孔度增加，使土壤持水能力增强，经淋洗作用后会带走更多的离子，使土壤碱化度降低（Hale et al., 2011）。但也有研究提到，生物质炭对碱性土壤的改良作用不明显（Zwieten et al., 2010），本节结果与此类似。

BO 能有效中和土壤碱性，利用材料中离子间酸碱中和反应、离子交换、盐类转化原理，有效改善盐碱地水分入渗性能，增加土壤团粒结构，改善通气透水性，进而可从土壤中吸附较多的水分并固定，保持土壤湿度，使盐碱土的理化性状得到改善，降低土壤溶液盐分浓度。从表 2-40 可看到，BC、BO 电导率值较高，含盐量较大，但是，由以上图表也看到，同对照相比，剖面各土层的绝对含盐量比对照低，说明改良剂的使用对盐分能起到一定的控制作用。另外，由于本身盐分的存在，土壤含水量的不同，不同时期、不同剖面深度 Na^+、Cl^- 和水溶性盐含量存在显著差异，也使其盐分相对减少量不占优势。

阴离子型 PAM 可以增加土壤大团聚体数目，改善土壤结构。本节则主要利用其负电荷性能，意图达到吸附土壤中 Na^+，减轻其对作物的毒害作用。但是，PAM 遇水溶解后，分子链逐渐展开，吸附其周围土壤中的 Na^+，尤其在雨季到来后，土壤中水分增加，PAM 分子持续吸水膨胀，邻近土层的 Na^+ 也被吸附到表层，因此，出现 0～10cm 土层 Na^+ 含量在玉米生长中后期增大，且相对减少量不显著的现象。另外，由于 PAM 使土壤表层对 Na^+ 的吸附量增大且其吸附能力较强，并且 PAM 溶于水后使水的黏度增加并滞留，水分在土壤孔隙中流动时的摩擦力增大，水分渗流速率降，势必影响 Na^+ 在土壤剖面上的运移，造成 Na^+ 无法穿过土壤空隙，运移速度减慢，即使在水流移动的帮助下，也无法克服 PAM 分子的影响（孙荣国等，2011），使土壤盐分表聚明显。PAM 具有负电荷性能，故对 Cl^- 影响不大，Cl^- 变化与当地气候条件、土壤含水量密切相关；土壤中 Na^+ 被吸附，而 Na^+ 与 Ca^{2+}、Mg^{2+} 可以在土壤中相互转化，因此 SAR 变化略有不同，在后期增加。土壤盐分 Na^+ 占优势，故水溶性盐含量变化与 Na^+ 含量一致。

2）改良剂作用下土壤盐分的剖面分布特征

土壤盐分含量是衡量土壤盐碱程度的重要指标之一，以土壤剖面为研究对象，有助于了解土壤盐分在垂直方向上的变化规律，为土壤科学管理及合理利用提供条件。土壤盐分在剖面中的分布状况（即土壤盐分剖面）综合反映了结构性因素（如土壤母质、气候、地形、土壤类型等）和随机性因素（如耕作措施、施肥、种植制度、灌溉制度等各种人为活动）对土壤盐分运移的影响结果。

A. 土壤 Na^+ 空间分布

玉米生长期内 Na^+ 含量的空间分布如图 2-47 所示。如图 2-47（f）为成熟收获期土壤剖面 Na^+ 含量空间分布。由图 2-47（f）可知，BC 与 BO 处理剖面 Na^+ 含量均表现出明显的底聚型，只是 BC 处理的 Na^+ 含量为 0.14～0.33g/kg，而 BO 处理的 Na^+ 含量为 0.14～0.61g/kg；CK 处理下 0～30cm 土层 Na^+ 含量随深度增加而快速降低，此后大幅增加，呈明显的底聚型，Na^+ 含量变化在 0.40～0.52g/kg；PAM 处理剖面 Na^+ 含量呈反 "S" 形，Na^+ 含量在 0.28～0.42g/kg。总体而言，BC 处理整个剖面的 Na^+ 含量最低，0～20cm 土层内，CK 处理的 Na^+ 含量最高，PAM 处理次之，BO 处理较低；20～30cm 土层内，BO、CK 和 PAM 处理 Na^+ 含量接近；30～60cm 土层内，BO 处理的 Na^+ 含量最高，其次是 CK 处理，PAM 处理较低。

B. 土壤 Cl^- 空间分布

整个玉米生育阶段内 Cl^- 的空间动态如图 2-48 所示。图为发芽出苗期土壤剖面 Cl^- 含量的空间分布情况。如由图 2-48（a）可知，BC、BO 和 CK 处理剖面的 Cl^- 含量变化趋势相似，但含量略有不同，BC 处理 Cl^- 含量为 0.03～0.08g/kg，BO 处理为 0.05～0.10g/kg，CK 处理为 0.06～0.11g/kg；0～30cm 土层 Cl^- 含量随深度快速增加，此后缓慢减少，而 CK 处理略有不同，20～30cm 土层之后略微增长，BC 和 BO 处理最大值出现

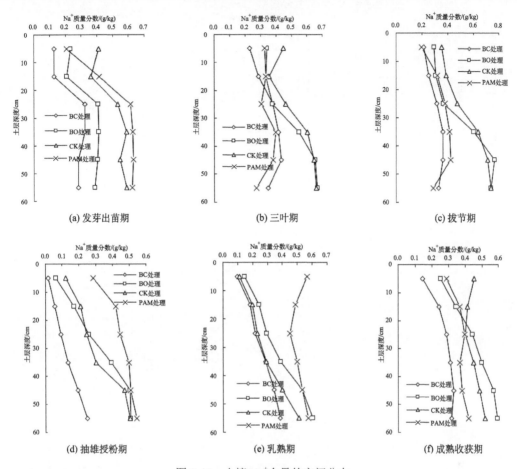

图 2-47　土壤 Na$^+$含量的空间分布

在 30～40cm 土层中，BC 处理小于 0.08g/kg，BO 处理小于 0.10g/kg，CK 处理最大值出现在深层，小于 0.11g/kg；PAM 处理剖面 Cl$^-$含量在 0～40cm 土层快速增长，此后缓慢减少，最大值出现在 30～40cm 土层中，接近 0.11g/kg。总观土壤剖面，Cl$^-$含量除了 30～40cm 土层外，其他土层均为 CK 处理＞PAM 处理＞BO 处理＞BC 处理。总体而言，BC 处理 Cl$^-$含量最低，BO 处理次之，PAM 与 CK 处理接近，但 CK 处理略高。

　　C. 土壤水溶性盐空间分布

　　玉米生育期内土壤水溶性盐空间动态见图 2-49。图 2-49（a）为发芽出苗期水溶性盐含量的空间分布情况。由图可见，BC 和 BO 处理剖面的水溶性盐含量变化趋势相似，但含量略有不同，BC 处理水溶性盐含量为 1.27～3.13g/kg，BO 处理为 1.46～3.66 g/kg；最大含量出现在 20～30cm 土层，接近于 3.12g/kg、3.66g/kg；CK 处理水溶性盐含量变化趋势与 BC 和 BO 处理类似，不同的是在 0～20cm 和 40～50cm 土层，水溶性盐含量减少；最大含量出现在深层，接近 3.99g/kg；PAM 处理剖面水溶性盐含量随深度增加而增加，含量接近 1.59～3.56g/kg。总体而言，BC 和 PAM 处理水溶性盐含量较低，BO 和 CK 处理水溶性盐含量较高；BC 和 BO 处理中间土层（20～30cm）盐分积聚明显，而 CK 和 PAM 处理深层有明显的盐分积聚现象。

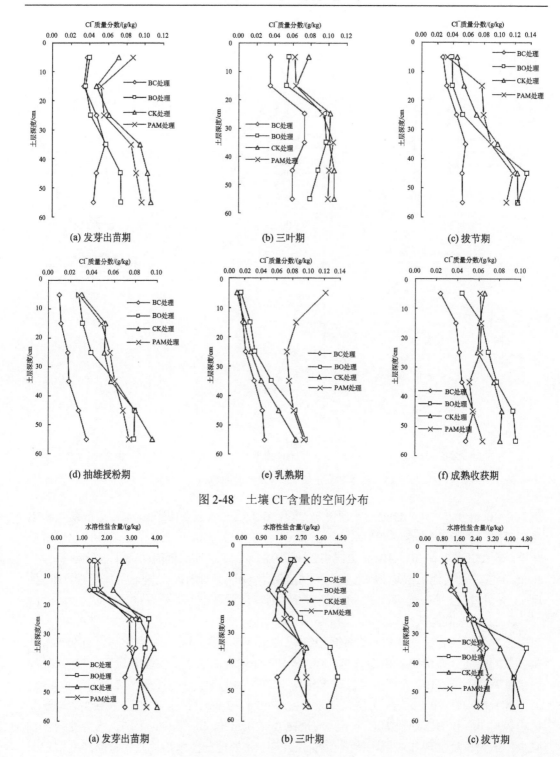

图 2-48　土壤 Cl⁻含量的空间分布

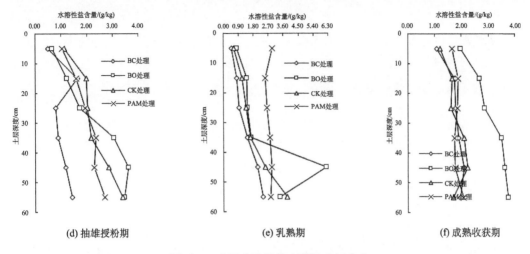

图 2-49 土壤水溶性盐含量的空间分布

上述研究结果显示，各处理土壤剖面 Na^+、Cl^- 和水溶性盐含量大体随深度增加而增大，深层土壤 Na^+、Cl^- 和水溶性盐含量高，表层含量在不同生长发育阶段差别较大。从发芽出苗期到拔节期，各处理剖面土壤 Na^+、Cl^- 和水溶性盐含量波动幅度较大，这可能与苗期和三叶期土壤蒸发量大，拔节期玉米耗水增加，根系吸水带动土壤盐分向上移动，而不定期的小量降雨又使土壤盐分向下移动有关，中后期各层次土壤 Na^+、Cl^- 和水溶性盐含量逐渐趋于稳定。

玉米生长期内，发芽出苗期 BC、BO 处理下中间土层的盐分积聚明显，其他时期明显为底聚型，可能是发芽出苗期改良剂刚刚施入土壤，其中含有的有效物质尚未完全向下层运移发挥作用，另外，土层的空间异质性和土壤含水率也可能是原因之一。BO 处理的 Na^+、Cl^- 和水溶性盐含量较高尤其在玉米生长后期，猜测可能与改良剂本身所携带的盐分、以及土壤盐分组成不同有关；CK 处理与 BC、BO 处理相似，不同的是，成熟收获期盐分表聚现象较明显，造成此种现象的原因可能是，此段时间处于夏季，光照强烈且日照时间长，地表蒸发作用强，盐分积聚；PAM 处理下，发芽出苗期-三叶期剖面盐分含量呈 "S" 形，拔节期开始呈底聚型，抽雄授粉期后表层盐分积聚也较明显。可能是前期剖面盐分含量与土壤盐分含量的差异有关；拔节期后进入雨季，降水增加使土壤淋溶强烈，可溶盐离子被冲刷淋溶进入土壤深层；抽雄授粉期后玉米根系吸收大量水分满足植物所需，使得土壤水分减少，盐分含量增加。

对比 3 种改良剂不同土层的 Na^+、Cl^- 和水溶性盐含量，BC 处理下剖面不同土层 Na^+、Cl^- 和水溶性盐含量较低且保持稳定，在玉米生长季内整体较低，与土壤本身所含的盐分低有关，也与改良剂有一定作用，说明 BC 改良有效，但 Na^+、Cl^- 和水溶性盐含量降低量相对较低；而 BO 改良效果较差，其中 BO 处理在玉米生长季明显与 CK 土壤 Na^+、Cl^- 和水溶性盐含量接近，甚至后期剖面深层 Na^+、Cl^- 和水溶性盐含量大于 CK 土壤，说明改良作用较弱；PAM 处理的改良效果较好，这可能与 PAM 的溶水性及其对水分和盐分的吸附性能有关，PAM 处理剖面 Na^+ 和水溶性盐含量高、前期变化幅度大、表聚性明显等现象（王春霞等，2014），可能与 PAM 在土壤表层施用有关，虽然 Cl⁻ 含量也表现出这类现象，但更多的与土壤中本身盐分组成、土壤含水率和气候条件等的影响，相对而言，PAM 对土壤表层 Na⁺、Cl⁻和水溶性盐改良不明显。

3. 改良剂施用情况下的作物产量状况

盐分对植物生长发育影响较大，既可以降低光合作用速率，减小同化物和能量供给，限制植物的生长发育，又对植物某些特定的酶或代谢过程产生不良影响。玉米是重要的农作物，耐盐性相对较差。我国土壤盐渍化面积不断增大，粮食安全对玉米产量的要求提高，探讨土壤改良剂对玉米生长发育的影响，对今后耐盐碱玉米品种选育、盐碱地科学种植玉米具有现实的意义。

表 2-49 为不同改良剂下玉米生物量数据。由表可知，单株玉米鲜重 CK 处理最轻，为 691.65g，BC 处理最重，为 776.01g，BO 和 PAM 处理相差较小，4 种处理单株玉米鲜重差异不显著。CK 和 BO 处理单株玉米干重较小，BC 和 PAM 处理较大，4 种处理差异均不显著。BC 处理的百粒重最小，为 26.32g，PAM 处理最大，为 27.65g，4 种处理百粒重差异均显著。CK 和 BO 处理穗粒数较小，与其他两种处理差异显著，且二者差异也显著，BC 和 PAM 处理穗粒数较大，与其他两种处理差异显著，但二者差异不显著。四种处理经济产量差异显著，BO 处理经济产量相对较低，为 16083.95kg/hm²。总体而言，改良剂对百粒重、穗粒数和经济产量影响大，其中，以 PAM 处理的经济产量最高。

表 2-49 不同改良剂处理的玉米生物量

试验小区	测定指标				
	单株鲜重/g	单株干重/g	百粒重/g	穗粒数/粒	经济产量/（kg/hm²）
CK	691.65a	292.42a	26.89bc	557.18ab	15857.11bc
BC	776.01a	371.39a	26.32c	586.95a	17378.67c
BO	730.72a	291.50a	27.23ab	525.02b	16083.95ab
PAM	741.66a	306.52a	27.65a	577.77a	17969.24a

2.4 典 型 案 例

2.4.1 "全链条"农田增效减负与清洁生产技术体系

在揭示案例区典型农田氮磷流失特征和作物需肥规律的基础上，形成了以基于氮磷盈余基准的肥料运筹技术、以碳调氮为核心的土壤库容扩增技术、水肥盐协同高效的农田增效减负技术和基于种养平衡的废弃物资源化还田技术为核心的"全链条"农田增效减负与清洁生产技术体系。"全链条"农田增效减负与清洁生产技术体系围绕"全周期"、"全要素"和"全过程"就整个农业生产进行调控。"全周期"主要从作物整个生育期维持健康生理生化指标进行监控，保障高产优质；"全要素"综合碳、氮、水、盐等关键因子，针对水、土、气、生等生产要素进行整合和优化，实现减负高效；"全过程"围绕整个生产过程，促进产前投入绿色化、产中系统化及产后资源化，实现清洁生产。整套技术形成了"机理+产品+技术"的系统化农田氮磷面源污染控制技术体系，并在案例区中进行应用和推广。"全链条"农田增效减负与清洁生产技术体系如图 2-50所示。

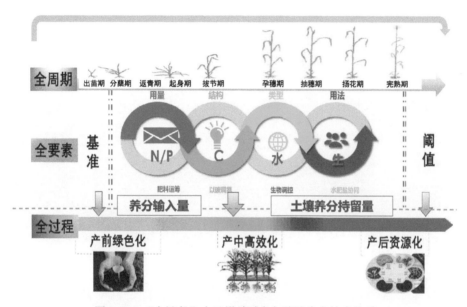

图 2-50　"全链条"农田增效减负与清洁生产技术体系

2.4.2　农田增效减负技术案例分析

农田增效减负与清洁生产技术应用主要应用内容为"全链条"农田增效减负与清洁生产技术体系，包括基于氮磷固持扩容基础上的农田增效减负技术和多水源灌溉条件下的农田水肥盐一体化调控技术。案例区位于山东省滨州市滨城区秦台干沟流域中裕高效生态农牧循环经济产业园。技术应用累积应用农田 $2.67km^2$，养猪规模 3 万头，村庄规模 100 户以上；案例区在农田氮磷削减方面取得较好效果，保障作物产量的情况下，实现了化肥减量 30%，养殖废弃物肥料化利用率从 30%提高到 80%，小麦-玉米整个轮作周期硝态氮流失量平均减少 22.78%，铵态氮平均减少 40.36%，磷素平均流失量减少36.93%。通过技术的应用，提升了流域内农业生产者环境保护意识，推动了流域内小麦和玉米生产的清洁化，为整个流域农业面源污染负荷的削减和水质改善做出重要贡献。

2.5　本　章　小　结

本章在揭示案例区典型农田氮磷流失特征和作物需肥规律的基础上，进行肥料运筹、以碳调氮、水肥盐协同高效及养殖废弃物资源化安全还田等关键技术研究，构建起以基于耕层土壤水库及养分库扩蓄增容基础上的农田增效减负技术和多水源灌溉条件下的农田节水控肥抑盐增效减负一体的调控技术两项防控关键技术为核心的农田增效减负与清洁生产技术体系，并在案例区中进行应用和推广。通过集成集约化农区农业清洁生产模式，有效削减农田面源污染负荷，同时提升了流域内农业生产者环境保护意识，推动了流域内小麦和玉米生产的清洁化，为流域水质改善提供支撑。

第 3 章　规模化养殖废弃物资源化处置与种养一体化循环利用技术

针对畜禽养殖业发达及种养失衡带来的污染负荷问题，规模化养殖废弃物资源化处置与种养一体化循环利用技术是解决问题的关键。因此集成畜禽养殖废水中高氨氮、磷等制备氮磷肥、生物发酵制备生物肥、畜禽废水生物塘氮磷削减与青饲料生产、厌氧高效处理等组合技术是一条可持续发展的养殖废弃物处理模式，本章将介绍猪粪酒糟混合厌氧发酵、养殖废弃物制备微生物肥料及种养一体化农业增效减负技术案例。

3.1　猪粪与酒糟混合厌氧发酵技术

酒糟是小麦种植深加工的副产品，但酿酒过程中会添加硫酸，调节酒糟的 pH，使得碱度降低，酒糟直接进行厌氧发酵易引起酸化导致反应崩溃（王子月等，2018），因此酒糟处理难度大。若将猪粪和酒糟进行混合厌氧发酵既可以调节发酵原料的碳氮比，又解决酒糟容易酸化的问题（Cai et al., 2020）。本节探讨了通过控制系统工艺参数，达成猪粪和酒糟的无害化处理，并进行能源化处理和生物菌肥的制备回收的目标。猪粪与酒糟混合厌氧发酵受物料特征影响较大，猪粪的水泡粪清粪工艺受到养殖者的青睐，相较于干清粪工艺节省劳动力，而较于水冲粪工艺更省水，本节介绍不同粪便预处理方式对猪粪水厌氧发酵产甲烷的影响。

3.1.1　猪粪厌氧发酵强化技术

1. 强化猪粪厌氧发酵产酸措施

试验装置为 AMPTSII 全自动甲烷潜力测试系统（Bioprocess Control AB，瑞典）。该系统主要由三部分组成。第一部分为厌氧发酵单元，由 15 个 500mL 玻璃蓝盖瓶，并配有电机搅拌，15 个玻璃瓶放置在水浴锅中来控制厌氧发酵的温度。第二部分为 CO_2 固定单元，由 15 个 100mL 玻璃瓶组成，每个瓶中装有 90mL 3mol/L 的 NaOH 溶液，用于吸收厌氧发酵产生沼气中的 CO_2、H_2S 等气体（李超等，2015），因此本节记录的气体体积主要为甲烷体积。第三部分为气体体积测定单元，每个发酵罐对应一个气体计量装置。表 3-1、表 3-2 分别为两个养殖场猪粪及接种泥的理化性质。

表 3-1　发酵原料基本理化性质 1

原料	pH	TS/%	VS/%	TCOD/（g/L）	氨氮/（g/L）	SO_4^{2-}/（mg/L）	TIC/（mg/L）
酒糟	3.30	6.9	94.0	112.7	2.1	701.6	9
猪粪	7.06	29.1	73.7	226.7	1.8	225.6	931
接种泥	7.14	5.1	56.2	55.4	3.3	150.6	755

注：TCOD 为总化学需氧量（total chemical oxygen demand, TCOD），TCOD 猪粪单位为 g/kg

表 3-2　发酵原料基本理化性质 2

原料	pH	TS/%	VS/%	TCOD/（mg/L）	氨氮/（mg/L）
猪粪 1	7.20	28.3	80.4	296400	1576
接种泥 1	7.52	4.9	55.8	35520	3320.8
猪粪 2	7.15	25.81	82.87	345300	1628
接种泥 2	7.43	4.15	57.51	38690	3154

注：TCOD 猪粪单位为 g/kg；猪粪 1、接种泥 1 表示添加 Fe_3O_4 厌氧发酵原料，猪粪 2、接种泥 2 表示添加纳米 Fe_3O_4 厌氧发酵原料

设置工作条件 TS 为 8%，猪粪污泥接种比（TS 比）为 3∶1，有效工作体积 400mL，温度设置为中温 37℃。本试验研究不同配比条件下猪粪与酒糟混合厌氧发酵的产甲烷效率。共设 4 个处理组，1 个对照组，每一组设置 3 个重复。不同酒糟猪粪原料用量配比见表 3-3。将酒糟、猪粪及接种泥按照表 3-3 中的用量添加至发酵瓶中，置于 37℃恒温水浴锅中，开始前，通氮气 3min 以除去液面上方空气，制造厌氧环境。每间隔 1min 搅拌一次，每次搅拌时间为 1min。

表 3-3　批次混合厌氧发酵试验设计

分组	TS/%	酒糟/g	猪粪/g	接种泥/g	水/g	猪粪酒糟比（TS）
A	8	0	310	585	605	100∶0
B	8	66	294	585	555	95∶5
C	8	131	279	585	505	90∶10
D	8	263	248	585	404	80∶20
E	8	657	155	585	103	50∶50

注：猪粪、酒糟、接种泥的投加量均为湿重

图 3-1 为泡粪预处理装置图。装置分为 A、B 两个柱子，柱子高 120cm，直径 5cm，总容积为 2.5 L。2009 年《第一次全国污染源普查畜禽养殖业源产排污系数手册》指出，华北地区生猪育肥期平均每天每头产粪量为 1.81kg。国家农业行业标准《标准化规模养

图 3-1　泡粪预处理装置

猪场建设规范》中规定每头育肥猪占地面积 0.8~1.2m²。水泡粪蓄粪池中水的初始深度为 0.6m。因此体积为 0.48~0.72m³，每升水每天接纳猪粪量为 2.5~3.8g，本节固定粪便投加量为 3.6g/d。

浸泡预处理试验分为两个试验组，A 组在浸泡过程中不再增加水量，B 组在浸泡过程中同时加入一定量自来水，具体用量见表 3-4。投加 20 天左右后，浆液作为试验组发酵基质进行厌氧发酵。对照组为新鲜猪粪直接加相应的自来水作为发酵基质进行厌氧发酵，两个对照组分别命名为 C-A 和 C-B。设置猪粪/污泥接种比（TS 比）为 3∶1，有效工作体积 400mL，温度设置为中温 37℃。开始前，通氮气 3min 以除去液面上方空气，创造厌氧环境。每间隔 1min 搅拌一次，每次搅拌时间为 1min。

表 3-4　浸泡预处理每天猪粪及水的用量

分组	A 固定水量	B 水量变化
柱子体积	2.5L	2.5L
初始水量	1L	1L
投加量	3.6g/d	3.6g/d
加水量	0	20mL/d

1）累积产甲烷量强化

图 3-2 给出累积产甲烷及日产甲烷情况。从图 3-2（a）可以看出，猪粪经过浸泡处理后其累积产甲烷量得到了明显的提升。两种方式浸泡后的累积产甲烷量分别为 313.06 mLCH₄/gVS_{added}、301.10mLCH₄/gVS_{added}，而未经浸泡猪粪（即两组对照组）厌氧发酵累积产甲烷量分别为 197.11mLCH₄/gVS_{added}、201.51mLCH₄/gVS_{added}，累积产甲烷量分别提升了 59%和 49%。这就说明经过猪粪浸泡后被微生物利用效率更高，产生的甲烷量相较于猪粪直接进行厌氧发酵更大。从图 3-2（b）中可以知道，发酵过程中出现了两个产气高峰，分别在第 3 天和第 8~9 天。经过浸泡后的产甲烷速率在两个产气高峰期始终大于对照组的产甲烷速率，这进一步说明了猪粪经过浸泡处理后可以明显提升猪粪的产甲烷潜势。

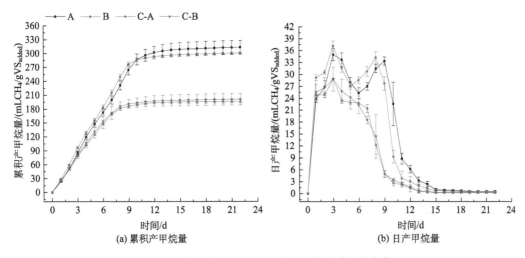

(a) 累积产甲烷量　　(b) 日产甲烷量

图 3-2　累积产甲烷量和日产甲烷量随时间的变化

2）发酵过程动力学原理

采用修正 Gompertz 方程对五组反应的 VS_{added} 累积产甲烷量进行曲线拟合，拟合结果见表 3-5。由表 3-5 可知，该方程对五组发酵反应均可以进行很好的模拟，相关性系数 R^2 分别为 0.9954（A）、0.9948（B）、0.9976（C-A）和 0.9980（C-B）。拟合值 G_0 分别为 318.14 mLCH$_4$/gVS$_{added}$、304.36 mLCH$_4$/gVS$_{added}$、197.71 mLCH$_4$/gVS$_{added}$ 和 201.53 mLCH$_4$/gVS$_{added}$，模拟值与预测值相差不大。最大产甲烷速率 A、B 两组均高于相应对照组，这就说明进行浸泡处理后可以促进厌氧发酵的反应速率，从而导致产甲烷速率变大。4 组反应的迟滞时间 λ 分别为 0.93 天、0.74 天、0.52 天和 0.49 天，迟滞时间均较小，接种泥中厌氧微生物适应物料，试验组 A、B 组迟滞时间比各自对照组长一些，这说明猪粪经过浸泡后，厌氧微生物需要适应的时间更长一些。

表 3-5　修正 Gompertz 拟合结果表

分组	累积产甲烷量（拟合）G_0 / (mLCH$_4$/gVS$_{added}$)	最大日产甲烷速率 R_{max} / (mLCH$_4$/gVS$_{added}$)	迟滞时间 λ/天	R^2
A	318.14±2.92	37.17±1.44	0.93±0.17	0.9954
B	304.36±2.62	39.32±1.61	0.74±0.16	0.9948
C-A	197.71±0.99	30.78±0.88	0.52±0.10	0.9976
C-B	201.53±0.89	31.84±0.82	0.49±0.09	0.9980

3）化学需氧量、蛋白质、多糖等变化特征

发酵过程中 COD 变化情况如图 3-3 所示，蛋白质和多糖变化情况如图 3-4 所示。从图 3-3 中可以看出，反应刚开始时各组的 TCOD 有所不同，分别为 18.00g/L（A）、14.76g/L（B）、20.48g/L（C-A）和 10.76g/L（C-B），这是由于猪粪中固体物质组成复杂的特性和称量误差导致的差异。初始溶解性化学需氧量（solubility chemical oxygen demand, SCOD）分别为 3.98g/L（A）、2.96g/L（B）、3.22g/L（C-A）和 2.24g/L（C-B），初始溶解性蛋白质分别为 781.32mg/L（A）、511.71mg/L（B）、511.71mg/L（C-A）和 351.63mg/L（C-B）。

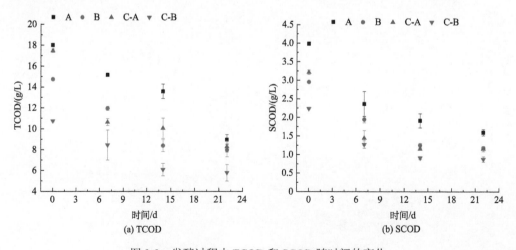

图 3-3　发酵过程中 TCOD 和 SCOD 随时间的变化

从图 3-4 中可知，初始溶解性多糖分别为 173.96g/L（A）、73.24g/L（B）、67.42g/L（C-A）和 64.09g/L（C-B）。经过浸泡后猪粪污的 SCOD、溶解性蛋白质和多糖含量 3 个指标均比未浸泡的高很多，这说明经过浸泡，猪粪中固态有机物会被分解为溶解态有机物，增加了后期厌氧发酵所需要的原料。TCOD 随着发酵的进行，含量一直在下降，COD 去除率由图 3-5 给出。从图 3-5 中可以看出，经过浸泡处理与对照组 COD 的去除率相差不大，这说明浸泡处理提高了有机物的利用效率，更多的有机物转化为了甲烷。SCOD 含量始终在降低，对于溶解性蛋白质及多糖均是呈下降趋势，厌氧发酵对于部分易分解的蛋白质及多糖有一定的分解作用。

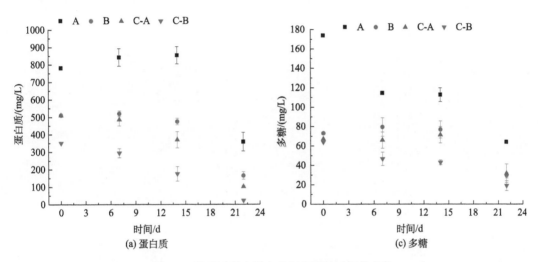

图 3-4　发酵过程中蛋白质和多糖随时间的变化

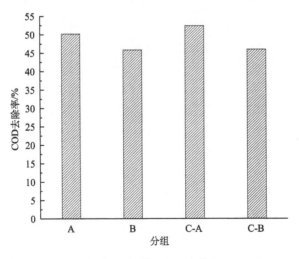

图 3-5　不同组 COD 去除率

4）挥发性有机酸优化

图 3-6 给出 VFAs 含量的变化情况。猪粪污经过浸泡后 VFAs 含量比不经过浸泡的猪粪污含量更高，说明经过浸泡后 VFAs 得到了累积，两种不同浸泡方式累积得到的 VFAs

不同。经过浸泡的猪粪污在厌氧发酵前期（0～7 天）丙酸累积，其他酸直接被产甲烷菌利用。未经浸泡的对照组则未见任何一种酸累积，6 种酸含量一直在下降，这是因为经过浸泡后系统中 VFAs 含量较高，此时产甲烷菌则需要适应这个含量，因此，在 0～7 天时经过浸泡的猪粪厌氧发酵丙酸会累积。A、B 两试验组 14 天后总 VFAs 变化不大，对照组 C-A、C-B 两组在 7 天后总 VFAs 就已经变化不大，结合日产甲烷量来看，试验组在发酵开始后 10 天内甲烷日产量一直处于较高的水平，之后急剧下降，而对照组在发酵开始后 8 天内甲烷日产量一直处于较高的水平，之后急剧下降。由于 VFAs 的测定未处在这两个时间点，但是结合 VFAs 图及日产甲烷量结果来看，泡粪处理后增加了其产甲烷能力，延长了较高水平产甲烷速率的持续时间。

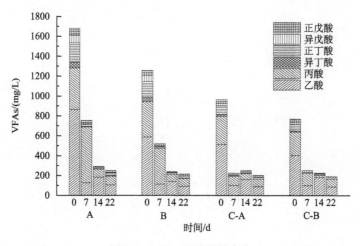

图 3-6　VFAs 随时间的变化

5）氨氮、碱度、挥发性有机酸及 pH 参数调控

图 3-7、图 3-8 给出了试验组和对照组氨氮、碱度（H_2CO_3、CO_3^{2-} 和 HCO_3^-）、VFAs 及 pH 的变化情况。从两图中可以看出 VFAs 始终在被消耗，而氨氮略微有所上升。如果碱度不变的情况下，系统 pH 应该一直增高，直到受到抑制。正是由于碱度的存在，即 H_2CO_3、CO_3^{2-} 和 HCO_3^-，调节系统 pH，使其保持 7.1～7.9。

4 组反应的 pH 变化趋势一致，在此范围内波动，正是由于氨氮、碱度、VFAs 三个指标的变化共同影响。图 3-7 看出，经过浸泡处理的 A、B 两组发酵反应碱度在开始时与对照组相差不大，而初始 VFAs 含量更高，因此初始 pH 比对照组 C-A、C-B 低一些。

经过浸泡处理后对猪粪厌氧发酵产甲烷有提升。浸泡期间不增加水量处理的试验组 A 累积产甲烷量为 313.06mLCH$_4$/gVS$_{added}$，比不做处理的对照组 C-A 累积产甲烷量 197.11mLCH$_4$/gVS$_{added}$ 提升了 59%，浸泡期间随时间增加水量处理的试验组 B 累积产甲烷量为 301.10mLCH$_4$/gVS$_{added}$，比不做处理的对照组 C-B 累积产甲烷量 197.11mLCH$_4$/gVS$_{added}$ 提升了 49%。浸泡处理和不处理厌氧发酵产甲烷过程均可以用修正 Gompertz 方程很好的拟合，拟合值与实测值相差不大，且无明显滞后期。

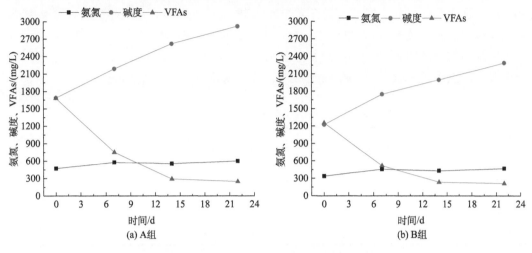

图 3-7　氨氮、碱度、VFAs 随时间的变化

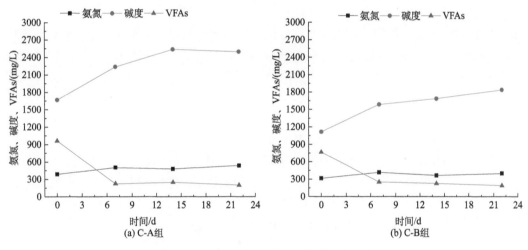

图 3-8　氨氮、碱度、VFAs 随时间的变化

经浸泡处理后蛋白质及多糖等有机物从固体颗粒中分解出来并溶解到液体中,同时大分子有机物分解为 VFAs 等有机物,更容易被微生物利用,且利用效率高,因此甲烷产量高。氨氮、碱度(H_2CO_3、CO_3^{2-}和 HCO_3^-)、VFAs 三种弱酸/碱盐的存在,使得厌氧发酵系统存在很强的缓冲能力,使本试验发酵体系的 pH 保持在了 7.1~7.9,非常适合产甲烷菌的生长和代谢。

2. 微量物质强化猪粪厌氧发酵措施

猪粪厌氧发酵过程中 Fe 元素起到非常重要的作用。Fe_3O_4 作为一种常见的 Fe 的氧化物,其对厌氧消化反应的影响被广泛关注,而 Fe_3O_4 在猪粪污厌氧发酵中的应用未见有报道。因此,本章在猪粪厌氧发酵过程中添加 Fe_3O_4 及纳米 Fe_3O_4,以期达到强化产甲烷的目的。设置工作条件 TS 为 8%,猪粪/污泥接种比(TS 比)为 3∶1,有效工作体积

400mL，温度设置为中温 37℃。共设 4 个处理组，1 个对照组，每一组设置 3 个重复。猪粪与接种泥用量及 Fe_3O_4（纳米 Fe_3O_4）投加量见表 3-6。将猪粪及接种泥按照表 3-3 中的用量添加至发酵瓶中，置于 37℃恒温水浴锅中，开始前通氮气 3min 以除去液面上方空气，创造厌氧环境。每间隔 1min 搅拌一次，每次搅拌时间为 1min。

表 3-6　投加 Fe_3O_4（纳米 Fe_3O_4）批次试验设计

分组	TS/%	猪粪/g	接种泥/g	水/G	Fe_3O_4（纳米 Fe_3O_4）投加量/g	以 Fe 计/（mmol/L）
A	8	85	163	152	0	0
B	8	85	163	152	0.156	5
C	8	85	163	152	2.316	75
D	8	85	163	152	4.632	150
E	8	85	163	152	10.804	350

注：猪粪、接种泥投加量均为湿重

1）累积产甲烷量分析

各处理的 VS_{added} 累积产甲烷量及产甲烷速率的变化见图 3-9。Fe_3O_4 的添加量为最多 350 mmol/L 时，累积产甲烷量最大（309.58mLCH$_4$/gVS$_{added}$），比未添加 Fe_3O_4 组（A 组）的累积产甲烷量（278.33mLCH$_4$/gVS$_{added}$）提高了大约 11%。其他组（B、C、D 组）累积产甲烷量相较于 A 组均有所提高。这说明 Fe_3O_4 对猪粪厌氧发酵的产甲烷量有一定促进作用。从图 3-9（b）中可以看出，厌氧发酵日产甲烷量变化趋势一致，在第 3 天出现一个产气高峰，峰值分别为 19.30 mLCH$_4$/（d·gVS$_{added}$）、19.88 mLCH$_4$/（d·gVS$_{added}$）、20.65 mLCH$_4$/（d·gVS$_{added}$）、21.75 mLCH$_4$/（d·gVS$_{added}$）、21.12 mLCH$_4$/（d·gVS$_{added}$）。3 天后五组日产甲烷量逐渐降低，5~15 天日产甲烷量基本稳定，然而在 15~24 天五组反应之间日产甲烷量出现差异，E 组保持较稳定的日产甲烷量，而其他组均出现了不同程度的降低。这就说明在这段时间内 Fe_3O_4 使产甲烷持续时间得到延长，最终产甲烷量增大。试验

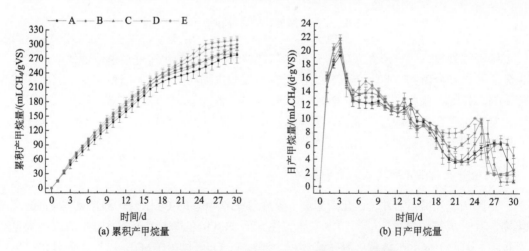

(a) 累积产甲烷量　　　　　　　　　(b) 日产甲烷量

图 3-9　累积产甲烷量和日产甲烷量随时间的变化

结束时，A、B、C、D、E 组累积产甲烷量分别为 278.33 mLCH$_4$/gVS$_{added}$、294.11mLCH$_4$/gVS$_{added}$、281.48mLCH$_4$/gVS$_{added}$、300.80mLCH$_4$/gVS$_{added}$、309.58mLCH$_4$/gVS$_{added}$，Fe$_3$O$_4$ 添加得越多产甲烷量越多。

2）发酵过程动力学分析

累积产甲烷量一般呈指数增长，使用 Gompertz 模型可以用于拟合甲烷产气曲线，预测其最大产甲烷量以及最大产甲烷速率。Gompertz 模型对有轻微波动，以及有迟缓期的曲线也可以进行拟合，其动力学方程为

$$G_{(t)} = G_{(0)} \cdot \exp\left\{-\exp\left[\frac{R_{\max} \cdot e}{G_0}(\lambda - t) + 1\right]\right\} \tag{3-1}$$

式中，$G_{(0)}$ 为最终产甲烷量，mLCH$_4$/gVS$_{added}$；$G_{(t)}$ 为 t 时刻累积甲烷产量，mLCH$_4$/gVS$_{added}$；$R_{\max}$ 为最大产甲烷速率，mLCH$_4$/（d·gVS$_{added}$）；λ 为迟滞时间，天；t 为发酵时间，天；e 为 exp（1）=2.7183。迟滞时间 λ 的长短代表厌氧微生物适应物料时间长短。

采用修正 Gompertz 式（3-1）对五组 VS$_{added}$ 累积产甲烷量进行拟合，拟合结果见表3-7。由表 3-7 可知，该方程对五组发酵反应均可以进行很好的模拟，相关性系数 R^2 分别为 0.9951（A）、0.9942（B）、0.9947（C）、0.9938（D）和 0.9936（E）。拟合值 G_0 分别为285.89mLCH$_4$/gVS$_{added}$、302.84mLCH$_4$/gVS$_{added}$、290.62mLCH$_4$/gVS$_{added}$、318.02mLCH$_4$/gVS$_{added}$和 331.99mLCH$_4$/gVS$_{added}$。E 组预测累积产甲烷量 G_0 最大，而最大产甲烷速率五组之间区别不大，在 13～14mLCH$_4$/（d·gVS$_{added}$）范围内，这是因为 Fe$_3$O$_4$ 的添加延长了产甲烷持续时间，而对其产气速率影响不大。5 组反应的迟滞时间 λ 均为负值，这说明在本试验条件下，接种泥中厌氧微生物非常适应物料，添加 Fe$_3$O$_4$ 后不会影响微生物的活性。

表 3-7　修正 Gompertz 拟合结果

分组	累积产甲烷量（拟合）G_0 /（mLCH$_4$/gVS$_{added}$）	最大产甲烷速率 $R_{\max}$ /[mLCH$_4$/（d·gVS$_{added}$）]	迟滞时间 λ /d	R^2
A	285.89±4.28	13.72±0.39	−0.02±0.27	0.9951
B	302.84±5.11	14.15±0.43	−0.16±0.29	0.9942
C	290.62±4.05	14.75±0.44	−0.14±0.27	0.9947
D	318.02±5.64	14.53±0.46	−0.43±0.31	0.9938
E	331.99±6.37	14.75±0.47	−0.30±0.32	0.9936

3）有机物的变化

化学需氧量、蛋白质、多糖等变化情况如下。发酵过程中 COD 的变化情况见图 3-10。由图 3-11 可知，反应初期体系 TCOD 为 75.76g/L，SCOD 为 17.48g/L。随着试验的进行，TCOD 始终被消耗。由图 3-12 可知，溶解性蛋白含量先减低再升高至一定值后基本保持不变，溶解性多糖则一直降低直到产气结束。添加 Fe$_3$O$_4$ 后对溶解性蛋白质的利用影响不大。反应前 5 天，添加 Fe$_3$O$_4$ 组多糖的利用比对照 A 组更慢，而后对照组 A 组对多糖的利用变慢，而添加 Fe$_3$O$_4$ 组多糖降解速率不变，因此反应结束时 E 组溶解性多糖削减量最大。图 3-12 给出了厌氧发酵反应结束后 TCOD 的去除率，从图 3-10 中可以看出，

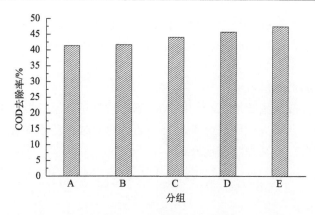

图 3-10　不同组 COD 去除率

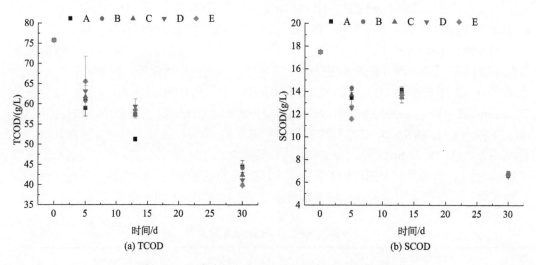

图 3-11　发酵过程中 TCOD 和 SCOD 随时间的变化

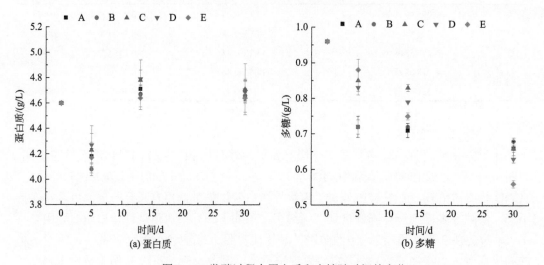

图 3-12　发酵过程中蛋白质和多糖随时间的变化

随着 Fe_3O_4 添加量的增大，TCOD 去除率增大。E 组的去除率为 47.48%，比对照组 A 组 41.34%提高了 6.14%。说明 Fe_3O_4 的添加有利于猪粪厌氧发酵过程中有机物的利用，而未列出 TS、VS 的去除率，这是因为 Fe_3O_4 为不溶物，添加后对反应结束后的 TS、VS 产生严重影响，而导致无法得到准确的 TS、VS 去除率。

挥发性有机酸变化情况：图 3-13 给出了 VFAs 的变化情况，结果看出，5 组试验 VFAs 的变化趋势是一致的。初期总 VFAs 为 6.49gCOD/L，乙酸和丁酸在试验刚开始就被消耗，同时丙酸和戊酸得到累积。这就说明反应初期水解酸化反应及产甲烷反应同时存在，13 天前总 VFAs 累积。而添加 Fe_3O_4 后相同时间丙酸的累积量比对照组大，到第 13 天时各组的丙酸的量分别为 3625mg/L、3530mg/L、3745mg/L、3879mg/L、4052mg/L，这就导致到 13 天时 E 组反应总 VFAs 量最大。5 组反应中 E 组 VFAs 的累积量最大。在后期丙酸被消耗产甲烷阶段 Fe_3O_4 作为丙酸盐氧化和二氧化碳还原两种反应提供电子传递的载体，提升了对丙酸的应用效率。另外，有学者研究发现四氧化三铁能够降低丙酸分解的吉布斯自由能，降低氢分压，使丙酸更容易向乙酸转变。

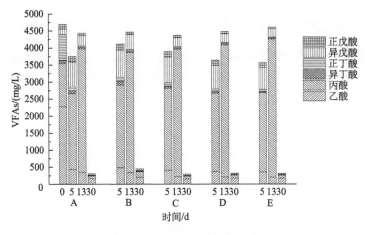

图 3-13　VFAs 随时间的变化

4）Fe 元素变化情况

许多研究报道 Fe^{2+} 和 Fe^{3+} 作为微生物生长代谢微量营养元素，可以促进厌氧发酵。图 3-14 给出了溶液中 Fe 元素含量的情况。从图 3-14 中可以看到，反应初期溶液中的 Fe 元素含量为 0.074mg/L，含量非常低。对照组 A 组在发酵过程中，溶液中 Fe 元素一直在增加，这说明厌氧发酵过程是一个释放 Fe 元素的反应，将猪粪中的 Fe 释放到液体中。添加了 Fe_3O_4 的试验组在发酵过程中溶液中 Fe 元素含量比 A 组低，添加的 Fe_3O_4 量越多溶液中 Fe 元素含量越低。这可能是由于 Fe_3O_4 的添加促进了厌氧菌对 Fe 元素的利用，而在反应过程中 Fe_3O_4 本身没有铁元素的溶出，因此不存在 Fe_3O_4 作为微量元素来促进产甲烷率。

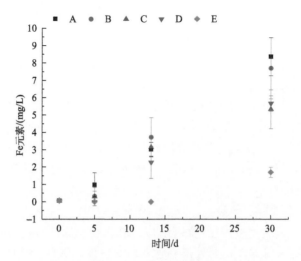

图 3-14 溶液中 Fe 元素含量随时间的变化

3.1.2 猪粪酒糟联合厌氧发酵技术

依据原料特征，将猪粪和酒糟以 7：3～5：5 的范围混合，进入中温厌氧发酵 CSTR 单元，并进行 100rpm 的搅拌，通过控制发酵 HRT15～20 天，实现高效产甲烷，随后将沼液输送至黑膜沼气单元，进行储存 60 天，并进行微好氧处理，并接种木霉菌素和枯草芽孢杆菌，进行氨氮臭味控制和益生菌的增殖，沼液完全稳定化后可作为农田灌溉高品质生物菌肥。

1. 产甲烷特性

1）累积产甲烷量分析

各处理 VS_{added} 累积产甲烷量及产甲烷速率的变化见图 3-15。当猪粪与酒糟比为 95：5 时，累积产甲烷量最大（271.3mLCH$_4$/gVS$_{added}$），比纯猪粪的产甲烷量（255.4mLCH$_4$/gVS$_{added}$）提高了大约 6%。其他组累积产甲烷量均小于纯猪粪的产气量，这说明酒糟中存在一定的抑制厌氧发酵的因子。从图 3-15（b）可以看出，猪粪与酒糟混合比例为 95：5 和 90：10 及纯猪粪时日产气量呈现相似的变化规律，有两个产气高峰，第一个高峰均在第 1 天时出现，此产气高峰是由于易降解的有机物产甲烷所导致的，酒糟所占比例越高，其日产甲烷量越低。第二个产气高峰则是由能降解有机物产甲烷引起的，A 处理第二个产甲烷高峰出现在第 9 天，B 处理第二个产甲烷高峰出现在第 15 天，C 处理第二个产甲烷高峰出现在第 17 天，添加酒糟会延迟第二个产气高峰，添加酒糟的量越多延迟时间越长，猪粪与酒糟比例为 95：5 情况下产甲烷菌可以适应酒糟中抑制因子的存在，使产气时间持续的更久。试验结束时，A、B、C、D、E 组累积产甲烷量分别为 255.37mLCH$_4$/gVS$_{added}$、271.32mLCH$_4$/gVS$_{added}$、204.81mLCH$_4$/gVS$_{added}$、89.84mLCH$_4$/gVS$_{added}$、19.43mLCH$_4$/gVS$_{added}$，酒糟的添加量越多产甲烷效率越低，这是由于酒糟 pH 偏低，添加酒糟量越大，使整个发酵体系呈酸性，产甲烷菌活性受到抑制。

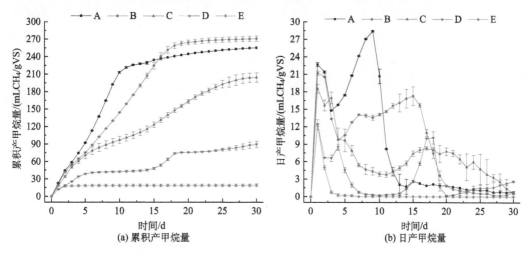

图 3-15　累积产甲烷量和日产甲烷量随时间的变化

2）发酵过程动力学分析

对 A、B、C 3 组 VS_{added} 累积产甲烷量进行曲线拟合，拟合结果见表 3-8。结果可知，该方程可以对 A、B 两组厌氧发酵过程进行很好的模拟，相关性系数 R^2 分别为 0.9933 和 0.9896，拟合值 G_0 与实测值相差不大。A 组累积产甲烷量预测值小于添加了少量酒糟的 B 组，但是拟合出的 B 组的产甲烷速率 R_m 小于 A 组，这说明猪粪和少量酒糟混合后产甲烷速率有所下降，但是较高的产气速率持续时间更久。C 组酒糟量更大，拟合的相关性系数为 0.9783，相较于 A、B 两组有所下降，但拟合值 G_0 与实测值有偏差，而 D、E 两组则无法进行拟合，这说明酒糟使用量超过一定比例后累积产甲烷量不满足 Gompertz 方程。由表 3-8 可知，A、B、C 三组迟滞时间均很短，说明微生物接种后不需要太长时间适应物料。

表 3-8　修正 Gompertz 方程拟合结果

分组	累积产甲烷量（拟合）G_0 / （mLCH$_4$/gVS$_{added}$）	最大产甲烷速率 R_{max} /[mLCH$_4$/（d·gVS$_{added}$）]	迟滞时间 λ/d	R^2
A	252.15±1.92	24.95±0.94	0.97±0.20	0.9933
B	287.03±4.68	17.34±0.75	0.90±0.34	0.9896
C	254.31±16.60	7.51±0.39	−2.64±0.69	0.9783

2. 有机物的变化

1）化学需氧量、蛋白质、多糖等变化情况

发酵过程中 COD、蛋白质和多糖的变化情况如图 3-16。由图可知，反应初期系统的 TCOD 在 91~108g/L 范围内，而 SCOD 在 15~32g/L 范围内。由于控制的 TS 相同，因此反应初期除 TS 外其他化学指标各不相同。随着时间的变化，所有组的 TCOD 一直在被消耗，SCOD 则是在反应前期下降，后期又有所上升。这是由于前期 SCOD 中大量容易被微生物利用的有机物被消耗，后期不易被微生物利用的有机质得以累积。由图 3-17

可知，溶解性蛋白质及多糖呈现相同的变化趋势，均是先降低后上升的趋势。这是由于厌氧发酵初期以易生物降解的蛋白质及多糖为主，随着发酵的进行，易降解的蛋白质及多糖被消耗，不易被微生物利用的蛋白质及多糖被累积，因此，反应后期蛋白质及多糖的量均有所上升。

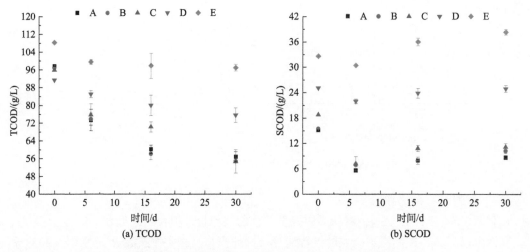

图 3-16　发酵过程中 TCOD 和 SCOD 随时间的变化

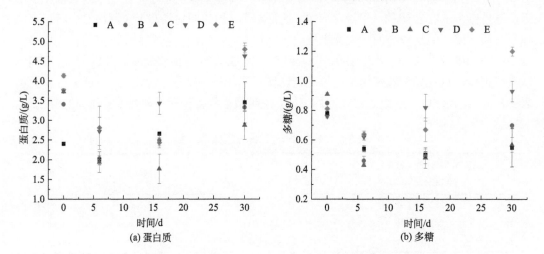

图 3-17　发酵过程中溶解性蛋白质和多糖的变化

　　TS、VS 降解率、COD 去除率可以反映出厌氧发酵过程中微生物对基质中有机物的利用情况（王子月等，2018），图 3-18 给出 TS、VS 降解率，以及 COD 去除率的情况。从图中可以看出，不同处理组的 TS、VS 降解率和 COD 去除率存在差异。A、B、C 组COD 去除率相差不大，均在 41%～43%，而 C 组的 TS、VS 降解率最大。C 组产甲烷量比 A、B 组小很多，这就说明 C 组存在除了产甲烷反应外的其他反应，消耗了基质中的有机物。D、E 组相较于其他 3 组 TS、VS 降解率和 COD 去除率均明显偏低。这是由于pH 偏低及 VFAs 含量过高抑制了厌氧发酵反应，微生物对于有机物的利用效率低。由

表 3-1 可知，酒糟自身的 pH 为 3.30，酒糟使用量越大，体系初始 pH 越低。研究表明产甲烷菌的最适 pH 为 6.5～7.8，B、C、D、E 组初始 pH 分别为 6.49、6.42、6.38、6.19，产甲烷菌受到不同程度的抑制，酒糟使用量越大，抑制程度越高，有机物的利用效率越低。E 组基本没有甲烷产生，然而 TS、VS 降解率分别可以达到 26%、32%，COD 去除率为 10%。这是由于酒糟中含有大量 SO_4^{2-} 离子且 pH 偏低，产甲烷菌活性被抑制，但是水解酸化菌和硫酸盐还原菌的活性正常，生长代谢消耗了部分有机质，产生 H_2S 气体及 VFAs，H_2S 气体被 NaOH 吸收而未被记录体积。

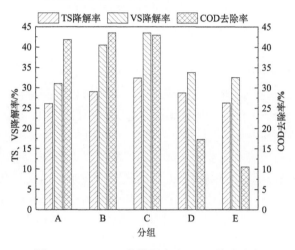

图 3-18　TS、VS 的降解率和 COD 的去除率

2）挥发性有机酸变化情况

VFAs 是厌氧发酵过程中有机物水解产物，同时也是产甲烷菌的利用底物，尤其是乙酸，可以直接被乙酸型产甲烷菌利用并产生甲烷（王子月等，2018）。图 3-19 给出了发酵过程中 VFAs 的变化情况。从图 3-19 可以看出，5 组反应开始时 VFAs 总量相互之

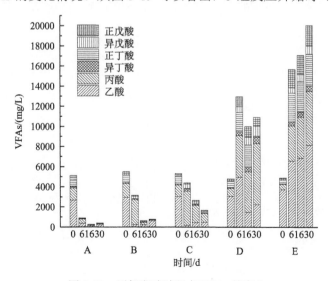

图 3-19　厌氧发酵过程中 VFAs 的变化

间相差不大，总 VFAs 含量为 5973～7413mgCOD/L，A 组厌氧发酵过程中 VFAs 中各种酸均被迅速利用，过程中未见累积。B、C 组厌氧发酵过程中，前期乙酸迅速被消耗，而丙酸则得到一定程度累积，总 VFA 浓度随时间的增长呈下降的趋势。D 组在反应前期 VFAs 得到大量累积，反应后期乙酸及正丁酸被消耗产甲烷。丙酸在整个反应过程中都是一个增长的趋势。E 组在反应过程中，六种有机酸均有增长，尤其是乙酸和丙酸。有学者研究发现总 VFAs 浓度超过 13000mg/L 时会导致厌氧发酵反应停止。而 D 组和 E 组在反应开始时 VFAs 就得到大量累积，到第 6 天时总 VFAs 量分别达到 12952mg/L 和 15654mg/L，因此，D 组厌氧反应受到严重抑制，E 组厌氧反应停止。猪粪酒糟比小于 4：1 时，由于 VFAs 大量累积，从而抑制了厌氧反应的进行。

3）三维荧光光谱分析

猪粪中主要有机物为多糖、蛋白质、脂类，以及一些腐殖酸类物质，其中蛋白质、腐殖酸类物质具有荧光特性，通过三维荧光光谱分析可以得到特征的荧光光谱。根据不同溶解性有机物的光谱图，三维荧光图谱可以分为 5 个区域。I、II 区为含有芳香族氨基酸类蛋白质类，如络氨酸，III 区为富里酸类有机物，IV 区为溶解性的微生物代谢副产物，主要包含一些蛋白质类有机物，V 区为腐殖酸类有机物。

通过三维荧光分析，猪粪与酒糟不同组厌氧发酵开始和结束时有机物的荧光特征变化分别见图 3-20～图 3-24。从图中可以看出，初始样品中溶解性有机物荧光强度峰值主要集中在 I、II、IV 三个区域内。随着酒糟用量越多，I、II 区域的荧光强度越强。A 组结束时 II 区域内荧光强度明显降低，这说明厌氧发酵将溶液中蛋白质消耗。而有酒糟加入的其他组结束时 I 区域荧光强度明显增强，说明有一些芳香族氨基酸类蛋白质得到累积，这部分蛋白质不易被厌氧微生物利用。D、E 两组 II 区域内的荧光强度同样增强，跟其他组不同，这跟产甲烷的规律有所对应，D、E 两组产甲烷被抑制，只有水解酸化的反应进行，因此，结束时 D、E 两组累积的蛋白质及其种类更多。对比 IV 区域内的荧光强度，可以看出，各组微生物副产物在反应结束时均有所增加。纵向对比，B 组比 A 组强度的增加更明显，酒糟的添加带来了一部分微生物，产生了一些其他副产物。因

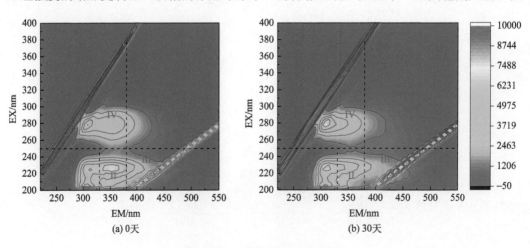

图 3-20　A 组三维荧光光谱图

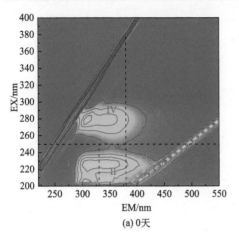

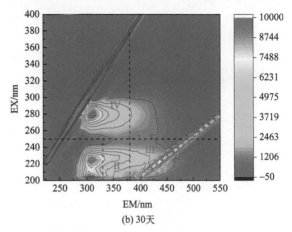

(a) 0天 　　　　　　　　　　　　　　　(b) 30天

图 3-21 　B 组三维荧光光谱图

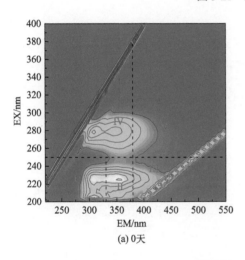

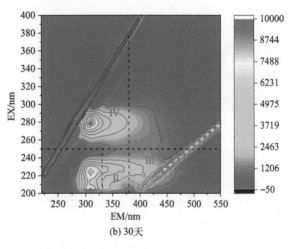

(a) 0天 　　　　　　　　　　　　　　　(b) 30天

图 3-22 　C 组三维荧光光谱图

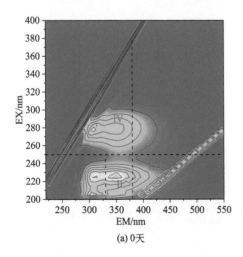

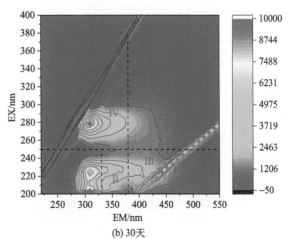

(a) 0天 　　　　　　　　　　　　　　　(b) 30天

图 3-23 　D 组三维荧光光谱图

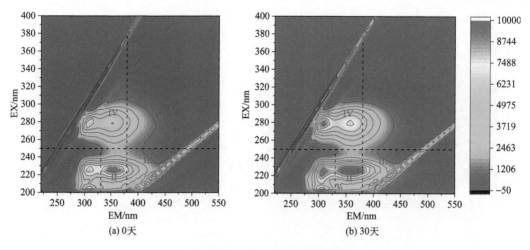

图 3-24　E 组三维荧光光谱图

此，从荧光光谱图中可知在一定范围内，酒糟的添加为猪粪厌氧发酵提高了体系中微生物菌落的多样性，并因此产生了副产物。但是酒糟的量超过一定范围后，由于酒糟自身 pH 偏低，导致各种荧光类有机物大量累积，甲烷的产生受到抑制。

3. 硫酸根变化情况

酒糟的 SO_4^{2-} 浓度（701.6mg/L）是猪粪中 SO_4^{2-} 浓度（225.6mg/L）的 3 倍多，这就导致初始不同组的 SO_4^{2-} 含量差异很大。图 3-25 给出发酵过程 SO_4^{2-} 变化，SO_4^{2-} 含量在发酵过程中呈下降趋势。A 组初始 SO_4^{2-} 含量最少，发酵结束后 SO_4^{2-} 削减量最小，E 组初始 SO_4^{2-} 含量最高，发酵结束后其削减量最大。厌氧发酵过程中硫酸盐还原菌将 SO_4^{2-} 还原为 H_2S，不仅与产甲烷菌之间产生基质竞争，而且 H_2S 对产甲烷菌有毒性。另外有学者研究发现硫酸盐还原反应可在厌氧反应的产酸阶段进行。这就说明了 D、E 组发酵初期就已经开始有大量 H_2S 产生，抑制了产甲烷菌的活性。B 组的产甲烷高峰期比 A 组

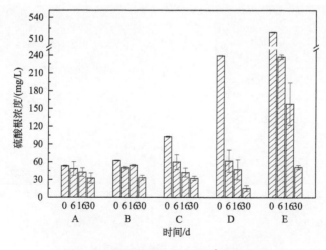

图 3-25　厌氧发酵过程中 SO_4^{2-} 变化情况

出现得晚，并且日产甲烷量比 A 组小，可能就是由于 B 组添加了酒糟，导致 SO_4^{2-} 含量相对 A 组高，硫酸盐还原菌与产甲烷菌发生竞争，另外 H_2S 对产甲烷菌产生了毒性作用，从而抑制甲烷的产生。D、E 组 COD 去除也是由于硫酸盐还原菌对有机物的利用，而 TS、VS 的降解则是由于酸化及硫酸盐还原两方面原因导致的。

4. 三元缓冲体系特征

在厌氧发酵过程中需要 pH 缓冲液以保持 pH 在期望的范围内。理论上，厌氧发酵过程中存在的所有弱酸/碱盐都对系统的缓冲能力有影响，主要包括 NH_3/NH_4^+、HCO^{3-}/CO_3^{2-}、S^{2-}、磷酸盐和 VFAs 等。一般情况下，磷酸盐和硫离子浓度和碳酸盐和 VFAs 相比低很多，通常不考虑这两种离子。有研究表明，厌氧发酵工艺处理高浓度有机废水时，内源性 NH_3/NH_4^+、VFAs 和 HCO^{3-}/CO_3^{2-} 三者之间相互作用，可以形成一个 pH 缓冲区域，在这个区域内，体系 pH 可以保持在中性范围内，这也是厌氧发酵适宜的 pH 范围。通过 pH 缓冲体系可以有效地对厌氧发酵过程进行优化及控制。通过正三角形来表示三元相图，三角形边上的点和顶点代表两个物质和单一物质，每个边界上的中点为批次试验实测到总无机碳（total inorganic carbon, TIC）、氨氮和 VFAs 的最大值，标值线则由自配溶液 pH 拟合。在厌氧发酵过程中，样品的组成及 pH 经过归一化，均能在这个三元相图中找到相应点，并且表示出来。

VFAs、NH_4^+-N、TIC（主要是碱度）三者在厌氧发酵过程中起到了调节体系 pH 的作用，三者共同存在时可以形成一个 pH 缓冲区域，在这个区域内，体系 pH 可以保持在中性范围内，这是厌氧发酵所适宜的 pH 范围。配制溶液后测定混合溶液 pH，绘制三元 pH 相图。表 3-9 给出了本试验五组厌氧发酵过程中 VFAs、NH_4^+-N、TIC 三者及 pH 的变化情况。根据表 3-9 中三种指标浓度，换算成摩尔浓度并做归一化处理，将其显示在 VFAs-氨氮-TIC 三元 pH 相图中。

产甲烷菌对 pH 非常敏感，许多学者报告了产甲烷菌的最适 pH 范围为 6.5～7.8，而当 pH<6 或者 pH>8 时会对产甲烷菌的活性产生抑制，影响甲烷的生成。由表 3-9 可知，5 组厌氧发酵开始初期，pH 分别为 6.65、6.49、6.42、6.38 和 6.19，酒糟含量越高，初始 pH 越低，这是因为酒糟本身的 pH 在 3.30，混合后导致体系 pH 降低。由图 3-26 可知，随着酒糟添加量越多，其位置向左上角移动，偏离 pH 缓冲区域，厌氧发酵将会受到抑制。

表 3-9　厌氧发酵过程中 VFAs、NH_4^+-N、TIC 变化情况

	样品	pH	VFAs/（gCOD/L）	NH_4^+-N/（g/L）	TIC/（g/L）
A	D0	6.65±0.00	7.01±0.00	1.34±0.00	0.74±0.01
	D6	7.25±0.03	1.22±0.06	1.49±0.08	0.84±0.02
	D16	7.29±0.07	0.31±0.04	1.62±0.04	0.78±0.02
	D30	7.39±0.06	0.51±0.06	1.83±0.07	0.86±0.01
B	D0	6.49±0.00	7.41±0.00	1.43±0.00	0.54±0.01
	D6	7.10±0.03	4.88±0.11	1.33±0.05	0.74±0.01
	D16	7.48±0.02	0.90±0.17	1.65±0.09	0.92±0.01
	D30	7.45±0.08	0.90±0.09	2.01±0.03	1.00±0.04

续表

样品		pH	VFAs/（gCOD/L）	NH_4^+-N/（g/L）	TIC/（g/L）
C	D0	6.42±0.00	7.07±0.00	1.61±0.00	0.50±0.01
	D6	7.06±4.95	6.94±0.10	1.27±0.06	0.54±0.00
	D16	7.17±2.32	4.03±0.60	1.61±0.02	0.71±0.01
	D30	7.55±0.00	2.43±0.28	1.89±0.09	0.96±0.01
D	D0	6.38±0.00	6.24±0.00	1.65±0.00	0.40±0.01
	D6	5.85±0.03	18.90±0.30	1.12±0.06	0.05±0.02
	D16	6.47±0.08	16.21±0.78	1.69±0.06	0.42±0.03
	D30	6.91±0.11	16.75±0.52	2.05±0.03	0.39±0.03
E	D0	6.19±0.00	5.97±0.00	2.04±0.00	0.03±0.00
	D6	5.64±0.01	22.99±0.77	1.94±0.05	0.00±0.00
	D16	5.62±0.01	25.18±1.14	2.36±0.05	0.01±0.01
	D30	5.62±0.01	29.30±1.33	2.50±0.10	0.02±0.00

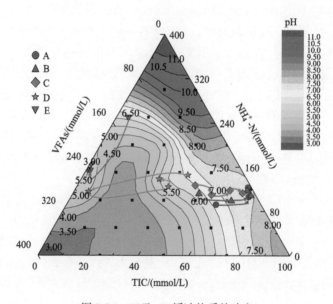

图 3-26　三元 pH 缓冲体系的建立

　　厌氧发酵过程是由许多种类微生物参与的非常复杂的生物反应过程，有学者研究发现，pH 的变化可以引起水解酸化阶段的微生物的种群，以及代谢途径的变化，因此酒糟添加量的不同会引起不同的水解酸化反应。在发酵过程中，A、B 组 pH 呈先升高再稳定的趋势，C 组则是一直升高的趋势，D 组先降低后升高的趋势，E 组是先降低后稳定的趋势。pH 的变化同产甲烷量的变化相对应。A 组刚开始时，其 VFAs、氨氮、TIC 就处在了合适 pH 缓冲区域，A 组始终处在产甲烷菌最适范围，日产甲烷量处在较高水平。B 组刚开始 TIC 略低，但是在厌氧发酵开始后，TIC 开始迅速升高，使体系恢复到合适的 pH 缓冲区域，可以稳定的产甲烷。C 组同 B 组情况类似，但是其生成 TIC 的速度较慢，

因此，体系恢复到稳定状态需要时间更长，这就导致其产甲烷速率偏低。D 组初始 TIC
更低，碱度不够，而酸化反应又产生大量 VFAs，这样导致三元缓冲体系中从靠近缓冲
区域偏移到酸性区域。6～16 天，pH 下降到 5.88 左右，随着 TIC 的累积及 VFAs 的消耗，
其往缓冲区域偏移，同样日产甲烷量有所回升，而这个适应过程则需要更长时间。E 组
反应初期 TIC 含量非常低，导致三元 pH 缓冲体系被破坏掉，只存在 VFAs 及 NH_4^+-N_2
随着时间变化而变化，且只能在酸区变化，然而在这个区域产甲烷菌没有活性，因此，
E 组基本没有甲烷的生成。这说明在厌氧发酵过程中，足够量的猪粪可以弥补酒糟中缺
少 TIC 的缺陷，有助于加强基质缓冲能力，削弱发酵过程中有机酸累积造成的影响。

3.2　畜禽废水生物发酵制备微生物肥料技术

　　酒糟废液是一种高 COD 废水，其 COD 往往在 3 万 mg/L 以上，但是由于原料及加
工过程并没有有机物和重金属的添加，因此没有有机和重金属污染（Liu et al.，2020），
处理工艺相对简单，只需对其中的高含量碳水化合物进行降解利用。然而由于其 COD
含量过高，是普通生活污水的几十倍，因此若采用常规方法处理，会消耗过多的电能，
处理成本也相对过高，这对于原本附加值便不高的酒精工业来说，无疑是一笔较难承受
的花费。因此，对于以小麦为主要产品的海河流域地区，酒糟作为其小麦酒精产业的副
产品，寻求资源化的利用方法便成了种植产品深加工的迫切出路。

3.2.1　畜禽废水生物发酵制备微生物肥料技术

　　多黏类芽孢杆菌（*Paenibacillus polymyxa*）是一种产芽孢的革兰氏阳性细菌，属于
类芽孢杆菌科（*Paenibacillaceae*），是一种具有防病和促生作用的生防菌。多黏类芽孢杆
菌对多种植物病害均具有一定的控制作用，可以作为杀菌剂。多黏类芽孢杆菌是目前应
用较为广泛的植物促生菌（PGPR），其主要功能概括如下：①通过生物固氮作用将大气
中的氮气转化成植物生物需要的氮素，促进光合产物的增加；②通过分泌胞外物质（植
物激素、酶和挥发性有机物等）调节植物生长；③通过产生多种抑菌物质，与病原菌竞
争营养和生态位点，产生信号干扰，诱导植物系统免疫性，拮抗植物病原菌，间接促进
植物生产；④促进土壤中难溶性矿物的溶解，提高土壤中营养元素的可利用率。有学者
研究发现，多黏类芽孢杆菌的代谢产物能够显著促进玄武岩的溶解，多黏类芽孢杆菌在
生长初期能够促进微纹长石的分解，从而促进植物对土壤营养元素的吸收。图 3-27 为微
生物培养生物反应器，图 3-28 为菌剂制备生产装置。
　　试验材料包括菌种（多黏类芽孢杆菌 EBL-06）、液体种子培养基（Luria-Bertani 液
体培养基）、酒精废水和淀粉废水。此次将探索利用酒精加工产生的高 COD 废水发酵生
产多黏类芽孢杆菌菌剂的技术。在生物发酵过程中，通过单因素试验和响应曲面法优化
发酵条件（赵剑斐等，2019），包括最适初始 pH、废液添加量和发酵温度，并利用液体
发酵罐进行中试生产试验，对优化的生产工艺进行验证。

图 3-27　微生物培养生物反应器

图 3-28　菌剂制备生产装置

1. 单因素结果与分析

一般情况下，微生物的生长过程主要的影响因子为温度、pH、溶氧量（DO）、发酵时间、微生物的初始浓度和发酵底物的营养成分等（王家玲等，2004）。本试验中选取发酵温度、发酵体系的初始 pH、酒精废水（即发酵营养液）的稀释度、接种量这四个指标作为发酵成品菌液中多黏类芽孢杆菌菌数的影响因子。试验选取的各个影响因素的水平如表 3-10 所示。

表 3-10　单因素水平表

序号	温度/℃	初始 pH	稀释度/%	接种量/%
1	25.0	5.0	0	1
2	30.0	6.0	20	2
3	35.0	7.0	40	5
4	40.0	8.0	60	8
5	45.0	9.0	80	10

（1）以温度为单一变量的单因素试验结果如图 3-29 所示，所得图形呈类似抛物线的形状，试验所采用的五个温度条件下，发酵液中的有效活菌数均大于 7 亿 cfu/mL，大于农用微生物菌剂国家标准（GB 20287—2006）中有效活菌数≥2 亿 cfu/mL 的规定，35℃和 40℃培养下的菌数最大，分别为 11 亿 cfu/mL 和 11.30 亿 cfu/mL，且两者之间差异不

显著;当温度接近 25℃和接近 45℃时,发酵产物中的菌数呈显著降低的趋势,在 25℃的发酵温度下,菌数仅为最大菌数的 70%左右(7.90 亿 cfu/mL),与 35℃和 40℃处理差异显著($p < 0.05$),同样的在 45℃条件下发酵产物的菌数与最大处理间差异显著。因此,通过单因素试验可以初步判断,最适发酵温度范围为 35～40℃。

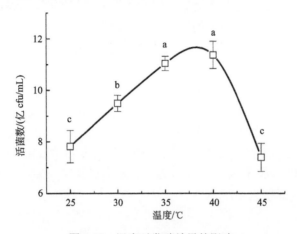

图 3-29　温度对发酵效果的影响

(2)以初始 pH 为单一影响因子进行试验时,所有处理组统一接种 2%的多黏类芽孢杆菌种子液到稀释度为 40%的营养液中并在 30℃、180r/min 的摇床内培养 24h。在相同温度、底物浓度和接种量的条件下,对不同初始 pH 的影响进行了试验,试验结果如图 3-30 所示。多黏类芽孢杆菌 EBL06 的最佳的发酵初始 pH 为 8 左右,呈弱碱性,此时的发酵产物中活菌浓度为 10.27 亿 cfu/mL,在初始 pH 为 5 时,发酵产物中菌含量最低,仅为最佳发酵结果的 41.12%(4.23 亿 cfu/mL),两个处理间差异显著。pH 为 7 和 9 的两个处理差异不显著,分别为 8.39 亿 cfu/mL 和 8.18 亿 cfu/mL,并且当 pH 小于 7 和大于 9 时,菌浓度均呈现明显的下降趋势。因此,经过对初始 pH 的单因素结果进行分析后预测,最佳初始 pH 为 7～9。

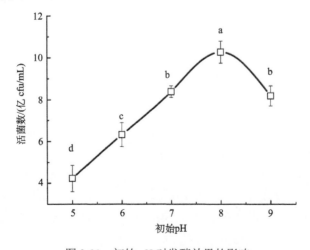

图 3-30　初始 pH 对发酵效果的影响

（3）酒精废水的主要成分是碳水化合物，同时含有少量的氮磷钾等营养元素，因此可以为微生物繁殖提供良好的营养物质，而发酵过程中发酵底物的浓度也是影响发酵效果的关键因素。此外，虽然酒精废水原液经过沉淀过滤去除了大多数的悬浮成分，然而其 COD 仍在 30000mg/L 左右，浓度仍然较高，如不加以稀释，会造成培养体系渗透压过高，影响细菌细胞生长。同时还会影响发酵体系的氧气浓度，如需要加大通气量，便会消耗大量的电能，带来生产成本的增加，而当稀释程度较大时，底物浓度过低会导致微生物生长的营养元素不足，同样会对发酵结果造成影响。因此，应当对酒精废水清液进行适当的稀释。

选取五个稀释度分别为 0、20%、40%、60% 和 100%。由图 3-31 可以发现，当稀释度为 40%（废水含量为 60%）时对应的菌数最接近图形中的最高点，发酵产物中菌数为 8.29 亿 cfu/mL，当直接用废水发酵时，发酵产物中活菌数最低，仅为最优发酵条件的 50%（4.16 亿 cfu/mL）。此外，稀释度为 80% 时，菌数仅为 4.73 亿 cfu/mL，与稀释度为 40% 之间差异显著。由此可见，稀释度过高或者过低都会对发酵结果带来较大的影响。因此，单因素试验的最佳稀释度为 40% 左右。

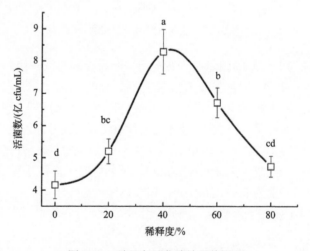

图 3-31　稀释度对发酵效果的影响

（4）在经过短暂的调整期后，微生物的繁殖便会进入对数期阶段，微生物的个数会以 $2n$ 倍的速度迅速增加。因此，最初接种的 EBL06 的菌数也是发酵产物中微生物的数量的关键因素。图 3-32 中发现，发酵产物与发酵菌数也存在良好的相关性，在所有的五个接种量中，随着接种量的依次增加，所得发酵产物的发酵浓度也依次增加，且每个处理的活菌数都高于 8.00 亿 cfu/mL，均远超出国标要求。试验发现，在接种量为 10% 时的菌数含量，达到了 12.13 亿 cfu/mL，该处理与其他四个处理差异显著，理论上应当选取 10% 或者更高的接种量作为生产中的接种量。然而，由于接种量的提高会带来生产成本的显著提高，因此在实际生产过程中应当综合考虑生产成本和产出两个因素。经分析，在接种量为 2%、5% 和 8% 的三个处理中，最终的发酵结果差异并不显著，因此本试验选取 2% 作为实际生产中的最佳接种量，这与大型发酵工厂所采用的接种量也基本一致。

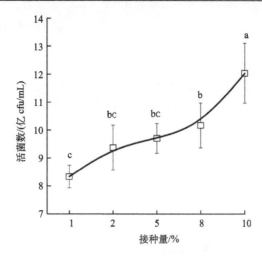

图 3-32　接种量对发酵效果的影响

经过对单因素试验结果的分析，将 EBL06 种子液的接种量固定为 2%，其他三个发酵条件的最优参数也基本上有了大致范围，在此基础上应用响应面法对三个发酵条件进行最后的优化。响应曲面设计分为 Box-Benhnken（BBD）和中心组合设计（CCD），BBD试验设计通常应用在影响因子数为 3～7 的试验中，在相同因素个数的情况下，中心组合设计的试验数会高于 BBD 设计的试验数，并且最终确定的因素水平也较多，范围更广，此处采用而且在进行中心组合设计时，得出的因子水平往往会出现超出原定因素水平的点，因此本试验利用 Minitab 17.0 软件中的中心组合设计 CCD 法进行响应面优化。

以酒精废水为发酵培养基培养多黏类芽孢杆菌 EBL06，通过单因素法和响应面法对发酵过程中的四个重要生产要素进行了筛选和优化。单因素试验表明，发酵体系温度范围为 35～40℃，体系初始 pH 为 7～9，稀释度为 40%左右时生产的菌剂中活菌含量最高，结合生产实际后，将 EBL06 种子液的接种量确定为 2%。

通过响应曲面设计试验模拟出了菌数与温度、初始 pH 和稀释度三要素的二次多项式方程模型，通过方差分析验证该回归模型能够模拟 95.39%的实际情况，拟合度较好，精度较高，确定了最佳发酵条件为温度=35.2℃，初始 pH=7.07，稀释度=50.74%，此时发酵液中菌数含量最高，为 14.79 亿 cfu/mL。经过全自动液体发酵罐的中试生产验证，在该条件下实际生产得到的菌数含量还略高于预测值，达到了 15.8 亿 cfu/mL，接近国家标准规定含量的 8 倍，且发酵过程中对于废水中 COD 的去除率达到了一半以上。由此可以断定，以酒精废水作为 EBL06 发酵底物的生产工艺是切实可行的。有效处理废水的同时也达到了资源化利用的目的，具有良好的经济效益、环境效益和社会效益。

2. 响应面法优化 EBL06 发酵条件的结果与分析

经过对单因素试验的结果分析，将 EBL06 种子液的接种量固定为 2%，其他三个发酵条件的最优参数也基本上有了大致范围，在此基础上应用响应面法对三个发酵条件进行最后的优化。利用 Minitab 软件创建的中心设计试验共 20 组，各影响因素的水平如表 3-11 所示。结果显示，预测值与模拟值较为接近，初步判断模型可用。得到的响应

值菌数与三个因子 A（温度）、B（pH）、C（稀释度）的回归方程为：菌数 $= 5.39\,A +$ $24.23\,B + 0.787\,C - 0.0816\,A \times A - 1.951\,B \times B - 0.005093\,C \times C + 0.1005\,A \times B - 0.00701$ $A \times C - 0.0033\,B \times C - 186.1$。

表 3-11　中心设计结果和模型预测值

序号	影响因素			有效活菌数/（亿 cfu/mL）	
	温度/℃	初始 pH	稀释度/%	实测值	预测值
1	35.00	7.00	50.00	14.79	14.42
2	26.59	7.00	50.00	6.31	8.39
3	30.00	8.50	75.00	7.13	5.28
4	40.00	5.50	75.00	3.37	3.28
5	35.00	7.00	50.00	13.2	14.42
6	30.00	5.50	25.00	4.78	3.77
7	43.41	7.00	50.00	9.76	8.91
8	35.00	9.52	50.00	1.32	2.68
9	40.00	8.50	25.00	7.32	6.89
10	35.00	7.00	92.04	4.87	5.80
11	40.00	8.50	75.00	5.32	5.35
12	35.00	4.48	50.00	1.45	1.33
13	30.00	5.50	75.00	6.78	6.23
14	35.00	7.00	50.00	15.37	14.42
15	30.00	8.50	25.00	4.21	3.32
16	35.00	7.00	50.00	15.97	14.42
17	40.00	5.50	25.00	3.46	4.33
18	35.00	7.00	7.96	4.73	5.03
19	35.00	7.00	50.00	13.21	14.42
20	35.00	7.00	50.00	14.39	14.42

　　表 3-12 是对回归模型的方差分析表，从表中可以看出，回归模型的 p 值小于 0.005，说明模型的回归效果极显著，线性和一次项对应的 p 值均大于 0.05，说明一次项的效果不显著，二次项的效果显著。失拟项对应的 p 值大于 0.05，表明二次多项式模型回归正确。回归模型复合合意性 $R^2 = 95.39\%$，说明该回归模型能够模拟 95.39% 的情况。此外 R^2（调整）$-R^2$（预测）$= 0.8927 - 0.7367 = 0.156 < 0.2$，以上均说明回归方程的拟合效果较好，有较高的可信度。

表 3-12　线性回归方差分析表

来源	自由度	调整后平方和	调整后均方	F 值	p 值
模型	9	428.633	47.626	23.00	0.000
线性	3	3.213	1.071	0.52	0.680
A	1	0.412	0.412	0.20	0.665

续表

来源	自由度	调整后平方和	调整后均方	F 值	p 值
B	1	2.113	2.113	1.02	0.336
C	1	0.688	0.688	0.33	0.577
平方	3	414.610	138.203	66.74	0.000
$A \times A$	1	59.940	59.940	28.94	0.000
$B \times B$	1	277.807	277.807	134.15	0.000
$C \times C$	1	146.024	146.024	70.51	0.000
双因子交互	3	10.810	3.603	1.74	0.222
$A \times B$	1	4.545	4.545	2.19	0.169
$A \times C$	1	6.143	6.143	2.97	0.116
$B \times C$	1	0.123	0.123	0.06	0.813
误差	10	20.709	2.071		
失拟	5	14.342	2.868		
纯误差	5	6.367	1.273	2.25	0.197
合计	19	449.342			

注：模型汇总 R^2=95.39%；R^2（调整）=91.24%；R^2（预测）=73.41%

　　图 3-33 为菌数的残差图，通过观察残差图对回归和方差分析中拟合优度进行检测，使用残差的直方图可确定数据是偏斜还是存在异常值。正态分概率图显示残差呈正态分布，残差与拟合值的散点图中没有漏斗形和喇叭形的出现，直方图中呈正态分布，与观测值顺序的散点图中，残差交错无规律的分布在横轴两端。因此，可以判断，回归和方差分析的拟合度很好。

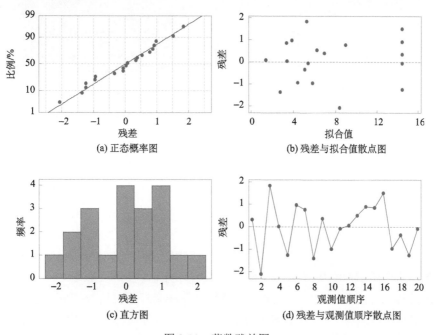

(a) 正态概率图　　　　(b) 残差与拟合值散点图

(c) 直方图　　　　(d) 残差与观测值顺序散点图

图 3-33　菌数残差图

　　由此可知，该模型可以预测发酵产物中 EBL06 在不同温度、pH 和稀释度条件下的菌数状况。对上述模型的三元二次方程求偏导后解三元一次方程可得，当 A=35.20，B=7.07，C=50.74，即发酵的最优条件为温度为 35.2℃，初始 pH 为 7.07，稀释度为 50.74% 时发酵液中菌数最多，为 14.79 亿 cfu/mL。

　　利用 Minitab 17.0 软件对响应曲面的结果作图得到了反映菌数与任意两个因素交互作用的曲面图和等值线图，图 3-34～图 3-36 是由多元回归方程所做的响应曲面及其等值线图，能比较直观地反映两因素交互作用对菌数值的影响。通过观察曲面图是否存在顶点，可以判断两因素交互作用的情况下，是否有极值点使发酵液中的菌数浓度达到最高；通过观察等值线是否呈椭圆形或者圆形，如果呈椭圆形，则两个因素的作用对菌数的影响显著相关，如果等值线呈圆形则影响不显著。

　　图 3-34 是温度和起始 pH 两者的交互作用对多黏类芽孢杆菌 EBL06 发酵效果的曲面图和等值线图，当因素 C（稀释度）固定不变时（取值 50%），在 pH 和温度的交互作用下，曲面存在一个顶点，也就是存在一个极值点使得发酵底物中菌数浓度达到最高，即当温度为 35℃、pH 为 7 时，菌数最高为 14.7 亿 cfu/mL。等值线图呈椭圆形，证明两因素交互作用对菌数的影响显著。

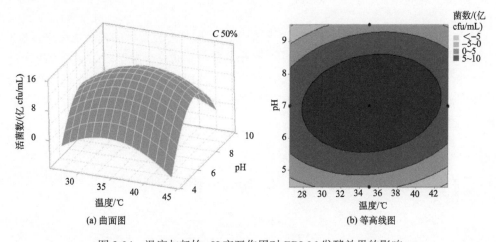

图 3-34　温度与起始 pH 交互作用对 EBL06 发酵效果的影响

　　图 3-35 是稀释度和起始 pH 两者的交互作用对产物中菌含量影响的曲面图和等值线图，如图所示，当因素 A（温度）固定不变时（取值 35℃），在稀释度和起始 pH 的交互作用下，曲面有最高点，菌数存在一个极值，为 14.7 亿 cfu/mL，此时稀释度为 50%，发酵体系的初始 pH 为 7 时。等值线近似圆形，说明两因素的交互作用对菌数的影响并不显著。

　　图 3-36 是温度、稀释度两因素交互作用对发酵菌剂中 EBL06 含量影响的曲面图和等值线图，如图所示曲面图显示，当因素 B（pH）固定不变时（取值 7），在温度和稀释度两因素的相互作用下，曲面有最高点，菌数存在一个极值，为 14.7 亿 cfu/mL，此时发酵体系的温度为 35℃、酒精废水的稀释度为 50%。中等值线为椭圆形，说明两因素的交互作用对菌数的影响显著。

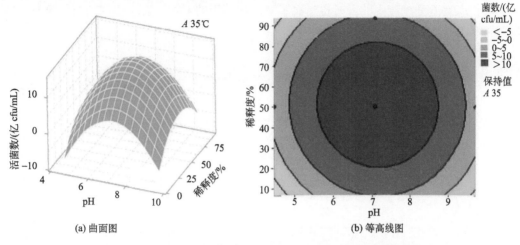

图 3-35　稀释度与起始 pH 交互作用对 EBL06 发酵效果的影响

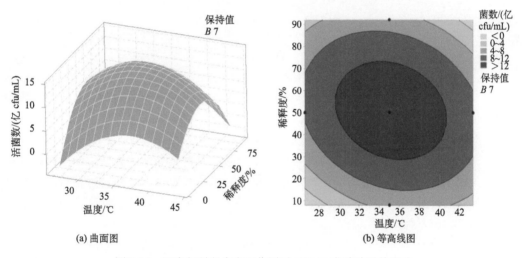

图 3-36　温度与稀释度交互作用对 EBL06 发酵效果的影响

3. 最佳发酵条件的验证

以酒精废水为发酵培养基培养多黏类芽孢杆菌 EBL06,通过单因素法和响应面法对发酵过程中的四个重要生产要素进行了筛选和优化。单因素试验表明,发酵体系温度范围为 35～40℃,体系初始 pH 为 7～9,稀释度在 40% 左右时生产的菌剂中活菌含量最高,结合生产实际后,将 EBL06 种子液的接种量确定为 2%。通过响应曲面设计试验模拟出了菌数与温度、初始 pH 和稀释度三要素的二次多项式方程模型,通过方差分析验证该回归模型能够模拟 95.39% 的实际情况,拟合度较好,精度较高,确定了最佳发酵条件温度=35.2℃,初始 pH=7.07,稀释度=50.74%,此时发酵液中菌数含量最高,为 14.79 亿cfu/mL。经过全自动液体发酵罐的中试生产验证,在该条件下实际生产得到的菌数含量还略高于预测值,达到了 15.8 亿 cfu/mL,接近国家标准规定含量的 8 倍,且发酵过程中对于废水中 COD 的去除率达到了 50%(图 3-37)。由此可以断定,以酒精废水作为 EBL06

发酵底物在有效处理废水的同时也达到了资源化利用的目的,具有良好的经济效益、环境效益和社会效益。

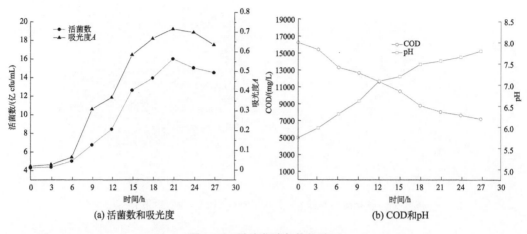

(a) 活菌数和吸光度　　　　　　　　　　　　　　　(b) COD和pH

图 3-37　最佳发酵条件的验证

3.2.2　沼液氮磷回收及青饲料生产技术

本节采用不同种的乳酸菌添加剂,将绿狐尾藻加工调制成青贮饲料,以解决绿狐尾藻饲料化利用过程中的含水量高、适口性较差的问题,将绿狐尾藻加工为优质的青贮饲料,既能解决绿狐尾藻净化畜禽养殖废水后资源化利用的难题(Wu et al., 2020),又能补充畜禽养殖中蛋白质及纤维素源饲料的不足,同时对畜禽养殖的粪便污染排放起到一定的源头削减作用,产生畜禽养殖废水净化修复与畜禽养殖成本降低的生态与经济双重效益。最终为绿狐尾藻净化养殖废水、青贮饲料加工、畜禽养殖的水牧循环的生产生态模式的建立提供基础。

稻草、高粱秆和麦秆等秸秆,经过氨化处理后可以作为反刍动物的基础日粮,研究发现氨化可以显著提高秸秆的干物质瘤胃消化率,并且可以显著提高秸秆的蛋白质含量(庞震鹏等,2019)。西兰花的主要可使用部分是花球,其茎叶经过处理所产生的西兰花茎叶粕,其粗蛋白含量可以达到25%以上,可以作为蛋白质饲料原料。试验中所用的乳酸乳球菌(*Lactococcus lactis*)菌剂(LL)、植物乳杆菌(*Lactobacillus plantarum*)菌剂(LP),以及乳酸乳球菌、植物乳杆菌复合菌剂(FH)均为中国科学院生态环境研究中心环境生物技术重点实验室制备。菌体的扩大培养:在 MRS 液体培养基中接种乳酸乳球菌(*Lactococcus lactis*),37℃下培养 24~36h,获得的菌液以 1%的比例接种到新的MRS 液体培养基中,扩大培养 18~24h,获得乳酸乳球菌(*Lactococcus lactis*)培养液;在 MRS 液体培养基中接种植物乳杆菌(*Lactobacillus plantarum*),37℃下培养 24~36h,获得的菌液以 1%的比例接种到新的 MRS 液体培养基中,扩大培养 18~24h,获得植物乳杆菌(*Lactobacillus plantarum*)培养液。两种乳酸菌在 MRS 培养基和水生植物汁液培养基中的生长情况如图 3-38、图 3-39 所示。

在水生植物绿狐尾藻生态沟渠及生态湿地,晾干水生植物表面的水分,切短至 2~

3cm，并保证原料清洁、无霉烂变质，获得青贮原料；将稀释后的乳酸菌菌剂均匀地喷洒在青贮原料上，使菌剂与原料混合均匀，最后将青贮原料装填在密封的玻璃罐中压实密封，压实过程注意青贮罐的边角及四周，确保充分压实，且压实过程在刈割当日内完成；压实后将发酵罐的密封盖盖严，进行厌氧发酵，在室温条件 20～30℃下发酵，获得水生植物青贮饲料。

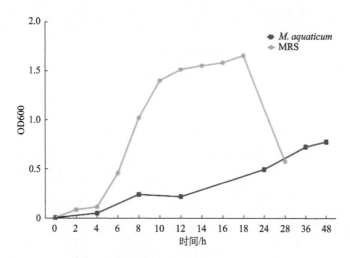

图 3-38 乳酸乳球菌在两种培养基中的生长曲线

MRS 培养基为乳酸菌培养基，*M.aquaticum* 为绿狐尾藻汁液培养基，下同

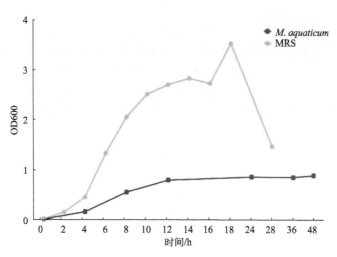

图 3-39 植物乳杆菌在两种培养基中的生长曲线

在青贮原料水生植物中分别加入不同的乳酸菌菌剂进行青贮，试验共设为 4 个处理，即空白对照组（CK）、LL 组、LP 组和 FH 组。称取约 500g 青贮原料，对照组喷洒与菌剂等量的蒸馏水后直接青贮，其余菌剂添加组按照相应的比例添加 *Lactococcus lactis* 菌剂、*Lactobacillus plantarum* 菌剂和复合菌剂，充分混合均匀后，装填到 2L 的实验室青贮密封玻璃罐中（图 3-40），压实密封，放置于室温（20～30℃）下保存，分别在青贮

后 1 天、3 天、7 天、15 天、30 天取样，每个时间点各 3 个重复处理。

图 3-40　试验用青贮密封玻璃罐

感官评价：依据农业部颁布的《青贮饲料质量评定标准》，从气味、色泽、霉变和质地等方面对青贮饲料进行感官鉴定。实验室分析：监测在青贮过程中各处理组的乳酸菌含量；测定青贮饲料的乳酸、乙酸、丙酸和丁酸含量，干物质含量，粗蛋白含量，以及中性洗涤纤维、酸性洗涤纤维含量。

1. 青贮饲料感官评定

青贮罐开封后，从感官上来看，各处理组的绿狐尾藻青贮料茎叶结构基本完好，均无霉变发生，颜色呈黄绿色，没有粘手现象，质地较好，有明显的酸香味。

2. 青贮饲料的发酵品质

绿狐尾藻青贮过程中的乳酸菌检测在无菌条件下进行。取新鲜的青贮料 15g，加入盛有 135mL 0.85%的灭菌生理盐水的 250mL 锥形瓶中，摇床振荡 30min，充分混合均匀，将此溶液再稀释 10^1~10^6 倍，分别取各个稀释液 100µL 在 MRS 培养基上涂布均匀，30℃培养 48h，每个稀释梯度接种 3 个培养皿，取平均值。计测单位用每克鲜绿狐尾藻饲料所含有的乳酸菌数，记为 cfu/g FM。计数所使用的 MRS 培养基添加 30 mg/L 的纳他霉素。

青贮过程中，青贮第 1 天时，FH 组的 pH 略高于对照组（表 3-13），而 LL 组和 LP 组的 pH 都显著（$p<0.05$）低于对照组。青贮第 3 天时，LP 组与 FH 组的 pH 逐渐降低，到青贮第 7 天时，LP 组与 FH 组的 pH 降到最低，且所有添加菌剂组的 pH 均显著（$p<0.05$）低于对照组。到青贮第 30 天时，LL 组的 pH 降到最低，而 LP 组与 FH 组的 pH 均有所升高，LL 组和 LP 组的 pH 显著低于对照组（$p<0.05$），而 FH 组的 pH 比对照组略低，但无显著差异（$p>0.05$）。在整个青贮过程中，除了第 30 天的 FH 组的乳酸含量比对照组略低外，其他添加菌剂组的乳酸含量基本上均高于对照组（$p<0.05$）。其中 LL 组的乳酸含量在青贮第 30 天时达到最高，LP 组与 FH 组的乳酸含量在青贮第 7 天时达到最高，分别较对照组提高了 131.2%、47.47%和 29.33%。LL 组的乙酸含量在整个青贮过程呈现先上升后下降的趋势，LP 组与 FH 组的乙酸含量则在青贮过程中先降低后升高，在青贮结束后，添加菌剂组的乙酸含量均高于对照组（$p<0.05$）。LL 组、LP 组与 FH 组的乙酸含量分别较对照组提高了 41.62%、109.14%和 116.75%。青贮第 30 天，LL 组的丙酸含

量略低于对照组（$p>0.05$），LP 组和 FH 组的丙酸含量则显著低于对照组（$p<0.05$），LL 组、LP 组与 FH 组的丙酸含量与对照组相比分别降低了 11.49%、23.37%和 27.97%。LP 组的丁酸含量与对照组相比明显升高（$p<0.05$），提高了 54.69%，LL 组和 FH 组的丁酸含量显著低于对照组（$p<0.05$），LL 组和 FH 组的丁酸含量分别比对照组降低了 39.06%和 64.06%。

表 3-13　狐尾藻青贮饲料发酵品质

项目		1 天	3 天	7 天	15 天	30 天
pH	对照组	5.54b	5.58c	5.53b	5.69c	5.68c
	LL 菌剂	5.40a	5.48b	5.23c	5.36a	4.71a
	LP 菌剂	5.39a	5.19a	4.87a	5.35a	5.42b
	FH 菌剂	5.59b	5.18a	4.97b	5.48b	5.65c
乳酸 /（g/kg）DM	对照组	7.06a	7.23a	8.49a	6.11a	6.41a
	LL 菌剂	7.52c	7.43b	9.20b	7.92b	14.82c
	LP 菌剂	7.54c	9.22c	12.52d	8.84c	7.93b
	FH 菌剂	7.32b	9.24c	10.98c	7.11b	6.23a
乙酸 /（g/kg）DM	对照组	3.53b	3.73b	2.44a	3.94b	1.97a
	LL 菌剂	2.83a	3.79b	3.93b	3.52b	2.79b
	LP 菌剂	3.26ab	3.14a	2.75a	2.68a	4.12c
	FH 菌剂	3.66b	3.64b	3.33b	3.9b	4.27c
丙酸 /（g/kg）DM	对照组	2.69b	2.84b	2.84b	3.15c	2.61b
	LL 菌剂	1.41a	3.44b	2.60b	2.65b	2.31ab
	LP 菌剂	2.46b	2.95b	1.87a	1.79a	2.00a
	FH 菌剂	2.56b	2.62a	2.70b	2.20ab	1.88a
丁酸 /（g/kg）DM	对照组	0.25	0.65b	0.24a	0.35a	0.64c
	LL 菌剂	0.28	0.35a	0.32a	0.41a	0.39b
	LP 菌剂	0.29	0.24a	0.64b	0.35a	0.99d
	FH 菌剂	0.21	0.24a	0.21a	0.70b	0.23a

注：同列不同小写字母表示差异显著（$p<0.05$），下同；DM 为干物质含量

3. 青贮饲料的化学成分

在全部青贮过程中，所有处理组的干物质含量（DM）都随着发酵时间的增加而呈下降趋势，而各菌剂添加组与对照组均不存在显著差异（$p>0.05$）。LL 组的粗蛋白含量在青贮全过程中都比对照组略高，但无显著差异（$p>0.05$），LP 组的粗蛋白含量在青贮第 15 天比对照组略高（$p>0.05$），其余均显著高于对照组（$p<0.05$）；FH 组在整个青贮过程中的粗蛋白含量都显著高于对照组（$p<0.05$）。FH 组的粗蛋白含量最高，较对照组高出 12.6%，LP 组和 LL 组的粗蛋白含量较对照组分别高出 8.52%和 2.18%。LL 组与 FH 组的中性洗涤纤维含量呈现先上升后下降的趋势，在青贮结束后，LL 组的中性洗涤纤维含量（NDF）显著低于对照组（$p<0.05$），LP 组和 FH 组的中性洗涤纤维含量略低于对照组（$p>0.05$）。LL 组的中性洗涤纤维含量最低，比对照组降低了 17.23%，LP 组和 FH 组的中性洗涤纤维含量较对照组分别降低了 10.65%和 16%。添加菌剂组的酸性洗涤纤维含

量呈现先下降后上升的趋势,青贮的全过程中添加菌剂组的酸性洗涤纤维含量都低于对照组,在青贮第 3 天和第 30 天显著低于对照组($p<0.05$),在青贮结束后,LL 组、LP 组和 FH 组的酸性洗涤纤维含量分别较对照组降低了 24.56%、18.15% 和 18.37%(表 3-14)。

表 3-14　狐尾藻青贮饲料的化学成分　　　　　　(单位:%)

项目		1 天	3 天	7 天	15 天	30 天
干物质	对照组	23.70	23.30	24.70	22.50	21.70
	LL 菌剂	23.10	22.80	22.90	22.60	21.20
	LP 菌剂	23.00	23.30	22.90	21.10	20.90
	FH 菌剂	22.30	22.70	23.60	22.40	21.50
粗蛋白	对照组	24.59a	24.40a	23.75a	24.51a	24.76a
	LL 菌剂	25.02ab	25.95ab	24.84ab	26.61b	25.30a
	LP 菌剂	26.92b	27.10b	26.46	25.84b	26.87b
	FH 菌剂	27.97b	26.56b	26.74b	26.20b	27.88b
中性洗涤纤维 NDF	对照组	31.94b	38.80a	38.29a	33.00b	39.81a
	LL 菌剂	34.20b	39.97a	35.40b	36.49a	32.95a
	LP 菌剂	41.13a	34.46b	34.91b	33.68b	35.57ab
	FH 菌剂	33.84b	39.75a	39.30a	37.12a	33.44ab
酸性洗涤纤维 ADF	对照组	21.73ab	25.44b	24.22b	23.81b	27.93b
	LL 菌剂	22.36ab	16.29a	17.84a	20.99a	21.07a
	LP 菌剂	23.56a	18.39a	21.85ab	20.49a	22.86a
	FH 菌剂	20.64b	17.05a	24.37b	23.76b	22.80a

4. 青贮饲料的乳酸菌含量

各处理组的乳酸菌含量随着青贮时间的增加呈现下降的趋势(图 3-41),空白对照组的乳酸菌含量在各个时间点均低于添加菌剂组。在青贮结束后,对照组的乳酸菌含量最低,仅有 3.114 lgcfu/g 鲜样,复合菌剂组的乳酸菌含量最高,达到 4.431 lgcfu/g 鲜样。

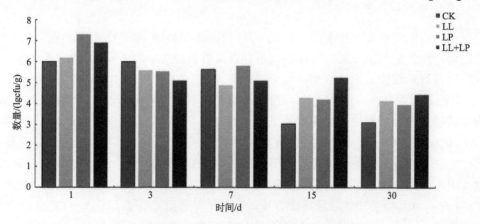

图 3-41　青贮过程中各处理组乳酸菌含量的变化

水生植物对富营养化水体中的氮磷都有较好的去除效果，这些水生植物被收割运移出水生生态系统时，大量的营养物质同时输出水体，而如何使这些收获的水生植物产生一定的经济价值是一个亟待解决的问题。目前较常用的办法就是将它们用作动物饲料，在家禽及反刍动物中有一定的应用。本试验中，可以看到相比对照组，添加菌剂组的有机酸含量显著提高，pH 和丁酸含量则显著降低（$p<0.05$），乳酸含量及乳酸占总酸的比值均显著高于对照组（$p<0.05$）。本试验中乳酸菌添加剂组的中性洗涤纤维（NDF）和酸性洗涤纤维含量（ADF）都较对照组显著降低（$p<0.05$），粗蛋白含量显著增加（$p<0.05$），使得饲料中的营养物质被保留下来，添加菌剂组的粗蛋白含量都在 25%以上，远高于常规的青绿饲料及粮食作物的粗蛋白含量，可以成为动物饲料中蛋白质来源的重要补充。

3.3　典型案例

3.3.1　种养一体化农业增效减负技术体系

本节介绍的案例位于山东中裕种养一体化产业园，该案例为发展低碳经济提供新的方法和视角。中裕循环产业主要包括种植、养殖和加工等关键环节（图 3-42），本节重点介绍其规模化养殖废弃物资源化处置技术与种养一体化循环利用技术。

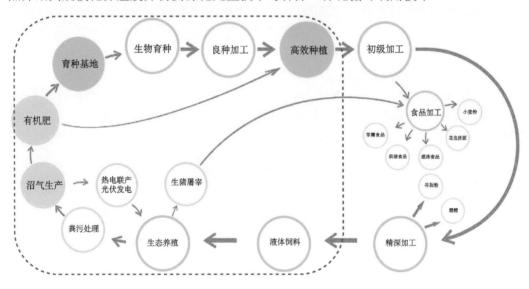

图 3-42　中裕循环产业流程图

3.3.2　猪粪−沼气−生物肥制备技术应用案例

针对农业种养一体化单元中的酒糟和猪粪的处理和资源化需求，本案例中通过耦合酒糟处理和养殖废弃物处理过程，控制联合发酵工艺系统工艺参数，优化酵母菌为主微生物群落结构、优化反应器流体力学结构，以及复合多功能微生物添加剂制备技术，构建养殖废弃物"猪粪−沼气−生物肥"系统，实现了猪粪和酒糟的无害化处理和能源化生物菌肥的制备回收。

1. 应用案例：猪粪-沼气-生物肥制备技术

本方案中核心工艺"猪粪-沼气-生物肥制备技术"的参数为：依据原料特征，将猪粪和酒糟以 7：3～5：5 的范围混合，进入中温厌氧发酵 CSTR 单元，并进行充分搅拌混合，通过控制发酵 HRT15～20 天，实现高效产甲烷，随后将沼液输送至黑膜沼气单元，进行储存 60 天，并进行微好氧处理，并接种木霉菌素和枯草芽孢杆菌，进行氨氮臭味控制和益生菌的增殖，沼液完全稳定化后可作为农田灌溉高品质生物菌肥。案例区选择在海河南系潮河流域的山东省滨州市滨城区秦台干沟流域中裕高效生态农牧循环经济产业园，结合养殖废弃物资源化和有机肥替代及安全利用技术，以中裕高效生态农牧循环经济产业园的配套工程为依托，建设成种养一体化农业增效减负技术示范工程，案例也验证了基于流域水质要求的区域种养结构优化方案的效用。

中裕农牧基地年产 720 万 m^3 生物天然气工程建设项目，项目建设 3000m^3 的厌氧罐 4 座，200m^3 调节罐 4 座，2000m^3 沉淀罐 2 座，16km 沼气输送管线 2 条；配套农田沟渠排灌系统、养殖场粪污水及沼液输送管道和辅助设施建设。项目建设后形成年处理畜禽粪污 25.55 万 t，年产沼气 438 万 m^3，年产沼肥 24.67 万 t 的产业化生产能力。沼气工程处理共建单位生猪智慧数字化项目 10 万头的养殖废弃物，日处理生猪养殖场粪便污水量 700t/d，其中粪便处理量为 200t/d，猪尿及冲洗水产生量为 500t/d。日产沼气量：12000m^3/d。计算依据：粪便产生量按商品猪 2.0 kg/（d·头）（TS 20 %）计算，干清粪方式猪尿及冲洗水产生量按 5L/（d·头）计算，按每吨鲜猪粪产气 60m^3 计算。发酵物料混合后总量为 700t/d；物料调配后的 TS 浓度为 5.7%。

1）应用案例主要工艺技术参数

原料来源为滨州中裕食品有限公司生猪年出栏 10 万头的养殖废弃物，日处理生猪养殖场粪便污水量 700t/d，其中粪便处理量为 200t/d，猪尿及冲洗水产生量为 500t/d（表 3-15）。

表 3-15 项目物料平衡表

物料名称	发酵前/（t/d）			发酵后/（t/d）		
	总量	TS	水	总量	TS	水
猪粪	200	40	160	—	—	—
废水	500	0	500	—	—	—
合计	700	40	660	676	16	660

注：产沼气 TS 消耗量按 60 %计算

A. 厌氧单元工艺

完全混合式厌氧消化器（complete stirred tank reactor，CSTR），是典型的能源生态型沼气工程工艺。CSTR 工艺流程是先对各类畜禽粪便及其他有机物进行粉碎处理，调整进料 TS 浓度在 8%～13%范围内，进入 CSTR 反应器后，CSTR 反应器采用上进料下出料方式，并带有机械搅拌，产气率视原料和温度不同，在 0.8～5.0m^3/（m^3·d）之间。沼渣沼液 COD 浓度和 TS 浓度含量高，一般不经固液分离即可直接用于农田施肥，是典型的能源生态型沼气工程工艺。采用 CSTR 工艺产生的沼气如进行热电联产（CHP），热能输出部分可满足大部分北方地区冬季的原料加热要求，不需外来能源加热。CSTR 工艺具有原料适应性广、抗负荷冲击能力强、消化池完全混合状态好、消化器内温度分布均匀性优的特点，而且该系统具有发酵速率高、容积产气率高、能耗低、结构简单、运行管理方便等一系列优势，本着占地少、投资省、运行费用低、产气效率高的原则，综合考虑养猪场粪污特性及"三沼"综合利用，选择 CSTR 能源生态型工艺。

案例区日产沼气 9000m³，年产沼气 328.5 万 m³，沼气输送于泰裕麦业有限公司农牧示范园区。日产沼肥 388.3t/d，年产沼肥 14 万 t，其中年产沼渣 4.5 万 t，沼液 9.5 万 t，沼液出售年收入 760 万元，沼渣出售 450 万元，所产沼液用灌溉水稀释、搅匀、调节 pH 等处理后用于项目区 7000 亩农田。利用厌氧发酵后的沼渣、沼液改良盐碱地具有良好的效果，对粮食增产增收起到积极的作用，用量较常规灌溉方式大一些，公司流转土地完全能够消纳项目所产沼渣液，同时也符合 "立方米沼气生产能力配套 0.5 亩以上农田" 的要求。小麦、玉米滨州地区产量约 500kg/亩，施用沼液后，产量按提高 15%计算，则亩产增收 75kg，7000 亩可增收小麦、玉米各 52.50 万 kg，小麦、玉米售价按 2.6 元/kg、2.4 元/kg 计算，共计增收 262.50 万元。

B. 工艺流程

采用 CSTR 工艺，利用农场内养猪场粪便及冲洗废水厌氧发酵制取沼气。养猪场每天产生的粪便污水经格栅拦渣去除如塑料袋、草绳、树叶等杂物后，通过管道输送到集污池进行储存，然后进入调节池，调节池内设搅拌机，混合物料通过搅拌后用泵泵入厌氧罐进行厌氧发酵。厌氧发酵采用中温发酵工艺，调节池和厌氧罐内设有增温系统，确保物料 35℃恒温水解和发酵。集污池和调节池采用密闭形式，上面采用阳光板，以增加保温效果，同时减少臭气扩散。发酵后的沼渣液用于生态农业施肥灌溉（图 3-43）。

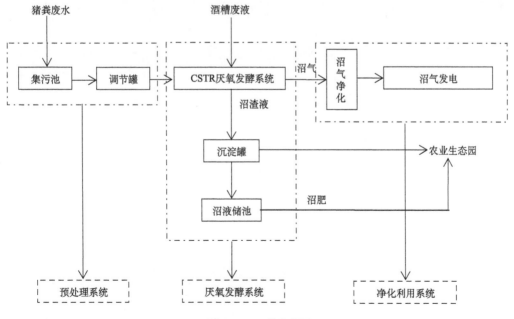

图 3-43　工艺流程图

C. 工程主要核心单元

厌氧工程主要核心单元具体见表 3-16。

表 3-16　厌氧工程主要核心单元

序号	建（构）筑物名称	规模	数量/个	结构型式
1	运输管道	7.6km	2	PPR 管
2	集污池	500m³	1	钢混
3	调节罐基础	50m²	3	砖混
4	厌氧罐基础	250m²	3	砖混
5	沉淀罐基础	150m²	2	砖混
6	沼液储池	2000m³	1	钢混

D. 沼液还田生态种植灌排体系

a. 设计思路

根据种植、养殖和生态能源布局与发展需要，依据现代工程学理论和方法，本着绿色低碳、科学布局、节本增效的设计理念，构建农田灌溉系统、农田林网路网系统、沼液沼气输送管道系统、农机具配套系统和仓储系统等基础设施，确保绿色产业的正常运行。

b. 灌排系统的设计

农田排灌系统包括灌排水沟渠、输水管、蓄水池、抽水泵、沼液灌溉管道等；建立循环型排灌系统，管道沟渠相结合，上下平行或左右平行设计，并利用蓄水池将灌溉排水、汛期洪水过滤收集，在缺水期重新利用，有效提高水分利用效率。根据最小化原则，选择最佳线路进行沼气管道的布线；沼液灌溉管道则要与智能化水肥一体化平台相连接，按照特定比例与灌溉水混合后，直接输送到主要农/毛渠，进行灌溉（图 3-44）。

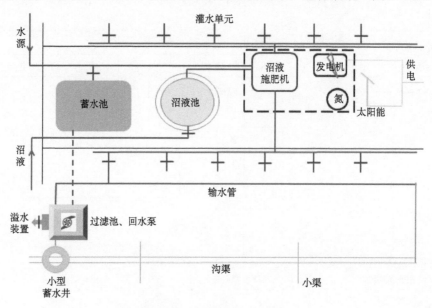

图 3-44　沼液灌溉管网系统

c. 沼液水肥一体化控制系统的设计

结合生猪养殖产业废弃物资源化，建设沼液还田水肥一体化智能控制系统，系统主要包括：水源系统、首部枢纽系统、施肥系统、输配水管网线系统、无线阀门控制系统和环境信息智能采集系统六部分组成。

d. 生态种植灌排体系工艺设计

包括支渠 1 条，斗渠 10 条，农渠 30 条，沼液灌溉管网系统。

2）封闭式厌氧塘独立运行效果

多级封闭厌氧塘对猪粪以及养殖场其他来源的废水进行了有效的稳定化（表 3-17），其中厌氧产物 VFAs（图 3-45）和有机质（图 3-46）的成分变化也对应该稳定化过程。

表 3-17　封闭式厌氧塘系统水质特征

名称	TS/%	VS/%	TCOD/（mg/L）	SCOD/（mg/L）	氨氮/（mg/L）
1 号塘	0.51	35.63	2060	1380	950
2 号塘	2.73	58.41	26240	2360	1169
3 号塘	0.52	38.49	2440	1500	1113
化粪池	0.88	60.12	11540	7980	900
猪食	16.39	89.71	218080	25780	19
酒糟	6.85	94.11	113440	48320	105.6
猪粪	28.96	74.03	308000	40p800	1804.8

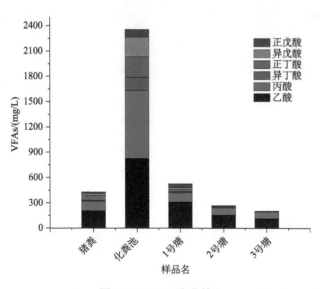

图 3-45　VFAs 变化情况

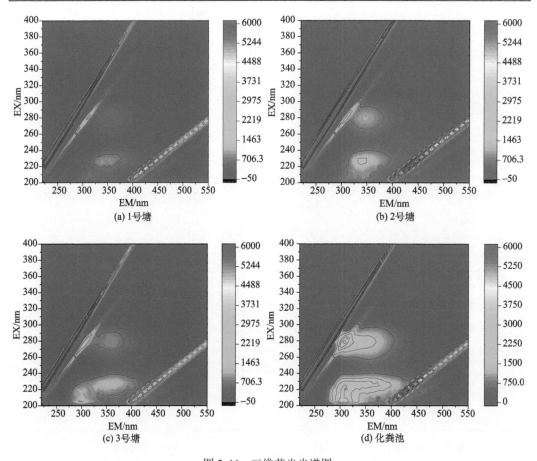

图 3-46　三维荧光光谱图

3）封闭式厌氧塘耦合 CSTR 厌氧单元运行效果

在承接 CSTR 的出流后，封闭厌氧塘工作可靠（表 3-18）。由于臭味的释放，工程实践中，对池体和中间检查单元加装遮盖（图 3-47、图 3-48）可有效避免臭气污染。

表 3-18　耦合 CSTR 厌氧单元水质特征

名称	TS/%	VS/%	TCOD/（mg/L）	SCOD/（mg/L）	VFAs/（mgCOD/L）	氨氮/（mg/L）
化粪池	1.75	60.80	12320	6910	3297	1013
1 号塘	0.43	27.05	1760	870	366	825.5
2 号塘	0.82	53.83	8340	5570	4057	1133.5
沼液	1.16	57.21	13080	5475	3940	1104.5

A. VFAs 变化情况

图 3-49 给出了过程中 VFAs 的变化情况。从图中可以看出，化粪池有累积产酸的作用，酸化反应占主要反应，导致 VFAs 相较于化粪池中略微上升。

(a) 取样过程1

(b) 取样过程2

图 3-47　塘内样品的采集

图 3-48　化粪池加装塑料棚

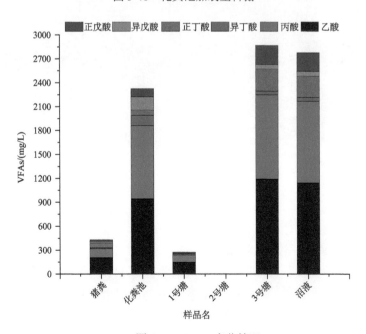

图 3-49　VFAs 变化情况

B. 沼气含量的测量

案例中对三个厌氧稳定塘产生沼气中甲烷及二氧化碳的含量进行了跟踪监测，另外测量了其中 H_2S 气体含量。表 3-19 为测量所得数据，表中可以看出 1 号塘甲烷含量还是处在相对正常的水平，但是 2、3 号塘甲烷含量低于正常厌氧发酵产沼气中的甲烷含量，因为猪粪经过快速厌氧发酵后，又经过多级覆膜厌氧稳定塘的处理，其水质已经达到稳定，并且臭味得到有效控制。

在种养一体化工程实施时，沼液如果不能得到充分的稳定处理，其溶解在水相中的 H_2S 气体在种植区作为液肥使用时会影响周边环境。在中裕示范区养殖废弃物系统工作启动初期，臭味气体的控制是区域环境监测工作关注的重点，在系统稳定运行后，该问题得到彻底的解决，实现了猪粪-沼气-生物肥小循环与周边环境的协同发展。

表 3-19　1、2、3 号塘内沼气含量

样品名	CH_4 含量/%	CO_2 含量/%	H_2 含量/ppm	H_2S 含量/ppm
1 号塘	60.98±0.21	43.9±0.13	43.8±7.2	7002±88
2 号塘	50.85±0.21	54.4±0	123.5±24.7	9835±49
3 号塘	45.55±0.07	59.6±0	185.5±4.9	10000±0

注：1ppm=10^{-6}

4）畜禽废水制备液体生物有机肥单元

图 3-50 为猪粪-沼气-生物肥制备技术中养殖废水制备液体生物有机肥的中试装置。

(a) 主反应器　　　　　　　　　　(b) 菌剂储存箱

图 3-50　有机肥中试装置

正交试验设计和结果如表 3-20 所示，畜禽粪便废弃物发酵产生绿色木霉的三个因素 A（碳氮比）、B（接种量）和 C（初始 pH）所对应的 K 值大小分别为 9.00、8.33 和 4.33，其中碳氮比的影响力更大，接种量的影响次之，初始 pH 影响最小，由此得到的最佳组合为 A1B3C3，即发酵底物碳氮比 30，接种量 10%，初始 pH 为 7 是最优发酵参数。

表 3-20　正交设计及极差分析

项目	碳氮比	接种量/%	初始 pH	菌数/（亿 cfu/mL）
1	30	5	4.4	18
2	30	10	5.5	22
3	30	15	7	27
2	45	5	5.5	6
3	45	10	7	19
1	45	15	4.4	17
3	60	5	7	11
1	60	10	4.4	13
2	60	15	5.5	16
K_1	22.33	11.67	16.00	
K_2	14.00	18.00	14.67	
K_3	13.33	20.00	19.00	
极差	9.00	8.33	4.33	
排序	1	2	3	

方差分析表如表 3-21 所示，碳氮比对应的 p 值为 0.043（$p<0.05$），接种量对应的 p 值为 0.068（$p>0.05$），初始接种 pH 对应的 p 值为 0.218（$p>0.1$），只有碳氮比显著影响发酵产物中绿色木霉的菌数。由此可得，三种因素对发酵结果的影响力表现为碳氮比＞接种量＞初始 pH，因此实际生产过程中应当优先考虑发酵体系的碳氮比。

表 3-21　正交试验方差分析

因素	自由度	偏方差平方和	偏方差	F 值	p 值	显著性
碳氮比	2	150.89	75.44	18.35	0.043	是
接种量	2	113.56	56.78	13.81	0.068	
初始 pH	2	29.56	14.78	3.59	0.218	
误差	2	8.22	4.11			
合计	8	302.23				

为验证优化后的生产参数，进行了中试生产验证，设置了三个处理，即纯畜禽废水（3 号桶）、畜禽废水+矿物填料+5%物微生物菌剂（2 号桶，碳氮比为 30∶1）和畜禽废水+填料（编号 3，碳氮比为 30∶1）。初步比较了各个处理成品的外观变化，测定了三个处理过程中化学需氧量、氨氮、硝酸盐的变化。从图 3-51 中可以看出在沼液中接种微生物菌剂对沼液中的硝酸盐有很大的影响，当加进去的微生物发酵菌为 10%时，可以有效地降低沼液中氨氮并且增加沼液中硝酸盐的含量，保持了氮元素的丢失使沼液的肥效增加，同时沼液中化学需氧量也大幅度的降低。

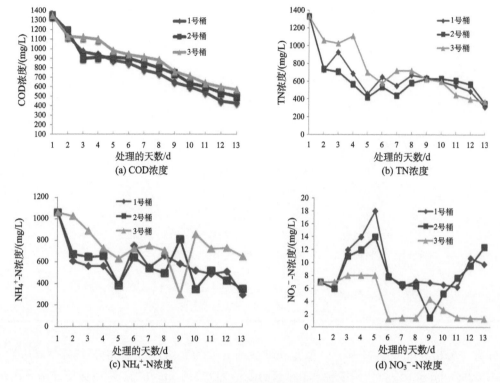

图 3-51　不同处理的液体肥参数变化

芽孢杆菌 EBL06 能够很好地利用畜禽粪便废弃物中的营养成分进行生长和繁殖，结合生产实际和微生物的生活条件，选取了发酵初始 pH、发酵底物碳氮比和发酵接种量三个关键因素进行正交试验，正交试验结果显示，三个因素对发酵结果的影响力表现为碳氮比＞接种量＞初始 pH。微生物适宜的碳氮比在 25～30，而畜禽粪便废弃物的碳氮比在 60 左右，成为制约发酵的关键条件。微生物群落结构和 pH 在发酵过程中是动态变化的过程，随着发酵的进行，堆肥的 pH 逐渐升高，初始 pH 并非是影响发酵效果的关键因素，因此，不对体系的初始 pH 进行调节。接种量虽然对发酵效果影响较大，但是考虑生产成本的原因，最终确定了 15 的接种量。按照正交试验筛选出的发酵条件，向沼液中添加对体系碳氮比调节为 30∶1，接种 15% 的芽孢杆菌液进行微氧曝气以验证发酵条件的优劣。结果显示，较纯废渣堆肥而言，按照优化后工艺发酵的产品，经 15 天的发酵处理后，满足了生物有机肥的国标要求。

2. 应用案例水力学优化

本书介绍猪粪-沼气-生物肥制备技术中两个厌氧反应模块的计算流体力学（CFD）对发酵罐内部流场进行模拟优化过程，可为反应罐物料的均匀性、为搅拌等提供指导。CFD 是通过数值方法求解流体力学控制方程，得到流场离散的定量描述，并以此预测流体动力学规律。中裕运行的厌氧发酵罐采用全混式反应器（CSTR）原理，通过搅拌对物料提供剪切作用和循环作用。搅拌也是 CSTR 的主要动能输入，本节采用 Ansys Fluent

进行三维瞬态模拟计算，根据搅拌桨叶的设计、转速、时间，流体混合情况、物料属性、操作工况等，确定了模拟所需的 Eulerian 多相流和 RNG k-ε 湍流模型，搅拌桨的搅拌过程在本模拟研究中采用多重参考系法，即搅拌的 RFM 模型，对当前工况及搅拌频率下的反应器内部流场进行数值模拟分析。

1）模拟边界条件

本案例中模拟的流体域即厌氧发酵罐主体为圆柱体，覆盖圆弧面顶盖。设计规模为 6000m³，根据施工设计图纸获知，搅拌系统为双层两片式桨叶，由于参数提供的缺失，根据搅拌物料的基本特性，以及搅拌器选用的适用条件，设计搅拌桨叶的宽度和叶片长度，选择搅拌桨转速为湍流条件下的临界高转速。模拟过程中，流体截面为光滑界面，其中流体域通过罐体区域和搅拌器所在区域布尔运算得到。搅拌轴和桨叶的边界条件为转动壁面，桨叶旋转区和流体域之间为接触面。在旋转桨叶的处理上采用多重参考系法进行模拟计算，即桨叶及其附近流体采用旋转坐标系，外部区域采用静止坐标系，并通过接触面上的速度转换实现对不同参考系下的速度匹配。

使用计算流体力学软件 ANSYS FLUENT 17.0 对流场进行模拟，选择基于压力的三维、瞬态的求解器，采用 SIMPLE 算法的半隐式方法求解控制方程式，以一阶迎风的差分格式进行收敛，计算过程采用 RNG k-ε 模型来进行模拟计算。计算时采用固定时间步长 0.05s，每一时间步长的收敛标准为：连续性、速度场和湍流场参数残差小于 10^{-5}。全局收敛标准为所有监视变量均基本达到稳定。

2）发酵罐模拟与结果

通过模拟计算，得到厌氧罐内的流速分布，选择 XZ 截面观察搅拌初始阶段 5s 和 30s 的流场情况。搅拌机械动能由搅拌桨提供，由于桨叶叶端线速度最大，因此在搅拌开始阶段流体的最大速度也出现在双层搅拌桨的周围，罐体中间区域的流体还未受到搅拌带来的传动影响，速度几乎为 0（图 3-52）。随着搅拌时间推移，对照 30s 的速度云图，相比于 5s 的流场，罐体中部流体在搅拌带动下具有了一定的速度，并从周轴心至罐体壁面表现出速度低-高-低的分布。这一速度分布现象的形成可以由速度矢量分布来进一步解释，即在搅拌桨的叶端处速度矢量图的流线最为密集，可以得知，搅拌桨叶端处的速度最大，这主要是桨叶端直接作用所形成尾流的影响，形成的环流向着壁面衰减。在搅拌 30s 时刻，厌氧罐内的液体形成了初步混合，在旋转桨叶的带动下，叶片周围的液体获得离心速度，动能通过传动影响远处的液体，同时大部分液体向靠近墙壁方向移动，在碰到壁面后速度急剧减小并改变速度方向往中心流动，循环反复，最终形成涡流，桨叶搅拌也就实现对液体的循环作用。双层桨叶在中心轴两侧形成 4 个涡流，适当的涡流有助于流体的充分混合。

针对工程规模的 CSTR 单元和封闭式厌氧塘开展了 CFD 模拟研究，得到以下主要结论：①封闭厌氧塘单级封闭式厌氧塘存在 70%以上死区；②CSTR 中心截面速度分布看，搅拌基本能实现物料全混合；且在 5min 基本达到稳定，10min 与 25min 的速度流场几乎无差别；③低速区分布在双层搅拌桨中间位置和内壁区域；④考虑桨叶大小、旋转角度、频率、时间对混合效果的影响，结合能耗进行搅拌控制的优化（图 3-53）。

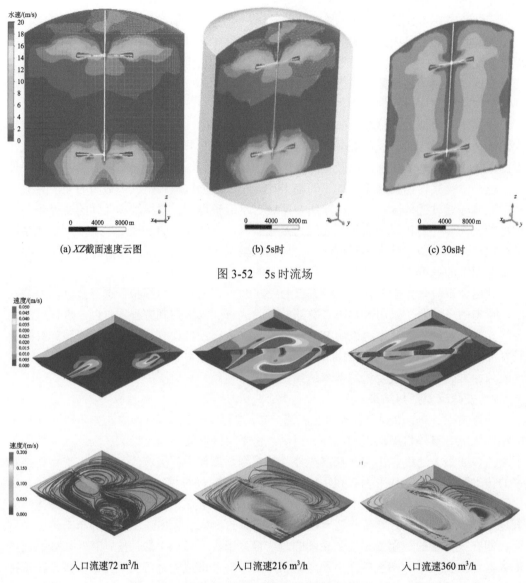

(a) XZ截面速度云图　　　　　　(b) 5s时　　　　　　(c) 30s时

图 3-52　5s 时流场

入口流速72 m³/h　　　　　　入口流速216 m³/h　　　　　　入口流速360 m³/h

图 3-53　封闭式厌氧塘流态特征

3. 应用案例工艺学优化

对猪粪-沼气-生物肥制备技术流程使用 BioWIN 5.3 软件进行模拟,通过软件调节各单元运行参数、确定经济性最好、处理效能最高的工艺运行参数,为实际运行做参考。污水处理过程的应用情况如图 3-54 所示。

混合后的养殖污水进入厌氧处理系统与酒糟一同进行处理,出水进入封闭式厌氧塘进行稳定化处理,稳定塘出水进行生物菌肥的制备。

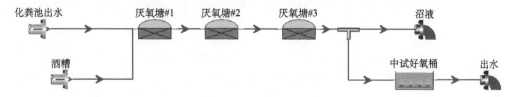

图 3-54　污水处理流程

对于厌氧塘单元水处理系统中 VFA 进行了模拟（图 3-55），粪污的处理受到现场工程多种不可控的因素影响，主要是生产中粪污和其他污染物产生，以及维护工人操作等因素不确定性强，工艺模型的模拟在使用中需要收集不同工况下的数据，并且全面考虑生产的实际情况。

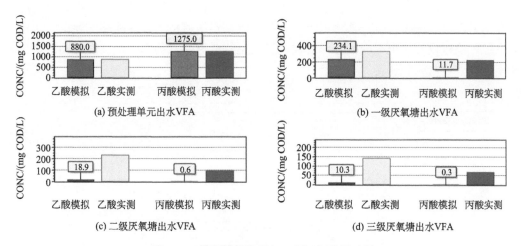

图 3-55　模型模拟结果与工程运行效果对照

3.3.3　物质流应用案例

能量流"种养平衡区域一体化"在欧盟等发达国家得到大力发展，主要是将畜禽废弃物转变为有机肥，使废弃物在养殖区域内循环综合利用，避免环境污染，实现农牧业的可持续发展（赵立欣等，2017）。目前为促进农业产业结构调整和养殖专业化进程，种养一体化项目在全国得到迅猛发展，然而，种养一体化如果在很大区域范围内进行，存在堆制有机肥是否有充足来源、增加劳力和设备从而大幅提高运输和利用成本等一系列问题，对农业生产的经济效益和能源效益产生负面影响。如何在养殖场层次上促进大中型集约化畜禽养殖场实现种养结合模式，实现农业生态产业链有机结合是循环经济研究的范畴，而循环经济主要的研究内容为物质流、能量流和信息流三大要素流，其中，物质流是载体，信息流是媒体，能量流是核心。C 流模型见图 3-56，N 流模型见图 3-57。

鉴于中裕养殖种植园区主要是生物质资源在流动，C 元素数据收集和整理分析时重点考虑以下几个方面：①系统边界以 1 年计；②园区养殖规模折合为年出栏 3 万头猪场，暂不考虑其他畜禽养殖和猪场基础设施建设的物质流分析；③综合养殖-种植一体化的特点，以养殖、废弃物处理和种植三个生产工艺阶段为研究对象；④综合调查了资源、中间消耗及产品情况，估算出物质出口的数量；⑤其他隐藏流暂不予考虑。

物质流模型分析结果表明，以裕农业产业园存栏生猪 3 万头核算，养殖阶段饲料主要由酒糟、玉米面、麸皮和精料组成，其中各单元的物质流输入量已进行量化平衡核算，通过在中裕高效农牧产业园的实践表明，综合考虑产量指标、土壤肥力、环境影响等多要素，确定肥料投入数量、结构和方法，在此基础上，充分利用碳素投入，调节土壤碳氮比，土壤氮磷库容扩增，提高氮磷持留能力，提高化肥有效率，减投控排的措施有效协调养殖、种植间的关系是将农业和畜牧业良好结合的方式，不断促进产业结构优化，实现废弃物有效循环利用，减少污染流入土壤、水、大气等生态环境中。

中裕养殖种植园的案例实现产气积肥同步，养殖、种植并举。课题提出的种养一体化模式已实现 10 头猪/亩的高密度承载模式，并在 3 万头猪存栏规模的种养一体化系统中实现，物质流分析表明，系统仍具有提高的潜力。由于开展高效的畜禽废弃物处理及资源化工艺，实现了种养一体化资源配置，这既是实施可持续发展战略的要求，也是当地生态环境建设的一个组成部分，对促进当地畜牧业健康、稳定、持续发展和改善生态环境具有十分重要的意义。

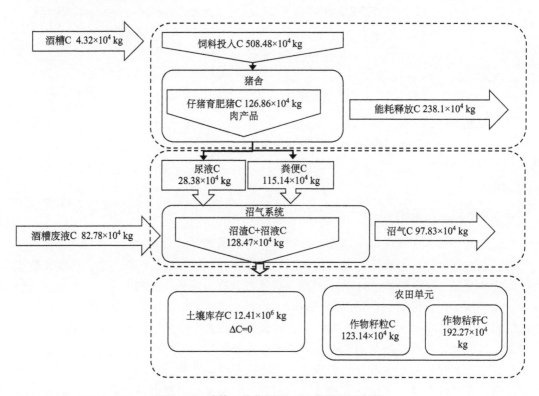

图 3-56　种养一体化园区 C 元素循环示意图

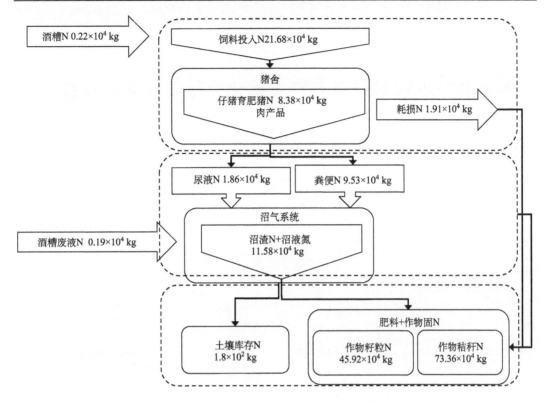

图 3-57　种养一体化园区 N 元素循环示意图

3.4　本 章 小 结

针对猪场粪污处理利用中存在的沼气发酵冬季产气效率低、沼液完全利用难、达标处理费用高等问题，通过结合产业链上下游，引入酒糟废液共发酵，构建了猪场粪污-酒糟混合发酵产气动力学模型，开发出酒糟猪粪联合发酵技术、耦合高效纤维素降解菌剂生产技术、保氮除臭复合菌剂制备技术和猪粪处理稳定化技术，集成形成猪粪酒糟混合多级厌氧处理-生物菌肥工艺，同时建立起基于养殖废弃物资源化利用的产业链物质流循环核算模型，为畜禽养殖污染防治提供了坚实的技术支撑，取得了良好的社会、环境和经济效益。猪粪酒糟混合多级厌氧处理-生物菌肥工艺关键技术集理论创新、技术发明、工程应用于一体，推动了畜禽粪污处理利用领域的科技进步，为规模化猪场污染治理和流域面源污染防治提供了技术支撑。

第 4 章　农村有机废弃物资源化处置与循环利用技术

针对目前我国缺乏农村生活废水分类收集技术、有机垃圾肥料化和能源化技术及农村生活污水综合管理机制，生活废水收集配套设施不完善和生活废水处理技术不适用的问题，以滨州为案例，本章根据当地需求对粪便超节水收集，对生活有机废弃产物进行精细调制，通过微生物菌剂筛选、风管和布风口一体化模具开发、优化智能控制系统，精细预混料发酵等技术手段，实现农村有机垃圾资源化就近消纳（图 4-1）。

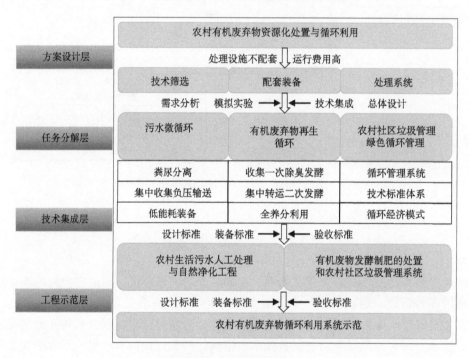

图 4-1　技术路线图

4.1　农村节水无臭味生态厕所源分离及资源化技术

农村节水无臭味生态厕所源分离及资源化技术由负压节水生态厕所技术、农村生活污水源分离技术和生活污水资源化技术组成。

以负压收集技术、生活污水源分离技术为基础的农村生活污水源分离排污系统通过应用负压便器、收集器、负压站、控制装置，以及高浓度人粪尿处理与利用等专利技术将农村生活污水中的黑水（粪尿混合废水）与灰水（生活杂排水）源头分离，并通过负压密闭管道分质收集到处理中心，黑水稳定化杀菌处理，集中回收农用，低负荷灰水通过生物处理，达标后用于周边农灌或绿化使用。

以负压收集技术、生活污水源分离技术为基础的农村生活污水源分离排污系统，以微循环、源分离和资源回收为导向，在模式上最大限度地降低耗水和调水，形成农村生活污水微循环和微降解模式，实现高浓度污水的密闭收集与再利用，达到节水、除臭、源头分质回收的效果，与此同时修复和完善废物-肥料-农业-食品的物质循环系统（张健等，2011）。

4.1.1　农村生活污水源分离技术

粪、尿仅占生活污水总量的 1%～2%，但含有生活污水中约 60%的有机物，90%以上的氮、磷，60%～70%的钾。应用负压源分离排水系统，将高负荷的粪尿从源头剥离，不仅资源得到回收，同时也不再有混合污水处理难和监管难的问题。

生活污水可分离为灰水、黑水或灰水、褐水、黄水。灰水是指除人粪尿及其冲洗水以外的生活污水，主要指洗衣、洗澡、厨房产生的污水；黑水指粪、尿污水或粪、尿及其冲洗水；褐水指粪便或粪便及其冲洗水；黄水指纯尿液或尿液及其冲洗水。生活污水源分离就是根据污水水质不同，将各类污水分别收集、输送、处理。黑水、灰水分流（污废分流）的排水系统高档住宅等应用较普遍，室外应用较少，大多情况都是室内黑灰分离，室外合流排放。主要是由于黑灰分流系统水量少，排入室外管路后，排水管径增大，流速迅速减低，黑水含固量高很容易造成管路排水不畅或堵塞。尤其对于褐水和黄水分离的系统，高浓度褐水和富含磷酸盐、氨氮易于结垢的黄水重力流方式输送距离受限，污水泵站排水对泵的性能要求很高，难以实现区域排水。黑水、褐水、黄水通常应用负压管道收集，以获得高浓度的污水和避免传输过程中管网堵塞，灰水根据案例区情况，可选择常规重力流排水、负压排水或正压排水。

分离后的黑水、褐水、黄水可以通过稳定化、厌氧或其他快速处理工艺处置，实现沼气集中收集，氮、磷、钾、有机物等肥料化应用。分离后的灰水，氮磷含量低，不再需要传统污水处理厂那样的除磷脱氮，有机物去除也大为简化，在常规生化处理方法的基础上，结合湿地、氧化塘等低能耗处理手段，即可实现再生水回用（图 4-2）。

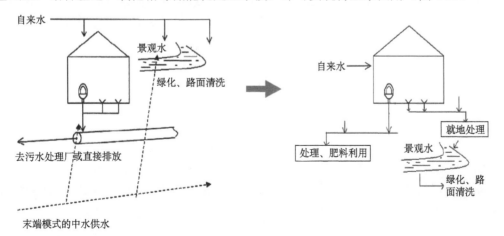

图 4-2　农村生活污水源分离技术原理

黄水（尿液及冲厕水）、褐水（粪便及冲厕水）、灰水（洗手水）三类水分开收集，其中黄水、褐水采用负压源分离收集，便于后续针对性的资源化处理，从而简化处理程序，便于维护和保证处理效果。灰水采用重力流收集，收集后的污水进入灰水净化单元。

1. 尿液分离气冲蹲便器

尿液分离气冲蹲便器，舒适卫生，管道密闭无臭。尿液分离气冲便器与普通便器外形大致相同，只是盆腔被隔离的凸沿分成了大便区和小便区两个空间，大小便区分开冲厕，以便器后管道内的负压为动力冲厕。由于负压动力为常规水冲动力的几十倍，所以更高效节水，而且只有排水时便器后面的真空阀才会打开，平时严格密闭，所以更加卫生。尿液分离气冲蹲便器用水量仅为常规便器的 5%~15%，源头减少用水量，既降低了用水运输的压力，又能收集到高浓度粪尿，节省处理设施占地。图 4-3 为尿液分离气冲蹲便器应用于女厕。

(a) 蹲便器1　　　　　　　　　　　　(b) 蹲便器2

图 4-3　尿液分离气冲蹲便器

2. 尿液分离气冲座便器

尿液分离气冲座便器，在外观上与传统座便器大致相同，便盆前后分为两个区，前区为小便区，后区为大便区，源头将排出的粪尿分离收集，后侧配有负压阀，与负压管道连接，排污时负压阀开启，将粪尿分别排入褐水和黄水负压管道。由于采用负压为驱动力，源头减少冲厕水量的同时，减少臭味逸散。图 4-4 为尿液分离气冲座便器应用于女厕及第三卫生间。

3. 气冲蹲便器

气冲蹲便器采用负压为驱动力，将污水排入负压管道，不允许气体外溢，杜绝卫生间异味。同时，由于是采用负压冲厕，减少水量消耗，冲水量为常规便器的 5%~15%，同时收集高浓度粪尿，减少排污量，源头除臭。图 4-5 为气冲蹲便器应用于男厕及女厕。

(a) 座便器1　　　　　　　　(b) 座便器2

图 4-4　尿液分离气冲座便器

图 4-5　气冲蹲便器

4. 气冲座便器

气冲座便器，采用负压将污水排入褐水负压收集管道，高效节水，卫生舒适，由于采用真空阀作为排污界面阀，平时严格密闭，源头杜绝臭味。图 4-6 为气冲座便器应用于男厕。

图 4-6　气冲座便器

5. 气冲小便器

气冲小便器采用模块化设计，微水气冲，冲水量远低于常规小便器，冲厕耗水仅为 0~0.5L，可收集到高浓度尿液，便于后续资源化利用，密闭性良好，有效隔绝有害气体和细菌。气冲小便器应用于男厕及第三卫生间。对于儿童小便器，接入负压适配器，尿液排入黄水负压管道（图 4-7）。

图 4-7　气冲小便器

6. 负压分质输送——负压管道

应用污水多样化组合管网分质收集技术。黄水、褐水应用负压管网排放，以获得高浓度的污水和避免传输过程中管网堵塞。灰水根据实际情况，可选择常规重力流排水或负压排水。

7. 负压分质收集中心——负压站

提供并维持负压系统运行所需的一定真空度。负压站自动化运行，维护方便，系统可靠。

8. 厕所污水资源化处理

收集后的污水经负压站和灰水提升器进入资源化单元，根据水质特点，分别进入相对处理模块。人粪尿中含有大量的氨氮及有机磷化物，通常随着污水排放而白白流失，氨氮和磷酸盐是水体中氮和磷的主要形态，是导致水体富营养化的重要物质。而磷属于不可再生资源，是举足轻重的工业原料和缓释肥料。我国磷矿储量 131 亿 t，居世界第五位，但多数是不具开采价值的低品位矿石，仍不能满足人们对磷矿的需求量，磷已被自然资源部列为 2010 年后不能满足国民经济发展需求的 20 个矿种之一。氮肥虽然可以从环境中的氮气合成，但需要消耗大量的能量。目前，高浓度污水原位减容以及尾水的处理中，营养盐氮磷的去除一直是污水处理厂净化排水的首要问题。由此看来，将这两种资源从人粪尿中进行资源收集对国家的绿色生态可持续发展战略具有重要的意义。

4.1.2　负压超节水生态厕所系统

负压排水系统为密闭收集，杜绝了渗漏和异味，其管径和坡度小，埋深浅，布设灵活，施工对环境扰动小，在特殊地质条件下施工费用低，可以实现污水的高效集中管理和分质收集，适用性广泛。与常规排水方式对比如表 4-1 所示。

表 4-1　负压排水系统与常规排水方式的区别

序号	项目	负压排水	常规排水
1	原理	利用负压管道内外压差产生的高速气流输送污水；用空气作为输送污水污物的载体；系统内压力低于环境压力，无污水泄漏、无异味溢出；管径细、坡度低、占用空间小、布置灵活、最大程度提升建筑设计自由度；可实现同层排水	利用重力坡度输送污水；用水作为输送污水污物的载体；结构简单；敞开式管道系统；管径粗，要求坡度大；需要众多检查口和检查井
2	典型特点	应用源分离便器或负压便器，高效节水；一个动力源（负压站）服务于几个乃至上万个分散的排水点，维护方便，系统可靠；管道高速排水，实现自清洗；全系统自动化控制，操作维护简便	维修有时需要挖开垫层或破拆路面；当众多排水点需要提升时，需要建多个泵站实现；水流速度慢，不适合排放密度高、黏滞系数高、易结垢的物质
3	组成	污水收集单元、负压管道单元、负压站单元、远程监控系统（选配）	洁具、集水井、重力管道单元、泵站
4	室内污水收集装置	负压便器：冲厕水量大便 0.5～1L/次；小便 0～0.5L/次；负压收集器：收集各类重力流汇入的污水	节水便器：冲厕水量 6 L/次
5	室外污水收集装置	室外负压收集器：收集各类重力流汇入的污水	集水井收集污水；需要众多检查口和检查井，管道转弯处及室外管线每隔 25m 左右均需检查井
6	管道及检查井	不需检查井，管道预留检查口或检查管即可；管径细、坡度低、占用空间小、布置灵活；管道全密闭、卫生、安全；管道高速排水，实现自清洗	敞开式管道系统：室内管道靠液封密闭，管道压力波动大或几天不用水会导致液封破坏，无法隔离味道或病菌等；室外常有雨水和杂物进入系统；管径粗，要求坡度大；水流速度慢，不适合排放密度高、黏滞系数高、易结垢的物质
7	泵站	由负压罐、污水泵、负压泵、控制系统组成；自动控制及报警；区域众多排水点需要提升时，仅需一座负压站可满足要求	只需污水泵，结构简单；当众多排水点需要提升时，需要建多个泵站实现
8	施工	对现有建筑改造影响减至最小；管径细、坡度低，安装施工简单快捷；无须建污水坑或积水井，将土建投资降至最低	对现有建筑改造的设计，施工困难；管径粗、坡度大，施工周期长，尤其是室外管道可达负压排水管道施工时长的 2～6 倍；需建设众多检查口和检查井、积水井、污水坑等
9	维护	流速快，具有自冲洗能力，管路不易结垢，需要的维护少；系统自动检测并报警，系统可控、可靠，便于管理	需定期检查管线泄漏或堵塞情况；维修有时需要挖开垫层或破拆路面；系统故障时需有人报修才能发现
10	资源化处置	可实现黑水（粪尿污水）和灰水（杂排水）或褐水（粪污水）和黄水（尿污水）源分离，产生能量，生产有机肥；源分离后，资源化处置设备简单，建设及运行费用低；处理易于达标，对管理人员水平要求低	排污及处理模式高耗水、耗能；处理设施建设及维护成本高

负压排水系统由三个基本单元组成：收集单元，由负压便器、负压收集器等组成，主要功能为收集污水。管网单元，将分散的污水收集单元，以网络形式连接，汇集于负压站单元，主要功能为传输污水。负压站单元，生成并保持用于服务全系统的负压度及暂时存储污水（图 4-8）。

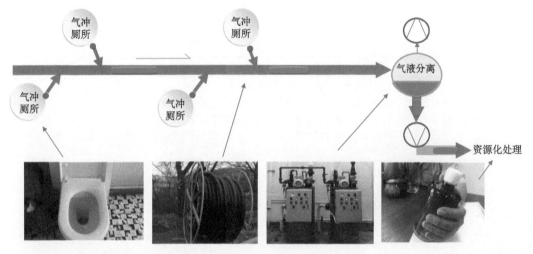

图 4-8　负压气冲厕所系统示意图

1. 技术原理

以负压收集技术、生活污水源分离技术为基础的农村生活污水源分离排污系统通过应用负压便器、收集器、负压站、控制装置，以及高浓度人粪尿处理与利用等专利技术将农村生活污水中的黑水（粪尿混合废水）与灰水（生活杂排水）源头分离，并通过负压密闭管道分质收集到处理中心，黑水通过厌氧处理，集中回收农用，低负荷灰水通过预处理后，经生物处理达标后，用于周边农灌或绿化使用。

以负压收集技术、生活污水源分离技术为基础的农村生活污水源分离排污系统，以微循环、源分离和资源回收为导向，在模式上最大限度地降低耗水和调水，形成微循环和微降解模式，实现高浓度污水的密闭收集与再利用，达到节水、除臭、源头分质回收的效果，与此同时修复废物—肥料—农业—食品的物质循环系统。

2. 技术研发

农村节水无味生态厕所源分离及资源化关键控制技术，研究模块化负压便器技术，形成 3 种负压便器样机（模块化负压小便器、模块化负压蹲便器和模块化负压座便器），并在示范工程实施应用（图 4-9）。以节水型生活用水器具标准（CJ164—2002）中节水型便器（在保证卫生要求、使用功能和排水管道输送能力的条件下，不泄漏，以一次冲洗水量不大于 6L 水的便器）为基准，负压便器冲厕水节水 80% 以上；研究模块化负压站技术，开发标准部件组成负压站，设计标准设备接口，实现负压站的模块化，节省设备组装时间，使设备的日常运行维护和设备检修变得更加方便，快速地更换受损零部件，减少停机时间。开发占地小、能耗低的无人值守水处理技术，形成 2 套样机，并在示范工程实施应用。实现源分离粪便无害化回用；基于工程稳定运行，构建可适用于农村节水无味生态厕所的技术体系，形成农村节水无味生态厕所使用标准、导则等技术标准。

　　(a) 模块化负压蹲便器　　　　(b) 模块化负压小便器　　　　(c) 模块化负压座便器

　　　　(d) 模块化负压站　　　　　(e) 低能耗污水处理设备

图 4-9　农村生活污水源分离排污设备

3. 系统结构

公厕收集结构设计由三个基本单元组成：收集单元、负压便器和负压收集器，主要功能为收集污水。

1）模块化负压便器

负压便器设计：①负压便器包括模块化负压小便器、模块化负压蹲便器和模块化负压座便器；②对黑水与灰水分离式排水，可使用混合式负压便器；③粪尿分离式负压便器冲厕水用量参考实际产品指标。

负压收集器设计如下：①污水管或负压收集器须设进气装置，保证污水顺畅流入；②负压收集器的液位控制不宜采用浮球开关，液位检测应为抗干扰的非接触式；③负压收集器的连接元件、配件和箱体须采用防腐材料制作，连接处要结合严密；④用于室外的负压收集器，适宜布设在绿化区等受外界干扰较小的区域，尽可能避开车辆、行人通行区域，如需布设在道路或车辆通行区域，负压收集器上方应增加井圈、井盖与井座。

负压阀设计如下：①负压阀所有过流部件须为耐腐蚀材质制造；②阀体应由坚固、耐腐蚀材料制成；③负压阀宜采用气动隔膜阀；负压阀的控制器可为电控或气控，如控制器为电控，须采用安全电压；④负压阀在关闭时需密封严密；⑤负压阀进出口端需活络连接，便于拆卸；⑥在开启状态下，其管径不应小于 40mm。

2）负压排水管道设计

管道连接与固定设计：第一，负压排水管道室内部分的连接与固定应按照以下规定进行：①负压排水管道的最小设计坡度为 0.002，除提升管外，管道方向不得出现倒坡，具体根据施工要求确定；②管道不得穿越烟道、沉降缝和抗震缝；管道不宜穿越伸缩缝；当需要穿越时，应设置伸缩节；③管道穿越地下室外墙应采取防止渗漏的措施；④管道安装完毕或中断施工时，应及时将管道敞口处封堵。第二，管道穿墙体和穿地面、楼面时应采用套管。

管道连接方式应按照以下设计：①负压污水管道之间的连接和转向宜使用 45°斜三通和 45°弯头；②负压支管道连接到主管道时，支管道接头处应高于主管道，从主管道上部接入，接入方向与排污方向一致；③负压管道穿越障碍物时，应采用乙字弯和 45°弯头连接绕过障碍物；④绕过障碍物时，管道沿污水流动方向，由障碍物的下方或旁边绕过，避免从上方绕过障碍物。

排水管道水力计算：①负压排水管道室内部分，排水定额和小时变化系数应参考《建筑给水排水设计规范》GB50015 确定，负压便器的排水当量，根据所选设备的排水秒流量与常规便器对比后进行必要的折减；②负压管道的设计按管径推荐值；③负压排水管道的最小设计坡度为 0.002，管径较大时可在保证管道不淤积的前提下适当减小。

管材与管件选择设计：第一，负压排水系统选用的管材和管件，材质应耐腐蚀耐磨损，摩擦阻力小，公称压力不低于 1.0 MPa。①优选公称压力不低于 1.0 MPa 的聚氯乙烯（UPVC）给水管材管件，管材应符合《给水用硬聚氯乙烯（PVC-U）管材》GB/T 10002.1，管件应符合《给水用硬聚氯乙烯（PVC-U）管件》GB/T 10002.2 的规定；②可采用公称压力不低于 1.25MPa 的 PE100 级聚乙烯（PE）给水管材管件，管材应符合《给水用聚乙烯（PE）管材》GB/T 13663.1，管件应符合《给水用聚乙烯（PE）管件》GB/T 13663.2 的规定，管径 110mm 以下的热熔管道必须使用热熔承插方式连接；③明装聚乙烯（PE）管道应采取紫外线防护措施。第二，管道转弯和分支交汇宜使用 45°斜三通和 45°弯头。

3）模块化负压站

根据本书作者参编的《污水源分离排水系统工程技术导则》，负压站的位置应根据设计的系统，结合管线长度、管径、污水流量、气液比等进行计算，通常在地势平坦地区，收集半径为 1500～2500m。

A. 负压罐容积计算

负压罐容积分为总容积和工作容积。最小工作容积按在高峰流量条件下，至少储存 5min 污水量，由下式计算：

$$V_1' = 5\min \times \frac{Q_h}{60} \tag{4-1}$$

其中，Q_h 由下式计算：

$$Q_h = 24Q_d \times K_h \qquad (4-2)$$

式中，V_1' 为负压罐最小工作容积（m³）；Q_h 为高峰流量，m³/h；Q_d 为日流量，m³/d；K_h 为流量变化系数，可根据《建筑给水排水设计规范》GB50015，并参考当地用水情况选定。

也可以采用下式计算：

$$V_1' = 0.25 \times \frac{Q_{w_p}}{f} \qquad (4-3)$$

式中，Q_{w_p} 为单台污水泵的排水量（m³/h）；f 为污水泵在 1h 内的最大开启次数，不大于 12 次/h。

负压罐总容积一般不小于工作容积的 3 倍。

B. 负压泵选型

（1）吸入气体量计算。负压泵平均小时吸入气体总体积计算采用下式：

$$Q_P = K_a \times Q_w \times \text{AWR} \times \frac{P_{max}}{P_{min} \times \eta} \qquad (4-4)$$

式中，Q_P 为负压泵平均小时吸入气体总体积，m³/h；Q_w 为平均小时污水流量，m³/h；AWR 为平均气液比；K_a 为安全系数；P_{max} 为负压罐内最大的绝对压力，MPa；P_{min} 为负压罐内最小的绝对压力，MPa；η 为最不利情况下负压泵效率。

根据计算所得的负压泵最大小时吸入气体体积，选负压泵。

（2）负压泵校核：负压系统工作在预定的负压上、下限之间。下限时负压泵启动，此时系统的绝对压力为 P_{max}，经过时间 t（min）后，压力达到系统工作需要的上限，负压泵停车，系统绝对压力为 P_{min}。负压泵使负压排水系统正常工作的压力从下限恢复到上限的时间 t，一般控制在 1～3min，以保证系统压力值迅速恢复。负压系统储气容积按照下式计算：

$$V_{容} = V_2 + \frac{2}{3}V_1 \qquad (4-5)$$

式中，$V_{容}$ 为负压系统储气容积，m³；V_2 为负压管网的容量，m³；V_1 为负压罐储污容积，m³。

负压管网的容量 V_2 为管网内的储气容积，可按下式计算：

$$V_2 = \sum_{i=1}^{n} \left(\frac{\pi}{4} d_i^2 l_i \right) \qquad (4-6)$$

式中，d_i 为计算管段的内径，m；l_i 为计算管段的长度，m。

单台负压泵的抽气量 V_h 按抽负压时间计算：

$$t = \frac{2.3V_{容}}{V_h} \lg \frac{P_{max}}{P_{min}} \qquad (4-7)$$

式中，t 为抽气时间，min，负压泵启动抽气时间 t=1～3 min；$V_{容}$ 为总容积，m³；V_h 为负压泵排气量，m³/min；P_{max} 为抽前绝压，bar；P_{min} 为抽后绝压，bar。

C. 负压站污水泵选择设计

（1）污水泵选型。泵流量按照下式计算：

$$Q = \frac{V_1}{\eta \times 60 \times t} \qquad (4\text{-}8)$$

式中，Q 为泵的流量，m^3/h；V_1 为负压罐储污容积，m^3；η 为泵的效率，考虑负压状态下排污泵的效能损失，按照 70%～80% 估算；t 为单次排空污水罐时间，min，为了减少排污时对负压系统运行压力的影响和降低泵的发热延长使用寿命，按照 t 不超过 3～5min 计算需要泵的流量。

（2）污水泵校核：根据《建筑给水排水设计规范》GB50015，每台泵小时启动次数不宜超过 12 次，泵的最高启动次数按照下式计算：

$$最高启动次数 = \frac{Q_h}{V_1} \qquad (4\text{-}9)$$

式中，Q_h 为设计最大污水量，m^3/h。

4）负压管道试验设计

（1）气密性试验设计：①局部气密性检验，将待检管段抽负压到–0.07MPa，保持稳定至少 30min，然后在测试过程中，1h 的负压损失小于等于测试采用的负压值的 10%；测试时负压站与管道隔绝，若任何区段不合格，应修缮再做，直到测试圆满完成；②全系统气密性检验设计，所有管段局部气密性检验合格后，连接所有负压管道和负压站，用负压站的负压泵抽负压到–0.07MPa，保持稳定至少 30min，然后在 1h 的测试过程中，负压损失小于等于测试采用的负压值的 10%，若不合格，应修缮后再进行上述过程，直到满足要求。

（2）通水试验设计：①在全系统气密性检验合格后，才可进行通水试验；②通水试验步骤如下：选择可能排水流量最大的管段，并确定最大同时排水的设备数，稳定测试管线负压值。排水设备同时排水，管道排水顺畅，不产生回流为合格；根据负压排水系统规模，可多选择几个管段，重复以上试验。若不合格，应检修改进至符合要求。

4.2　农村粪便制备高效专用肥技术

人的排泄物，以及农村生活有机垃圾、农业固体废弃物协同制备高效专用有机肥发酵技术由微观混合接种关键技术、静态好氧发酵关键技术组成，包括以下单元：①深度接种预调理单元，包括沼渣、辅料、返混料的缓存、计量及输送设备，深度接种混合设备，混合后物料的输送设备，就地电气控制/操作箱/柱和用于检修的起重设备；②密闭静态发酵单元，包括曝气离心风机、主风管连接装置、布风装置、布风装置检查井球阀、布风管末端排水管和电动阀门等设备；③后处理单元，包括筛分设备、打包设备和配套输送设备；④电气及智能化单元，包括设备就地控制箱、系统控制柜、温度和氧气在线监测仪表、高温好氧发酵智能控制系统、曝气系统 PLC 柜和智能化控制工艺软件；⑤生产运输车辆，包括生产配套运输车辆，如铲车、叉车等。

采用微观接种预调理+密闭静态发酵工艺，关键的核心设备采用机械驱动流化床混合器及氧温实时检测设备。通过流化床式预混合、全密封静态发酵形式、独特通风技术、氧温实时监测及智能化通风控制，实现物流的封闭式管理，大大缩短了处理周期又提高了成品的质量，同时，工艺过程的废气通过有序收集和集中处理后排放，使车间的卫生环境得到较大改善。

涉及的主要技术包括：①改变物料微观结构，增加其透气性并进行深度接种，为后续好氧发酵奠定基础；②采用在国内外黏稠物料发酵工程经验基础上专用于好氧发酵的布风技术与产品，柔和通风、布气均匀、能耗低、维护简单；③采用密闭仓式发酵系统，干化仓自动维持微负压，臭气无外溢，曝气与引风连锁控制，排气减量、节能；④采用专用于好氧发酵的特制氧－温检测技术，真实直接在线检测堆体中的工况，通过拥有多项发明专利的智能化控制技术，根据耗氧速率优化通风、快速升温、充分利用生物反应放热蒸发水分并实现臭气的源头控制；⑤考虑到可能会有深度脱水后的压滤泥饼，混合器筒壁预留粉碎专用铡刀的安装接口，对该类物料进行有效粉碎。

4.2.1　微观混合接种技术

1. 原辅料调配

农村有机废弃物富含有机质，若作为肥料或基质利用，利用前须经过无害化处理，因此好氧发酵生产生物肥料渐渐成为无害化处理的一种主要趋势。但是农村有机废弃物中的畜禽粪便含水率高，透气性差，由于前期经过厌氧发酵，物料内部的微生物大多以厌氧菌为主，并不适合直接进行好氧发酵。是否能在预混合调理阶段把新鲜有机废弃物与富含好氧菌的返混料及辅料进行微观混合接种，改变物料的物理特性，使其松散，形成有结构的、透气性良好的、适宜于生化氧化的物料体系，是好氧发酵前的核心技术关键。

为调节产品作为有机肥的肥效，辅料可选用氮源、复合菌种及微量矿物质，氮源添加比为 10%～12%，矿物质添加比可以控制在 5%～10%，复合菌种添加比可以控制在 5‰～10‰。当最终产品作为有机肥销售量较大时，通过核算运营成本、辅料的采购成本及产品的销售利润，可增加辅料的添加量以保证最终产品的质量及碳氮比；若最终产品销售量偏低或用于其他处置途径（如填埋）时，降低辅料的添加比，相应通过增大返混物料的添加比，满足物料好氧发酵的需求，从而降低整个工艺的运行成本。

2. 混合单元

采用机械驱动流化床设备进行预调理，实现微观混合并接种，通过对氧气、温度、蒸发水量、通风量等参数的不断优化与智能化控制，最大限度地实现对发酵产生的生物热的利用，使发酵堆体中水分的快速蒸发，提升发酵速度，降低物料的含水率，达到改性、提高比表面积的作用。同时使物料内部迅速充氧，大大缩短发酵的启动时间，避免由于厌氧工况而产生的臭气物质，保证堆置后 24h 内氧气含量即可达到预设的含量值，温度升至 50℃以上，以此提高生物发酵效率（图 4-10）。

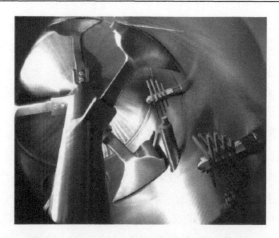

图 4-10　进行预调理的机械驱动流化床设备

4.2.2　静态好氧发酵技术

1. 发酵单元

发酵车间采用条垛式发酵，集通风、氧温监测、引风系统为一体，有针对性和有序地对发酵过程中所产生的异味有机气体予以收集，布料结束后关闭仓门，发酵结束后开启出料。利用氧气-温度-通风三个要素间的定量关系控制通风系统的启停，发酵过程实现全自动化控制，实现智能化高温好氧发酵。最大限度地避免了发酵工艺对周围环境造成二次污染（图 4-11）。

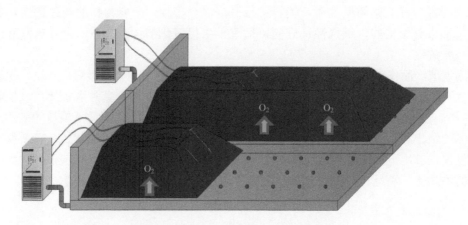

图 4-11　静态好氧发酵技术原理示意图

物料在主发酵区内完成主发酵，利用铲车送至深度腐熟仓。深度腐熟区与主发酵区在结构、设备配置上完全一致，可灵活互换使用，所以可在原地调整堆体高度后直接进行深度腐熟。

2. 曝气系统

堆体的氧气浓度（好氧速率）、温度是高温好氧发酵阶段和效果的重要指标，将堆体的氧气浓度控制在一个合适的范围内，是缩短发酵周期和减少臭气的关键。布风系统采用分散式小功率风机供风，单个仓配备一个小功率风机，独立控制。布风装置为专利产品，配有适宜喷嘴，简单可靠防堵，布气均匀。发酵物料可条形可块状布置，同时布风管能够灵活优化配置，土建费用低。全静态发酵与柔和通风使物料温度持续保持在55～70℃。不采用大功率风机，因此吨电耗降至最低，并能避免翻抛过程或大风量吹脱造成的厌氧反应半产物的逸散。风机的启停控制由中控根据接收到的堆体氧气浓度信号判断，操作人员只需在程序中输入氧气浓度边界值，通风系统就可以实现自动控制（图4-12）。

(a) 风机　　　　　　　　　(b) 风管　　　　　　　　(c) 风管散气口

图 4-12　曝气系统

3. 控制单元

高温好氧发酵工艺选用专为堆肥特制的氧浓度、温度探枪，可直接插入堆体，实时在线地监测高温好氧发酵堆中的工况。通过堆体的氧气浓度和温度信号联合控制通风系统，通风系统的启停由中控根据接收的氧气浓度和温度信号自动做出优化计算，从而保证堆体的含氧量和温度一直处于最适宜的状态，促进生化反应及水分蒸发。智能化控制使物料温度持续在55～70℃范围内10天以上；保证最高效率利用生物热，进而减少臭气产生；10～12天含水率即可降至40%左右，并达到稳定和基本腐熟的状态。

4.3　典　型　案　例

4.3.1　基于循环利用的农村有机废弃物资源化能源化技术体系

1. 农村节水无臭味生态厕所源分离及资源化技术

农村有机废弃物资源化处置与循环利用应用在中裕高效生态农牧循环经济产业园区，户厕收运地点为滨北、市西、杨柳雪、秦皇台、梁才、彭李、三河湖乡镇的农村。该地区农村多为旱厕，水冲厕所的污水直接排到渗井。村民家里厨房用水、洗涤用水沿街道漫流，随着雨水的冲刷，流入沟渠、池塘等地表水体，或下渗到土壤或地下水体。随着新农村建设进程的加快，村里面临改厕、解决污水收集、处理等一系列问题。对案例区生活、环境情况，进行了详细分析。滨州滨城区中裕高效生态农牧循环经济产业园区工人较为集中，且缺少公厕，选择在其内建设公厕负压收集应用，采用负压排水系统，减少冲厕水量，降低公厕异味，从源头对废物进行源分离。针对间隔较远的各个村庄，公厕使用频率较低的情况，配套罐车收集农户户厕产生的粪便，之后进入资源化处理单元，将产生的资源化肥料提供给园区肥料使用，并进行生态种植，降低农资费用。

2. 农村粪便制备高效专用肥技术

采用高温好氧条垛式发酵工艺作为农村高浓度粪便的处理方案，最终产品经过后续处理，制成有机肥，进行资源化利用。根据原料物理性能，辅料可选用秸秆与复合菌种，比例控制在 0～10%，复合菌种添加比可以控制在 5‰～7‰。当最终产品作为有机肥销售量较大时，通过核算运营成本、辅料的采购成本及产品的销售利润，可增加辅料的添加量以保证最终产品的质量及碳氮比；若最终产品销售量偏低或用于其他处置途径（如填埋）时，降低辅料的添加比，相应通过增大返混物料的添加比，满足物料好氧发酵的需求，从而降低整个工艺的运行成本（图 4-13）。

图 4-13　高效制备专用肥装置

通过微观混合接种技术+静态好氧发酵技术的深度腐熟产品进入筛分打包车间，经过破碎筛分后的筛上物作为返混料进入混合单元，筛下物进行后续处理制成生物有机肥作为最终产品，包装计量后存储或外运使用，筛上物运回预调理车间作为返混物料。筛分设备采用滚筒筛。滚筒筛具有筛分效率高、筛分量大、能耗小、维修简单等性能特点，设有疏型清筛结构，在筛分过程中通过与筛分筒的相对运动，达到对筛体不间断清理的效果，保证物料的高效筛分。发酵处理后基料如何具有市场竞争力，关键是商品转化能力。发酵终产物根据中华人民共和国农业部颁布的有机肥标准（NY525—2011）、生物有机肥标准（NY884—2012）行业标准生产有机肥。

通过以固氮菌为主的有益微生物功能菌群，经过纯化、培养、扩繁、驯化的有益微生物菌群（固氮细菌、根瘤菌、解磷细菌和解钾细菌、放线菌、芽孢杆菌等微生物）能够将有机废弃物快速而简单发酵成为优质的生物肥，除具有高温快速发酵腐熟、缩短制肥时间、降低成本等特点外，还有广谱性发酵和适应性强的特点。

4.3.2　应用案例：农村节水无臭味生态厕所源分离及资源化技术

源分离生活污水收集处理系统，把粪尿跟其他生活废水分开，把过去的污水收集线性系统变成一个生产资源和再生水的循环系统。原来的村民用院落里室外旱厕、部分采用冲水马桶的耗水量大。新系统可以按各家各户的需求通过 UPVC 管道改厕入室，一改往日农村厕所脏乱的景象，尤其是方便了老人和儿童的生活起居。

不含粪尿的灰水，有机负荷低，其中氮磷更低，仅相当于常规生活污水中氮磷含量的 10%，不再需要传统污水处理厂那样的除磷脱氮，有机物去除也大为简化。灰水经均质沉淀后，用生物处理即可达到农用水回用要求。黑水含有生活污水中大部分的有机物，90%以上的氮、磷，60%~70%的钾，将高负荷的粪尿从源头剥离单独处理，经过发酵稳定化处理后，应用到农村周边的农田，发展有机农业，特别适用于广大农村地区。粪尿的利用带动了村里种植业的转变，越来越多的村民开始采用有机的种植方式。在节水的同时，更加注重资源的利用和再生，以及生态循环模式探索，为建设环境优美，绿色发展的新农村愿景奠定了基础。

4.3.3　应用案例：农村粪便制备高效专用肥技术

应用案例达到了以下技术效果：①升温及水分蒸发迅速、发酵周期短，10~12 天内含水率降至 40%；②发酵温度高（50~80℃）、温度稳定；③曝气与引风最佳控制，实现"一对一"当日物料进行静态发酵；④先进成熟可靠的深度预调理-静态发酵-智能化控制三个关键要素保证运行稳定。将投资和运行费用降至最低，将臭气量降至最低，将系统维护量降至最低。该技术减少有机废弃物对饮用水水源水质的影响，对保护当地地下水的水质，保障饮用水安全有重要意义，同时将节约不可再生的土地资源，并可解决部分人的再就业问题，社会效益明显。

4.4　本 章 小 结

形成农村节水无臭味生态厕所源分离及资源化技术，建立了农村节水无臭味生态厕所全程质量控制体系，开展了农村节水无味生态厕所的应用，开发了乡村厕所产品选型和决策系统。形成农村粪便制备高效专用肥技术。开展了农村生活粪便制肥的应用，建立了农村生活粪便制肥工艺标准体系，开发了高效有机肥系列产品，并通过综合测评肥料指标的方式，反馈产品选型和决策的匹配性，进一步修正和优化产品系统。

第5章 灌排交互条件下流域面源退水污染复合生态系统控制技术

5.1 灌区农田退水污染生态沟渠构建工程技术

5.1.1 集约化农田排水系统的构建技术

近年来我国土地使用权流转程度越来越大，土地使用权流转是指拥有土地承包经营权的农户将土地经营权（使用权）转让给其他农户或经济组织，即保留承包权，转让使用权。土地流转有效地提高了土地资源配置效率，进一步激活农业剩余劳动力的转移，为农业规模化、集约化、高效化经营提供广阔的空间。但是紧接而来的是土地大面积集中，致使农田的灌排系统与原来一家一户的灌排系统发生重大的变化，在海河下游土地经营者由于区域缺水的原因较为重视土地灌溉系统的建设，对排水系统的建设还按照原来农户经营的模式来建设，在造成排水不畅发生渍害的同时还加剧了农业面源污染的发生，造成水体氮磷污染（李强坤等，2010），图 5-1 为降水后农田积水状况。

图 5-1　降水后农田积水情况

为此研究团队设计集约化农田排水系统，在确保农田退水进行顺利排出的同时，对农田退水进行生态治理与修复，降低农田退水中的氮、磷、COD 及盐分等污染，减少了农田的水土流失，通过对秸秆堆沤处理缩短还田周期和增加土地肥沃性，有利于增加田间生物多样性，从而使农田的生态系统得到完善。

图 5-2 所示给出了集约化农田排水系统的布设示意图，图 5-3 给出了图 5-2 中 *A-A* 截面的剖视图，在农田的两端设置有引水渠农田排水渠，田间排水渠设置于引水渠与农田排水渠之间，必将农田均匀分割为多个畦田。引水渠与农田排水渠为平行或基本平行状态，田间排水渠与引水渠呈平行或基本平行的状态。引水渠与农田排水渠之间的距离

可设置为 100m，田间排水渠的宽度可设置为 8m。

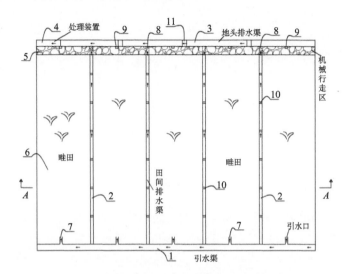

图 5-2　集约化农田排水系统的布设示意图

图中数字代表含义见图 5-8 图注，下同

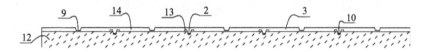

图 5-3　农田排水沟渠截面的剖视图

农田排水渠的内侧设置有机械行走区，农业机械通过在机械行走区上行走，可进入到每个畦田中，以便进行相应的作业。机械行走区中设置有将每个田间排水渠与农田排水渠相连通的暗管。所示田间排水渠的两侧设置有畦埂，利用畦埂的阻挡，可避免畦田中的水分直接进入田间排水渠中，降水或者灌溉产生的多余水分只能通过侧渗进入田间排水渠中。

农田排水渠的两侧设置有渠埂，沿水流方向，在农田排水渠的末端设置有农田排水深度处理装置。田间排水渠的底部间隔设置有透水坝，农田排水渠的底部也间隔设置有透水坝，田间排水渠和农田排水渠中的透水坝均由农作物秸秆组成。农田退水在田间排水渠和农田排水渠中流动的过程中，通过透水坝的拦截、阻挡，降低了农田退水的流速，实现了颗粒物的沉淀，避免了水土流失，有利于农作物对氮磷元素的吸收。

图 5-4 给出了田间排水渠的结构示意图，图中所示的田间排水渠为等腰梯形形状，田间排水渠的底部宽度为 0.3m、上部宽度为 0.4m、高度为 0.4m，田间排水渠两侧的畦埂的高度为 0.2m，田间排水渠中透水坝的高度为 0.15m，相邻透水坝的距离可设置为 15m。在灌溉及降水的过程中，田间多余的水分通过沟渠的侧面进入沟渠中，将农田中的盐分洗入排水沟渠中，对控制田间土壤盐分，减轻由于沼液灌溉增加的土壤盐分具有重要作用。同时由于土壤及根系的吸附作用可将大量的氮磷截留在土层中，达到水肥盐一体化的控制目的。

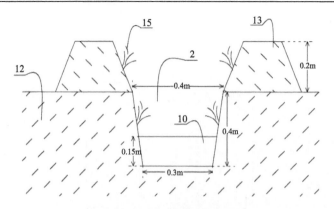

图 5-4　田间排水渠的结构示意图

图 5-5 给出了农田排水渠的结构示意图，农田排水渠的渠埂上与每个畦田对应位置处均开设有排水口，排水口的宽度可设计为0.4m，设置排水口处的渠埂的高度为0.15m，以方便大雨及特大暴雨排水不及时对农田进行排涝，控制农田水位。农田排水渠为等腰梯形形状，农田排水渠的底部宽度为0.8m、上部宽度为2.2m、高度为1.2m，农田排水渠两侧渠埂的高度为0.4m。田间排水渠和农田排水渠中均种植有植被，以避免水土流失和增加对农田退水的处理。

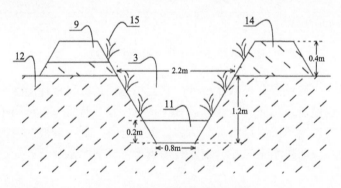

图 5-5　农田排水渠的结构示意图

如图 5-6 和图 5-7 所示，分别给出了农田排水深度处理装置的俯视图和剖视图，图中所示的农田排水深度处理装置由沿水流方向依次间隔设置的第一处理池、第二处理池、第三处理池和第四处理池组成，第一处理池中填充有粗碎石，第二处理池中填充有细碎石，第三处理池中填充有陶粒，第四处理池中填充有细砂，以实现对农田退水的进一步净化处理。农田排水渠通过上部的进水口与第一处理池相通，第一处理池与第二处理池通过底端的第一连通口相通，第二处理池通过上部的第二连通口与第三处理池相通，第三处理池通过底部的第三连通口与第四处理池相通，第四处理池上开设有将农田退水排入至河流的出水口。

这样，水流在四个处理池中以"S"路径流动，有利于水流与粗碎石、细碎石、陶粒和细砂的充分接触。且进水口、第二连通口和出水口的高度依次降低，保证了水流依靠重力，从第一处理池流入第四处理池。粗碎石、细碎石、陶粒和细砂不仅可实现对水流中固体颗粒的截留，还通过微生物对水体中的氮磷进行消耗，实现农田退水的进一步净化，降低了农田退水的富营养化。

图 5-7 所示粗碎石、细碎石、陶粒和细砂的上表面上还可种植植物，以实现对农田退水中氮磷元素的消耗，以及对粗碎石、细碎石、陶粒和细砂进行固定。

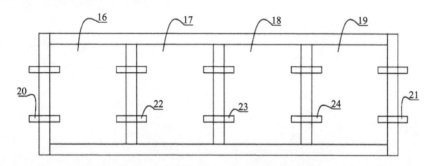

图 5-6　农田排水深度处理装置的俯视图

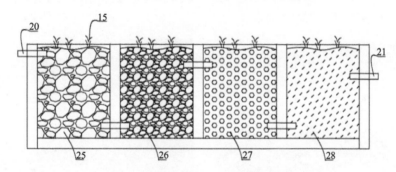

图 5-7　农田排水深度处理装置的剖视图

如图 5-8 所示，给出了透水坝的结构示意图，由图可知透水坝由农作物秸秆堆积而成，农作物秸秆形成的透水坝上表面和侧面上覆盖有网片，以避免农作物秸秆随水流动或者被风吹散。农作物秸秆不仅具有一定的透水性，而且含水的农作物秸秆环境更有利

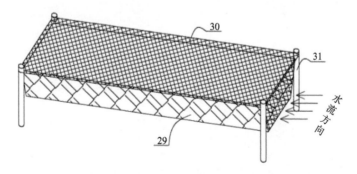

图 5-8　透水坝的结构示意图

图 5-2～图 5-8 中：1. 引水渠；2. 田间排水渠；3. 农田排水渠；4. 农田排水深度处理装置；5. 机械行走区；6. 畦田；7. 引水口；8. 暗管；9. 排水口；10. 田间排水渠透水坝；11. 农田排水渠透水坝；12. 土壤；13. 畦埂；14. 渠埂；15. 植被；16. 第一处理池；17. 第二处理池；18. 第三处理池；19. 第四处理池；20. 进水口；21. 出水口；22. 第一连通口；23. 第二连通口；24. 第三连通口；25. 粗碎石；26. 细碎石；27. 陶粒；28. 细砂；29. 农作物秸秆；30. 网片；31. 橛子

于微生物的滋生、生长，微生物消耗氮磷元素并对秸秆进行降解处理，实现了对农作物秸秆的"堆沤"处理。秸秆堆沤一定时间后，将其撒入农田中作为秸秆肥料，实现了农作物秸秆的快速还田，而且还增加了秸秆还田的功效。工程建设及建成状况如图 5-9 所示。

(a) 农田间排水沟渠

(b) 农田排水沟渠施工图

(c) 农田排水深度处理器装置施工图

(d) 农田排水沟渠建成图

(e) 沟渠透水坝

(f) 沟渠透水坝施工图

图 5-9　工程建设及建成状况图

5.1.2　农田退水污染防控生态沟渠系统及构建方法

农田退水污染防控生态沟渠系统原理及构成：农田退水污染防控的生态沟渠系统，包括毛渠、支渠、库/塘和干渠，毛渠、支渠间隔分布于农田中，毛渠与支渠相通，以便将进入毛渠的农田退水排入支渠中；支渠与库/塘相通，以便将支渠中的农田退水排入至库/塘中；库/塘与干渠相通，以便库/塘中的水经干渠排出；其特征在于：毛渠的渠底、边坡上种植有本土植物，毛渠进入支渠的入口处设置有多级石阶，以实现对农田退水中泥沙等悬浮物的截留；支渠中间隔设置有不透水的土质拦截坝，相邻拦截坝间设置有透水坝，支渠的渠底铺设有陶粒、砂石和砾石组成的颗粒状基质吸附材料，以实现对退水中氮磷等营养物质的吸附，支渠的边坡上垒筑一层带孔砖或石笼并种植护岸植物、设置人工水草；支渠的渠底种植有沉水植物、浮水植物和挺水植物，以实现对农田退水的净化处理；支渠进入库/塘的入口处设置有石笼，以实现对固体物质的阻隔；库/塘中种植有沉水植物、浮水植物和挺水植物，并在周边设置若干人工鱼槽，提供生物栖息地，以便恢复水生态系统；库/塘进入干渠的入口处设置有石笼堤坝，干渠中种植有挺水植物，干渠边坡上间隔设置有护岸木桩并种植有护岸植物。

图 5-10～图 5-12 给出了生态沟渠系统各部分的原理图、结构图和剖视图，其由毛渠、支渠、库/塘和干渠组成，毛渠间隔设置于农田中，并与支渠相通，用于将进入毛渠中的农田退水排入至支渠中，毛渠中种植苦荞麦、马齿苋和狼尾草等本地植物，在毛渠进入支渠的入口处设置由砾石铺设成的多级石阶，如图 5-12 所示，给出了毛渠进入支渠处的

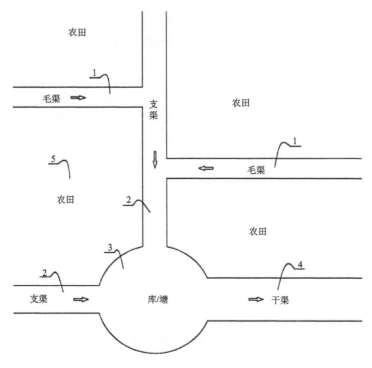

图 5-10　生态沟渠系统的原理图

图中数字代表含义见图 5-13 图注，下同

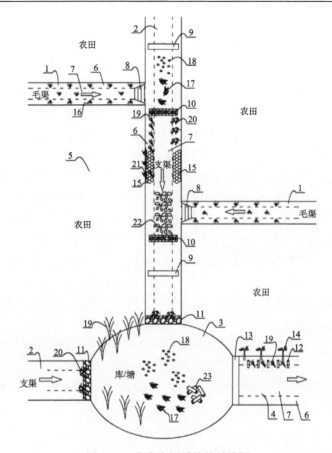

图 5-11　生态沟渠系统的结构图

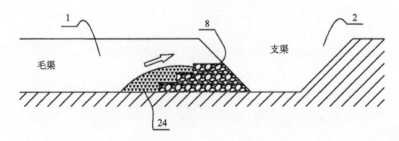

图 5-12　毛渠进入支渠处的剖视图

剖视图，图中多级石阶为三级石阶，多级石阶实现农田退水过程中泥沙的截留，支渠与库/塘相通，库/塘与干渠相通。支渠的渠底铺设颗粒状基质吸附材料，吸附材料由陶粒、砂石和砾石组成，用于对水中氮磷物质的吸收。支渠中间隔设置有不透水的土质拦截坝（图 5-13），如每 200 米设置一个土质拦截坝，拦截坝用于将由毛渠进入的农田退水截流在支渠内，并实现水质净化。相邻拦截坝之间设置有透水坝，支渠的边坡上垒筑一层带孔砖或石笼，淹水边坡种植挺水植物、上部边坡种植根系发达的景观植物，并且在支渠的边坡上设置人工水草，支渠的渠底种植有沉水植物、浮水植物和挺水植物，以实现农田退水的净化。根据农田退水水污染防控生态沟渠系统原理与构成，开展生态沟渠系统实施构建。

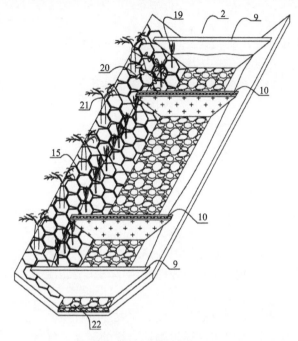

图 5-13　支渠的结构图

图 5-10～图 5-13 中：1. 毛渠；2. 支渠；3. 库/塘；4. 干渠；5. 农田；6. 边坡；7. 渠底；8. 多级石阶；9. 土质拦截坝；10. 透水坝；11. 石笼；12. 护岸木桩；13. 石笼堤坝；14. 景观植物；15. 带孔砖或石笼；16. 本土植物；17. 沉水植物；18. 浮水植物；19. 挺水植物；20. 人工水草；21. 景观植物；22. 颗粒状基质吸附材料；23. 鱼槽；24. 泥沙

（1）毛渠的构建：修整毛渠，在原有毛渠的基础进行修整和生态改造，根据易于将农田中的水排出的布局原则，挖掘毛渠，并将毛渠的渠底和两侧的边坡整平；种植植物，在毛渠的渠底、边坡上种植苦荞麦、马齿苋和狼尾草等本地植物，以稳固毛渠结构，防止水土流失和氮磷的污染；设置多级石阶，在毛渠进入支渠的入口处设置由砾石铺设成的多级石阶，用于阻挡和沉淀农田排水中携带的泥沙等悬浮物。

（2）支渠的构建：修整支渠，设置支渠边坡，修建土质拦截坝，种植植物和布置人工水草，设置石笼，以实现对农田退水中个体较大的垃圾、漂浮物和农业废弃物的阻隔；管理人员定期对阻隔物进行清理；同时在石笼上悬挂人工水草，以增强沟渠的水质净化功能。

（3）库/塘的构建：挖掘库/塘，并在农田需灌水时回灌农田；设置石笼堤坝，种植植物，在水塘内种植挺水植物、浮水植物和沉水植物，以实现对农田退水的净化处理；设置鱼槽，在库/塘中放置人工鱼槽，并放养螺蛳、鲫鱼、泥鳅等水底生物，以增加库/塘湿地生态系统的稳定性，促进库/塘中污染物的降解。

（4）干渠的构建：修整干渠，对原有干渠进行修整和生态改造，构建横截面为梯形的干渠；采用木桩护岸并栽种护岸植物，在干渠边坡上垒筑一层带孔砖或石笼，并在干渠的边坡上间隔打入木桩，实现干渠边坡的防护；同时在带孔砖或石笼的孔内种植护坡植物；护坡植物按照淹水边坡种植挺水植物、上部边坡种植根系发达的本土植物的原则，在干渠的边坡上种植护岸植物；种植植物，在干渠内种植挺水植物，以实现干渠对水体的净化，并将边坡设计成阶梯式结构，构成生物通道，同时便于生态护坡。

（5）退水回灌系统构建：将灌溉及暴雨季节农田退水截留在库/塘中，待需要时将农田退水通过灌溉沟渠回用到农田中去。同时库/塘中的水体可在植被及生物作用下持续净化，达到全过程、全方位、多时空逐级削减农田退水面源污染物，建立灌排协同与水肥盐一体化控制的沟渠生态系统。

5.2　退水沟渠水质净化与生态修复技术

海河流域农业主产区主要是采用地表水和地下水相结合的井渠灌区。目前，农田排水干渠主要采用泥土护岸，由于长期的暴雨冲刷及土壤盐碱，导致干渠土壤侵蚀严重、生物多样性低，生态系统退化严重。从流域农业生态系统功能完整性层面上，还缺少生态沟渠、岸边带、人工湿地等生态工程联控集成控制技术体系，控制农田和农村径流污染，在污染物传输路径上削减氮磷等农业面源污染物排放，减少农业面源污染对周边水体的影响。

随着传统灌区沟渠中生态环境条件恶化、生物多样性下降、生态系统支离破碎、水体自净能力下降等问题的日益突出，通过筛选合适的碱蓬、柽柳、沙棘、沙枣、芦苇等本地盐碱植物种类和新型基质材料，从盐碱植物物种和基质材料选择与搭配、水生植被恢复技术、生物填料技术、生物床技术和阶梯式生态板生物通道构建技术等方面，研究灌区农田退水沟渠的生态修复技术，强化生态沟渠的水质净化能力，提高沟渠生态系统的生物多样性和生态功能。

5.2.1　新型材料吸附技术

1. 壳聚糖-生物炭复合微球（CSB）的表征

制备试验材料包括备生物炭、壳聚糖-生物炭复合微球等。

1）扫描电镜结果分析

图5-14中（a）～（c）分别为壳聚糖微球（CH）、生物炭（C）和壳聚糖-生物炭复合微球的SEM图，如图所示，壳聚糖微球的结构较为杂乱，没有明显的孔隙结构，是

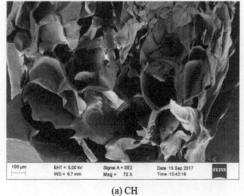

(a) CH　　　　　　　　　　(b) C

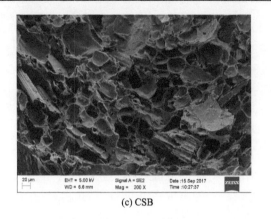

(c) CSB

图 5-14　CH、C 和 CSB 的 SEM 图

一种囊皮状结构。生物炭的结构中具有明显的孔隙，孔径的结构较为单一，孔壁较为平滑。经过两种材料复合而成的 CSB 结合了两种材料的特点，具有发达的孔隙结构，内部不平整且非常粗糙，孔径结构复杂且不规则，这种结构增加了吸附剂的吸附位点，有助于污染物的附着，使吸附性能提高。

2）傅里叶红外光谱图结果分析

图 5-15 为 CSB、CH 和 C 三种吸附剂的红外光谱图，最上方的一条为 C 的光谱线，在 $1500\sim1690\text{cm}^{-1}$ 范围内出现一个明显的吸收峰，是由 C═C 和 C═O 的伸缩振动形成的。最下方一条为 CH 的光谱线，在 3398cm^{-1} 处有很强的吸收峰，是由 O—H 和 N—H 的伸缩振动和分子与分子之间氢键造成的；在 2921cm^{-1} 和 2876cm^{-1} 处的吸收峰，是残糖基上的甲基和次甲基的 C—H 伸缩振动形成的，1599cm^{-1} 处对应酰胺的特征吸收峰；在 1420cm^{-1} 和 1382cm^{-1} 处对应的吸收峰分别为亚甲基的 C—H 和甲基的 C—H 伸缩振动

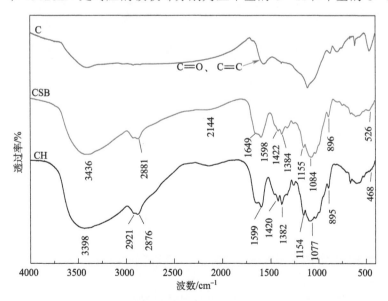

图 5-15　CH、C 和 CSB 的红外光谱图（FTIR）

吸收峰；在 1154cm^{-1} 和 895cm^{-1} 处为多糖结构吸收峰，尤其在 895cm^{-1} 处吸收峰的出现，说明壳聚糖中是 β 构型的糖苷键；1077cm^{-1} 处的吸收峰是由壳聚糖中羟基的 C—O 的伸缩振动引起的。中间一条为 CSB 的光谱线，从图中可以看出，壳聚糖与生物炭复合后的红外光谱线与壳聚糖的光谱线相比，吸收峰的位置发生了明显变化，内部的化学键也随之改变，说明生物炭粉末成功嵌入壳聚糖。

A. X 射线衍射图谱分析

图 5-16 为 CSB、CH 和 C 三种吸附剂的 X 射线衍射图谱，在生物炭的图谱线中，在 21.3°处出现了很宽的衍射峰，此处的晶面间距是 0.42nm。在壳聚糖的图谱线中，出现了两处明显的宽而强的衍射峰，一处出现在 10.4°，与此相对应的层间距为 0.85nm；另一处水合衍射峰出现在 19.9°，与此相对应的晶面间距为 0.45nm。壳聚糖-生物炭复合微球的图谱线中，在 19.9°处出现了一处强衍射峰，对应的层间距为 0.45nm，相对于 CH 的稍有减弱，原来在壳聚糖中 10.3°处的峰基本消失，说明壳聚糖和生物炭粉末成功地复合在一起。

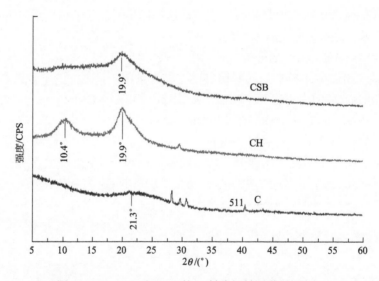

图 5-16　CH、C 和 CSB 的 X 射线衍射图谱（XRD）

B. 比表面积和孔径测量结果分析

BET 测得壳聚糖微球的比表面积为 11.196m^2/g，在壳聚糖微球中加入生物炭粉末制得 CSB，其比表面积变为 38.053m^2/g，比表面积增加，吸附性能也随之提高。CSB、CH 和 C 三种吸附剂的平均孔径分别为 9.997nm、3.182nm 和 1.768nm，CSB 的孔径最大。

如图 5-17 所示，CSB 的孔径主要集中在 2~20nm 范围内，大部分为介孔，有一少部分的微孔和大孔，是典型的混合结构，这种复杂的混合结构非常有利于其吸附性能的提高。根据 IUPAC 对吸附等温线的分类，CSB 的氮气吸附-脱附曲线大致属于 I 型和IV型的综合类型。

3）CSB、CH 和 C 对 Cr（VI）离子去除效率的研究

三种吸附剂对 Cr（VI）离子去除率的比较如图 5-18 所示，在吸附剂的投放量相同

的情况下，CSB、CH 和 C 对 Cr（Ⅵ）离子去除率分别为 92.34%、69.95%和 7.06%，CSB 对 Cr（Ⅵ）离子的去除率最高，说明 CSB 对 Cr（Ⅵ）离子具有很好的去除效率，可进行后续的试验研究。

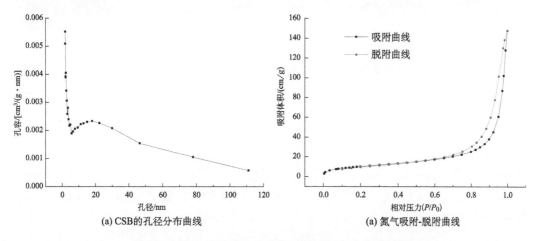

(a) CSB的孔径分布曲线　　　　　　　　　(a) 氮气吸附-脱附曲线

图 5-17　CSB 的孔径分布曲线和氮气吸附-脱附曲线图

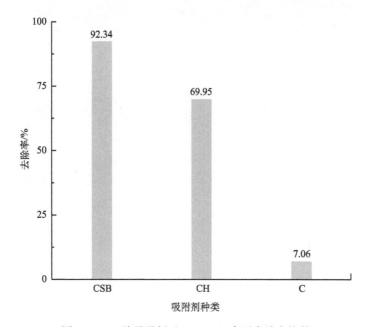

图 5-18　三种吸附剂对 Cr（Ⅵ）离子去除率比较

2. CSB 对 Cr（Ⅵ）离子吸附效果

我们研究了影响 CSB 对 Cr（Ⅵ）离子吸附的因素。主要设置了 CSB 的用量、铬离子溶液的初始浓度（C_0）、溶液的 pH、吸附时间（T）四个因素对吸附效果的影响。针对各个影响因素得出的试验结果，运用相关知识对其进行详细分析。运用动力学模型（伪一级动力学模型和颗粒内扩散方程），吸附等温模型[Langmuir 等温线模型（Langmuir,

1917)、Freundlich 等温线模型（Freundlich, 1906）、Dubinin- Radushkevich 等温线模型（Dubinin, 1960）]和吸附热力学模型探究 CSB 的吸附机理。

1）吸附时间对吸附性能的影响

不同浓度吸附时间对 CSB 去除率和吸附量的影响如图 5-19 所示，在不同 Cr（VI）离子浓度下吸附时间与去除率和吸附量之间的关系，图中对纵坐标做了误差棒，且误差很小，所以试验数据具有较高的可信度。从图中可以看出，在刚开始的时间里，去除率和吸附量快速上升，然后缓慢上升，最后逐渐趋于平稳，出现这种现象的原因是：在刚开始半小时，CSB 表面含有非常多的空闲的吸附位点，在 Cr（VI）离子与 CSB 的静电引力和 NH_4^+ 与 $HCrO_4^-$ 之间相互作用的强烈作用下，Cr（VI）离子被迅速吸引到 CSB 表面，故在短时内去除率和吸附量迅速增加，随着时间的延长，CSB 中的吸附位点逐渐被 Cr（VI）离子占据，CSB 中的可用结合位点逐渐减少，造成去除率和吸附量的缓慢升高，最后趋于平缓，最终在 130min 时达到吸附平衡，所以选取 130min 为最佳的吸附平衡时间。此外，在 Cr（VI）离子的溶液中浓度越高，CSB 的吸附量也越大，这是因为浓度越高，克服固相和液相之间阻力的驱动力越大，Cr（VI）离子与 CSB 的官能团之间的静电力作用越大，CSB 与 Cr（VI）离子的结合的机会增加。所以浓度高的比浓度低的去除率和吸附量更高。

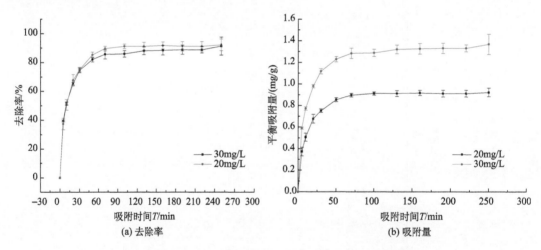

图 5-19　不同浓度下吸附时间对 CSB 去除率和吸附量的影响

2）不同 pH 对吸附性能的影响

溶液的 pH 对 Cr（VI）离子的去除率和平衡吸附量的影响如图 5-20 所示，图中对纵坐标做了误差棒，且误差很小，所以试验数据具有较高的可信度。大量文献证明酸性环境更加有利于 Cr（VI）离子的吸附，所以本试验设置了酸性环境下几个 pH 梯度。Cr（VI）离子的存在形式与水溶液的 pH 有很大关系，当 Cr（VI）离子溶液呈酸性时，Cr（VI）离子在溶液中的主要存在形式为 $HCrO_4^-$。当 pH=2 时，铬主要以 H_2CrO_4 的形式存在，所以去除率较低；当 pH 为 3 时，CSB 对 Cr（VI）离子的去除率和平衡吸附量达到最大，此吸附过程可以分为两部分进行分析：第一部分，静电引力作用使得 Cr（VI）离子向

CSB 表面移动；第二部分，CSB 中含有许多羟基和氨基，在 pH 较小的情况下，H^+ 的浓度很大，氨基（-NH$_2$）与 H^+ 发生反应转化为铵根离子（NH_4^+），NH_4^+ 容易与 $HCrO_4^-$ 产生相互作用，被吸引到 CSB 表面。pH 由 3 增加到 6，平衡吸附量和去除率显著下降，那是因为随着 pH 的逐渐增大，与 -NH$_2$ 结合的 H^+ 的浓度逐渐降低，导致 NH_4^+ 的浓度逐渐降低，所以与 Cr（VI）的结合能力降低，从而降低了吸附能力。因此接下来的试验研究，选用 pH=3 为最适 pH。

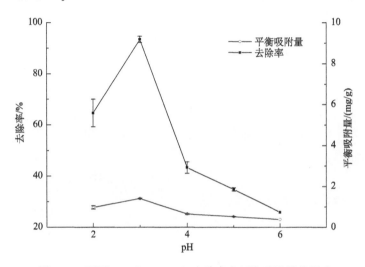

图 5-20 不同 pH 对 Cr（VI）去除率和平衡吸附量的影响

3）吸附剂用量对吸附性能的影响

CSB 用量对 Cr（VI）离子的去除率和平衡吸附量的影响如图 5-21 所示，图中对纵坐标做了误差棒，且误差很小，所以试验数据具有较高的可信度。随着 CSB 投放量的增加，去除率逐渐增加，平衡吸附量逐渐降低。出现这种现象的原因是：CSB 投放量增加，吸附位点的数量也随之增加，对 Cr（VI）离子的吸附就会增加，所以去除率会逐渐升高；当 CSB 用量为 2g 时，去除率达到 94% 以上，基本达到平衡状态，继续增加吸附剂用量，去除率增加缓慢，这可能是吸附剂增加到一定的量，造成了吸附剂的积聚，吸附剂中的可用结合位点减少，造成去除率的缓慢升高。平衡吸附量随着 CSB 投放量的增加而逐渐减少，这是由于随着吸附剂的增加，有大量的吸附剂没有达到饱和状态，所以平衡吸附量会逐渐降低并趋于平稳。

4）Cr（VI）离子溶液初始浓度的影响

Cr（VI）离子溶液的初始浓度对去除率和平衡吸附量的影响如图 5-22 所示，随着 Cr（VI）离子初始浓度的升高去除率逐渐降低，平衡吸附量逐渐升高，尤其是在初始浓度为 20～40mg/L 时，去除率下降较为迅速，平衡去除率基本保持不变，在 40～120mg/L 范围内，去除率变化较缓慢，这是因为加入的吸附剂的质量是不变的，随着 Cr（VI）离子浓度逐渐升高，当其浓度达到 20mg/L 时，CSB 对 Cr（VI）离子的吸附基本达到饱和状态，基本没有空闲的吸附位点，即使 Cr（VI）离子初始浓度升高，去除率也不会有很大的改变。所以选用 20mg/L 为吸附的最佳初始浓度。

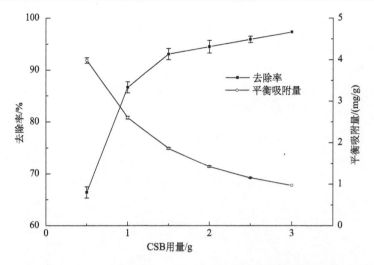

图 5-21　CSB 用量对 Cr（Ⅵ）去除率和平衡吸附量的影响

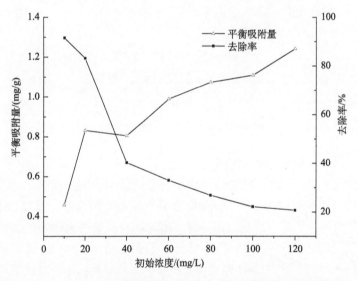

图 5-22　Cr（Ⅵ）离子溶液的初始浓度对去除率和平衡吸附量的影响

3. CSB 对酸性红 18 吸附效果

此外，我们还研究了影响 CSB 对酸性红 18 吸附的因素。主要设置了 CSB 的用量、铬离子溶液的初始浓度（C_0）、温度（K）、溶液的 pH、吸附时间（T）五个因素对吸附效果的影响。针对各个影响因素得出的实验结果，运用相关知识对其进行详细分析。运用动力学模型、吸附等温模型和吸附热力学模型探究 CSB 的吸附机理。

1）吸附剂用量对吸附性能的影响

取 100mL 浓度为 80mg /L 的酸性红 18 溶液置于 250mL 的锥形瓶中，用盐酸（1mol/L）和氢氧化钠（1mol/L）调节溶液的 pH 为 3，吸附剂的投加量分别为 0.2g、0.5g、1g、1.5g、2g 五个梯度，每个梯度设置三个重复，置于恒温振荡器中，振荡吸附至吸附平衡时间，用紫外分光光度计测（最大波长 506nm）定酸性红 18 溶液的吸光度值，计算去除率和平衡吸附量。CSB 用量对酸性红 18 的去除率和平衡吸附量的影响如图 5-23 所示，图中对纵坐标做了误差棒，且误差很小，所以试验数据具有较高的可信度。随着 CSB 投放量的增加，去除率逐渐增加，平衡吸附量逐渐增加。出现这种现象的原因是：CSB 投放量增加，吸附位点的数量也随之增加，对酸性红 18 的吸附就会增加，所以去除率和平衡吸附量会逐渐升高；当 CSB 用量为 1g 时，去除率和平衡吸附量达到顶峰，基本达到平衡状态，继续增加吸附剂用量，去除率增加缓慢，这可能是 CSB 增加到一定的量，CSB 基本对酸性红 18 吸附完全，即使再增大 CSB 的用量，酸性红 18 的去除率也不会有很大的改变，并且考虑到吸附剂的节约，所以选用 1g 为 CSB 的最佳用量。

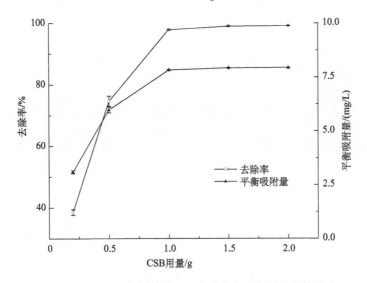

图 5-23　CSB 用量对酸性红 18 去除率和平衡吸附量的影响

2）吸附时间和初始浓度对吸附性能的影响

将 1gCSB 吸附剂加入 100mL 初始浓度分别为 60mg/L、80mg/L、100mg/L 的酸性红 18 溶液中，调节吸附温度为 30℃，pH 为 3，振荡吸附时间分别选取 20min、40min、60min、90min、120min、150min、180min、240min、300min、390min、480min 11 个时间段取样，测定酸性红 18 溶液的吸光度值，计算去除率和平衡吸附量。

不同浓度下吸附时间对 CSB 吸附量的影响如图 5-24 所示，在刚开始的时间里，去除率和吸附量快速上升，然后缓慢上升，最后逐渐趋于平稳，出现这种现象的原因是：在开始的一段时间，CSB 表面含有较多的吸附位点，由于吸附位点上官能团强烈的静电引力作用，酸性红 18 迅速结合到 CSB 吸附位点上，所以在刚开始的较短时间内，吸附量和去除率快速增加。随着时间的延长，CSB 上吸附位点逐渐被酸性红 18 分子占据，导致空闲的吸附位点减少，所以 CSB 对酸性红 18 的吸附逐渐减缓最后趋于平稳状态。此外，在吸附过程中，在同一时间下，随着酸性红 18 浓度的增加，去除率和吸附量也增加，这表明随着浓度增加，酸性红 18 分子与 CSB 的官能团之间的静电引力作用增加，酸性红 18 分子与 CSB 的结合的机会增加。所以浓度高的比浓度低的去除率和吸附量更高。振荡吸附时间为 240min 时基本达到平衡状态。所以，在后面的试验中，选用 240min 为 CSB 对酸性红 18 的吸附平衡时间。

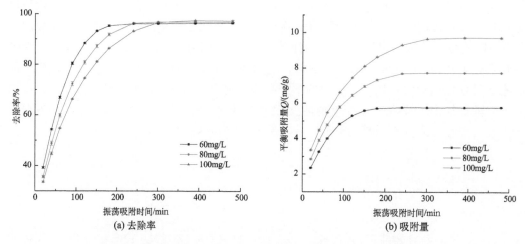

图 5-24　不同浓度下吸附时间对 CSB 去除率和吸附量的影响

3）温度对吸附性能的影响

取 100mL 浓度为 80mg/L 的酸性红 18 溶液置于 250mL 的锥形瓶中，用盐酸（1mol/L）和氢氧化钠（1mol/L）调节溶液的 pH 为 3，设置恒温振荡箱分别为 298K、303K、308K、313K、318K 五个梯度，每个梯度设置三个重复，置于恒温振荡器中，振荡吸附至吸附平衡时间，用紫外分光光度计测（最大波长 506nm）定酸性红 18 溶液的吸光度值，计算去除率和平衡吸附量。

温度对酸性红 18 的去除率和平衡吸附量的影响如图 5-25 所示，图中对纵坐标做了误差棒，且误差很小，所以试验数据具有较高的可信度。随着温度的升高，CSB 对酸性红 18 的去除率和平衡吸附量基本上是逐渐增加最后趋于稳定的，这是因为随着温度的逐渐升高，分子运动逐渐加快，静电吸引力增加，促进 CSB 中的官能团和酸性红 18 中的官能团结合，从而有利于 CSB 对酸性红 18 的吸附。后期逐渐趋于平稳的原因是酸性红 18 的吸附基本上被吸附完全，所以即使是升高温度也不会有很大的改变。为了研究其他因素对吸附的影响，后期的试验温度选用 303K 进行研究。

5.2.2　植物过滤带原位修复技术

从污染物去除效果最佳的角度出发，主要选取了芦苇、香蒲、黄花鸢尾、美人蕉和荷花 5 种水生植物进行筛选，对这些植物进行 COD、NH_4^+-N 吸附效果的研究。通过对试验数据进行分析，得出五种水生植物对 COD、NH_4^+ 的去除率如表 5-1 所示。通过试验数据可以看出，芦苇和香蒲对 COD 有很好的去除效果，其次是黄花鸢尾，美人蕉和荷花对 NH_4^+-N 的去除效果相对较差。对于 NH_4^+-N 来说，黄花鸢尾的去除效果最好，其次是芦苇、美人蕉和香蒲，而荷花净化效果相对较低。通过对 5 种水生植物进行筛选，最终选择芦苇、香蒲、黄花鸢尾和美人蕉植被，以近自然方式配置，形成稳定的沟渠生态系统。结合秦台河流域农田退水沟渠特点及作物的耐盐碱特点，本节选取芦苇和香蒲作为水生植物中植物过滤带原位修复技术材料。同时结合当地乔木和灌木的特点，通过试种乔木选用白蜡树、悬铃木等，灌木选用柽柳、柳树等建立植被原位过滤带（图 5-26）。

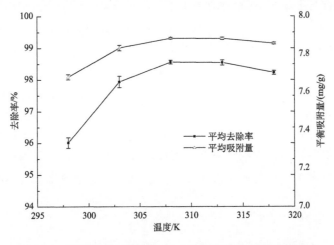

图 5-25　不同温度对酸性红 18 去除率和平衡吸附量的影响

表 5-1　五种水生植物去除 COD、NH_4^+-N 能力比较

植物名称	去除率/%	
	COD	NH_4^+-N
芦苇	77.4	72.5
香蒲	72.1	70.2
黄花鸢尾	66.7	78.2
美人蕉	59.7	71.3
荷花	45.2	68.4

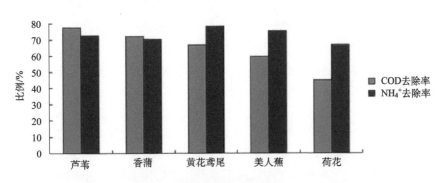

图 5-26　不同水生植物对氮磷的去除效果

5.2.3　基质材料修复技术

选取沸石、页岩陶粒、石英砂和火山岩 4 种基质材料作为人工浮岛技术的试验材料，分别探究其对 NH_4^+-N 和 COD 的去除效果，选出对 NH_4^+-N 和 COD 净化能力强的基质材料。由图 5-28 可知，4 种基质材料对 NH_4^+-N 的去除率分别为：沸石为 76.1%，页岩陶粒为 69.4%，石英砂为 58.4%，火山岩为 60.5%，由此可以看出，这 4 种基质材料去除 NH_4^+-N 的能力依次为：沸石>页岩陶粒>火山岩>石英砂。4 种材料在开始的 1h 内对 COD 的去除速率快，从去除率来看，沸石的去除率为 83.7%，页岩陶粒为 78.9%，石英砂为 66.6%，而火山岩只有 52.6%。由此看以得出，4 种基质材料对 COD 的去除能力大小依次为沸石>页岩陶粒>石英砂>火山岩。通过 4 种基质材料对 NH_4^+-N 和 COD 的去除效果的比较，最终选择吸附量最大的沸石和页岩陶粒作为人工生态岛吸附材料。建设过程中结合实际状况，增加了砂粒和石灰石进行滤池填充，进一步净化水质（图 5-27）。

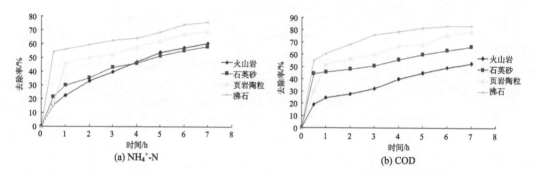

图 5-27　沸石、页岩陶粒、石英砂和火山岩对 NH_4^+-N 和 COD 的去除

5.2.4　仿生水草技术

人工水草修复技术作为一种典型的生物膜载体技术，具有材料来源丰富、改善水质见效快、二次污染少、环境安全性好等优点，主要用于增强河流水体的自净能力和修复污染严重的河流和湖泊（陈庆锋等，2014）。本书首先选取了阿科曼生态基 BDF、超细纤维立体人工水草、细绳状 5cm 人工水草和细绳状 10cm 人工水草 4 种不同种类的人工水草，开展了人工水草挂膜和去除污染物试验。结果表明：阿科曼生态基对 COD、氨氮的去除率分别为 83.1%、61.6%，分别高出空白 18.2%、37.3%。超细立体纤维人工水草对 COD、氨氮的去除率分别为 77.1%、47.8%，分别高出空白 12.2%、23.5%。细绳状 5cm 人工水草对 COD、氨氮的去除率分别为 88.6%、63.3%，分别高出空白 23.7%，39.0%。细绳状 10cm 人工水草对 COD、氨氮的去除率分别为 85.5%、69.8%，分别高出空白 20.6%、45.6%。最终选择直径为 10cm 的细绳状人工水草用于应用案例（图 5-28）。

5.2.5　人工浮岛技术

在水塘中为保证水体的达标回用，在水塘中布设浮岛和人工水草。人工浮岛技术是利用能够漂浮在水面上的浮体，把高等水生植物或驯化的陆生植物种植到水面浮岛上，植物在浮岛上生长，营造水上植物景观，并通过根部的吸收、吸附作用和物种相克机理，消减富氧化水体中的氮、有机磷及污染物质，从而达到生态净化水质的效果，如图 5-29 所示。

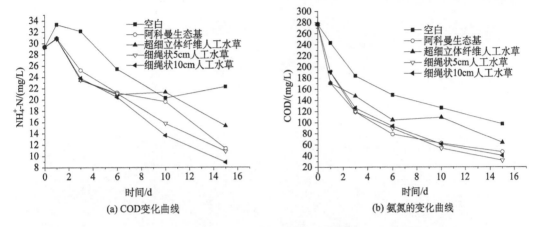

图 5-28　挂膜完成后污水净化效果

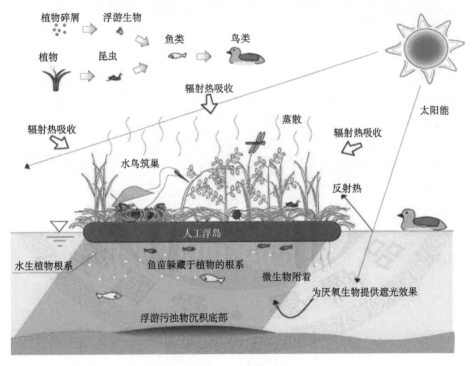

图 5-29　人工浮岛示意图

水生植物浮岛是以生态浮床为载体，再将水生植物或驯化的陆生植物种植到生态浮床上，按照植物的生长习性及植物的特性，经过配景设计组合成具有良好观赏效果的水上景观。人工浮岛由浮体、花盆、管材、水生植物等组成（图 5-30）。

(a) 建设材料1

(b) 建设材料2

(c) 建设材料 3

(d) 建设过程图

(e) 建成图 1

(f) 建成图 2

图 5-30　人工浮岛所需材料及建设过程图

5.2.6　水肥盐一体化控制的沟渠生态系统技术

我国农业面临两个突出的问题：一是水资源问题；二是土地资源问题。因此，实施节水灌溉、发展节水农业是确保农业可持续发展的必然要求，同时也是确保农业高产、稳产的一项重要措施。为了缓解水资源供需矛盾，各国将地下水、灌区回归水及劣质水进行开发来弥补淡水资源的亏缺。国内外对于微咸水的划分标准有所不同，国内将含盐量 2~5g/L 范围内的水认为是微咸水，因此本节将水肥盐一体化控制，来达到控制盐节水增效的目的。

1. 边坡控盐技术

项目团队对海河下游地区滨州市滨城区秦台河流域进行实地考察，并采样对农田退水进行分析，调查结果表明农田退水中 COD、氯离子和硫酸根离子含量较高，尤其是氯离子和硫酸根离子。其中 COD 变化范围为 5.9～84.2mg/L，平均为 47.6mg/L；氯离子含量变化范围为 181～12120mg/L，平均为 2236mg/L；硫酸根离子含量变化范围为 48～1283mg/L，平均为 490mg/L。沟渠水体中 COD 含量较高，劣五类水体含量高，部分水氯离子硫酸盐离子较高，不满足农田灌溉的要求。这与海河下游地区土壤盐碱化程度较高且农田退水不畅有关。目前的秦台河灌排体系最早的建立的初衷就是为了解决土壤盐分含量高的问题，随着近年来农业面源污染的加重造成了盐分与养分复合污染的问题，因此建立水肥盐一体的排灌沟渠对秦台河下游灌排沟渠的生态系统重建具有重要意义。

如图 5-31 所示，研究中设计了田间排水沟渠，降水及灌溉中多余的农田水分通过田间排水沟渠排入到沟渠系统中，同时将多余的盐分通过水排出。同时养分、COD 及土壤颗粒等通过根系及土壤的过滤将大部分污染物截留在土壤中，少部分的污染物通过生态沟渠系统进一步净化，最后将农田退水再次回用于农田或者外排到地表水体中。本节利用沟渠和塘系统将农田退水净化后再次回用于农田中，因此对农田退水中盐分浓度的控制具有重要意义。

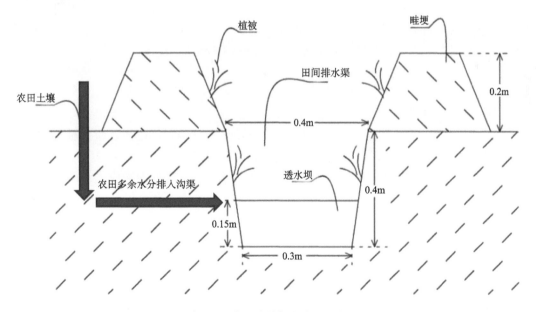

图 5-31　农田边坡控盐沟渠示意图

2. 耐盐碱植物的选择

对秦台河流域，各断面河岸带乔、灌木种类数量进行调研，受流域气候和土壤性质影响，乔木主要以竹柳、槐树、松树、小叶杨为主，灌木主要以鸡桑、冬青卫矛、金叶桧、怪柳等耐盐碱植物为主。秦台河流域上游老城区段，草本植物保持在 3～4 种；新城区段草本植物种类较多，可能由于新城区段河岸带较宽，植物生长区域较为广阔，且新城区段河岸多为景观公园或人工种植林，人为引进了多种植被物种，如高羊茅、白车轴草等草本植物；中游郊区段草本植物种类下降，主要以芦苇、碱蓬、马唐及狗牙根等流域内本土植物为主，由于郊区段河岸多为小麦和玉米种植田，河岸受农田挤占较窄，且流域内土壤盐碱化严重，少许耐盐碱植物成为该区域内的优势种群；中游人工湿地段中植被种类有所增加，除河道内菹草外，人工湿地区域还人为种植了多种湿地植物，如黄花鸢尾、千屈菜及香蒲等。

同时基于农田退水沟渠区域并结合秦台河流域情况，选取海河下游耐盐碱乔木、灌木、草木现状，在沟渠、库/塘的两边以梯形种植。乔木选用白蜡树、悬铃木等，灌木选用柽柳、柳树，挺水植物选用芦苇、香蒲等，同时在毛渠及支渠中选用本地土生优势物种，遵循生态系统稳定原则，因地制宜开展植被群落修复，提高植物多样性及群落稳定性，选用结缕草、黄背草、白茅、狗牙根等完成生态修复。

综上秦台河流域农田中盐碱程度较高，增加了农田退水的全盐含量，为降低农田退水的含盐量，同时提高农田退水的利用率，以水肥盐协同高效的农田增效减负技术研究为基础，研究农田含盐退水与淡水配比条件下农田退水回灌利用途径，以及农田减负增效的可行性，从根本上解决农田水肥盐一体化的问题。同时设计合适的农田沟渠系统在盐分排出农田的同时把大量的污染物和养分截留在农田中，多余的退水最后通过生态沟渠系统进一步降低退水中的氮磷浓度，达到课题设置的目标要求。试验结果表明农田退水再回用于农田完全是可行的,通过建立的沟渠-库塘系统在提高水资源利用率的同时减少了养分的损失，达到了减负增效提高区域生态补水的目的。

5.3　河岸带湿地水质净化与功能强化技术

基于秦台河流域生态调查结果，从河岸带结构形态与种群结构恢复两方面入手，开展河岸带结构形态改造技术，以及植被群落配置优化技术研究，筛选最佳河岸带基底改造形式、最适优势植被物种和最佳植被群落配置，形成高适应性的河岸带结构优化与重建修复技术体系。

5.3.1　河岸带基底形态优化技术

河岸带整体结构形态影响地表径流的方向和速度，进而辅助河岸带植被拦截、削减面源污染物（王秋光等，2013）。基于河岸带基底形态、土壤理化特征、土地利用方式的调查，充分利用原有河岸带进行基底多样性改造，遵循生态系统稳定原则，进行河岸带生态设计研究，优化集水导流结构，为提高植物多样性及污染净化能力创建良好条件。研究河岸带基底构建与地表径流典型污染物去除性能的关系，形成适宜性强、可推广应用的河岸带基底形态构建技术。研发技术包括：①减缓河岸坡度截留净化技术；②基底导流植草沟截留净化技术等。将地表径流水流形态进一步优化，研究不同的基底形态，设计与污染区去除的关系，因地制宜地确定最佳的设计形态及不同形式的河岸带工艺组合，最大限度地发挥河岸带的生态与环境效益。

1. 减缓河岸坡度截留净化技术

河岸带对地表径流中的非点源污染物有显著的截流净化作用，地表径流中 COD、氨氮、总磷等污染物的去除主要发生在河岸带表土层，其次，河岸带植物对地表径流中的污染物也有一定程度的净化作用（凌祯等，2011）。河岸坡度的减缓增加地表径流在河岸带的流动时间，有助于地表径流渗入河岸带表层土壤，渗透到河岸带表层土壤中的径流污染物，可通过植物吸收、微生物固定、反硝化作用，以及土壤吸附等过程实现截流与转化，因此，通过减缓河岸坡度能提高河岸带对地表径流的净化效果（程滨等，2014）。

研究方法分两个阶段，第一阶段：在案例区现场选取 3 种不同坡度的河岸，其基本情况如表 5-2 所示，坡面均种植狗牙根，种植密度相同。实际降水条件下开展试验，待降水 15min 后采集地表径流进行监测。第二阶段：选择最佳河岸坡度，延长坡岸长度，开展模拟地表径流试验，模拟地表径流控制在 $1.2\sim1.5\text{m}^3/\text{h}$（降水强度为 3mm/h）之间。后期构建坡度基本条件如表 5-3、图 5-32 所示。

表 5-2　第一阶段不同坡度河岸基本情况

坡度（$h:L$）	长度/m	宽度/m
1：1	5	1.5
1：2	5	1.5
1：5	5	1.5

表 5-3　第二阶段构建河岸坡度基本条件

坡度（$h:L$）	长度/m	宽度/m
1：5	15	1.5

图 5-32　后期构建坡度实物图（坡度为 1：5）

　　不同坡度河岸对地表径流污染物的净化效果分析：当河岸坡度为 1：1 时，对 COD、氨氮、总磷的平均去除率分别为 44.44%、17.07%、49.16%，当河岸坡度为 1：2 时，对 COD、氨氮、总磷的平均去除率分别为 50.30%、38.07%、55.50%，当河岸坡度为 1：5 时，对 COD、氨氮、总磷的平均去除率分别为 56.68%、47.41%、55.38%。这说明河岸坡度越缓，河岸带对地表径流污染物去除效果越好。

　　延长河岸长度对地表径流污染物的净化效果分析可知，当河岸长度为 5m 时，对 COD、氨氮、总磷的平均去除率分别为 56.68%、47.41%、55.38%；当河岸长度为 15m 时，COD、氨氮、总磷的平均去除率分别为 89.37%、79.09%、72.24%（图 5-33）。这说明，通过延长河岸带长度能有效提高河岸带对地表径流污染物的净化效率。

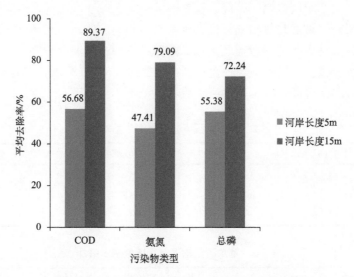

图 5-33　各污染物去除率随河岸长度的变化趋势

2. 基底导流植草沟截留净化技术

　　地表径流是水、养分和土壤物质迁移和再分配的主要途径之一，降水过程中产流是形成地表径流水的关键与导引。在河岸带内实施植草沟等基底形态改造措施，可有效积蓄地表径流，延长河岸带生态系统与径流的接触时间，通过植草沟内植物及填料的过滤、辅助渗透的作用，雨水径流中的多数悬浮颗粒污染物和部分溶解态污染物得以有效去除，有利于降水径流所携带养分与颗粒的削减与沉降（王健等，2011）。

　　植草沟设计：由秦台河流域河岸带实地调查可知，随两侧土地利用性质不同，秦台河河岸带宽度差异很大，较窄地带河岸带宽度约为 5m，较宽地带约为 100m。由于植草沟长度对其净化效率影响较大，因此本试验选择河岸带较宽地带，于试验年 6 月构建长、宽、深一致的，但不同形态的基底生态导流植草沟，沟内种植秦台河流域本土植物狗牙根，待植物生长达到要求后开始试验。植草沟剖面示意图及试验现场实物图如图 5-34 所示，两种类型植草沟设计参数如表 5-4 所示。

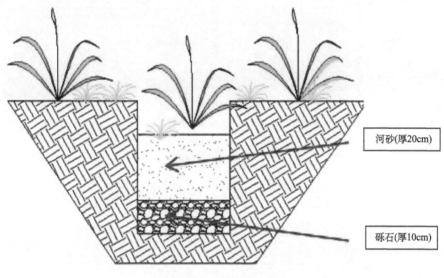

图 5-34　植草沟示意图

表 5-4　基底生态导流植草沟设计参数

植草沟类型	长度/m	宽度/cm	深度/cm	纵向坡度	下层填料（砾石）	上层填料（砂粒）
L 形和 S 形	18	30	40	1 %	厚度 10cm，粒径 10~30mm	厚度 20cm，粒径 0.5~2mm

开展地表径流净化试验研究，分别在模拟地表径流和实际降水两种条件下进行。

（1）在模拟地表径流情况下考察不同污染物浓度对两种植草沟净化效果的影响。受降水强度、干旱时长及地表污染物的影响，地表径流污染物浓度变化很大，根据滨城区夏季平均降水强度（5mm/h），以及基底导流植草沟汇水面积（280m^2），设置模拟地表径流流量 1.4m^3/h，设置高、中、低三种不同污染物浓度，分别记录植草沟进出水间隔时间及出流时长，同时，于出水 0min、5min、10min、15min、20min、30min、40min、50min 时采集水样监测，分析 L 形及 S 形植草沟对不同污染物浓度的地表径流净化效果。模拟地表径流污染物浓度如表 5-5 所示。

表 5-5　模拟地表径流污染物浓度　　　　　（单位：mg/L）

地表污染物浓度指标	COD	氨氮	TP
高浓度	500±2.5	5±0.52	1.2±0.5
中浓度	120±1.8	3±0.31	0.8±0.53
低浓度	60±3.1	1±0.21	0.4±0.12

（2）在实际降水情况下，分别比较同样长度（18m）、坡度（1%）的改造修复前河岸带，以及改造修复后河岸带（L 形及 S 形植草沟）对地表径流污染物的净化效果（图 5-35）。

　　(a) 种植前(L形)　　　　　(b) 种植后(L形)　　　　　(c) 种植前(S形)　　　　　(d) 种植后(S形)

图 5-35　L 形及 S 形植草沟植物种植前后对照图

　　基底生态导流植草沟对地表径流出流时间的影响分析：通过多地表径流试验，记录两种基底生态导流植草沟进水与出水时间间隔，以及总出流时长。从表 5-6 可知，S 形植草沟进出水间隔时间较长，但出流时间较短，这说明地表径流通过 S 形植草沟时，更多地被截留下来。这可能是由于植草沟弧度对地表径流的流动形成阻碍，更多的径流留存在植草沟内，使得进出水间隔时间变长，同时被截留的地表径流通过沟内基质向下渗透进入土壤，出流量变少，出流时间变短。

表 5-6　植草沟对地表径流出流时间的影响　　　　　　　　（单位：min）

植草沟类型	进出水间隔时间	出流时长
S 形	31.67±7.63	57.33±6.42
L 形	17.33±2.51	85.67±6.02

　　基底生态导流植草沟对不同浓度地表径流中污染物的去除效果：通过模拟高、中、低不同污染物浓度的地表径流净化试验，对比两种类型植草沟的净化能力。试验过程中，地表径流呈层流在植草沟内流动，其中有机颗粒或有机胶体物质首先快速被基质和植物根系表面吸附拦截，然后被植物根系吸收或是微生物降解，其中生物降解过程起主要作用且可持续相当长时间。结果表明，两种植草沟对高浓度 COD 的去除效果较好，对低浓度 COD 的去除效果较差。植草沟除磷的机理主要有两方面：一方面是填料对磷的物理截留、吸附及化学沉淀作用；另一方面是植物、微生物构成的生态系统的生物除磷作用。此外，两种植草沟对高浓度总磷的去除效果较好，对中低浓度总磷的去除效果相对较差。对于低浓度的 TP，两种植草沟对其去除能力相当，且随时间逐渐变弱。这可能是由于植草沟的水力停留时间较短，降水期间，地表径流中的磷主要通过基质表面的吸附和沉淀作用去除，植物根系吸收及微生物分解在降水结束后发挥作用。植草沟对氨氮的去除主要依靠植物吸附、吸收和微生物脱氮。结果表明，在进水氨氮分别为 1mg/L 和 3mg/L 时，两类植草沟对氨氮的去除率相当，且保持在 12%～53%；当浓度为 5 mg/L，两种植草沟对氨氮的去除率升高，去除率分别在 75.9%～89.0%、54.6%～69.0%，且 S 形植草沟对氨氮的去除效果好于 L 形。这可能是由于 S 形植草沟水力停留时间较长，大部分被截留的氨氮有足够的时间能被植物吸收，或是被沟内微生物利用得以去除。

5.3.2　河岸带植被群落优化技术

植被群落是河岸带生态系统的重要组成部分，影响着河岸带净化地表径流污染物的能力（王龙涛等，2016）。基于秦台河流域乔木、灌木、草木等植被物种现状，筛选本土优势物种，遵循生态系统稳定原则，因地制宜开展河岸带植被群落修复，提高植物多样性及群落稳定性，形成河岸带植被群落结构优化配置技术，并探究河岸带植被修复前后对面源污染的拦截效率。研究内容包括：①秦台河流域河岸带本土优势草本植物筛选；②河岸带植被群落优化配置。

1. 秦台河流域河岸带本土优势草本植物筛选

本节基于秦台河流域生态调查结论，筛选几种流域内本土植物，考察其生态特性，为后续河岸带植被群落重建修复技术提供支撑。研究方法为根据秦台河河岸带植被物种现场调查结果，结合秦台河周边环境特点、土壤性质、水文和气候条件，通过文献查阅对比进行具有低污染生长特点的草种选取，综合比选研究出 4 种适宜草本植物生长性能，分别为结缕草（*Zoysia japonica* Steud）、黄背草（*Themeda triandra* Forsk）、白茅（*Imperata cylindrica*）和狗牙根（*Cynodon dactylon*）。分析比较其生物量及枯落物量随时间变化的发展趋势，同时关注四种草坪覆盖度、景观变化等指标，考察不同草种对土壤含盐量、有机质及氮素的影响，筛选出符合低污染物产生量、具有良好发展趋势并且适于粗放管理的河岸草坪种类。

四种草被地上生物量及枯落物量对比：于 7～10 月，采用五点采样法，在现场采集 5 块面积为 0.5m×0.5m 的草地，收割地上部分，采集枯落物，在 105℃温度下烘干，称量其干重（图 5-36）。

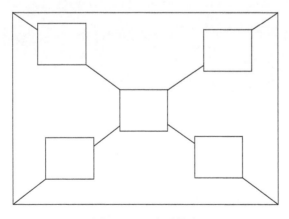

图 5-36　五点采样法

四种草被对土壤中有机质、含盐量及氮素含量的影响：收割植物地上部分，收集枯落物量后，采集四种草坪在 10cm、30cm、50cm 三种深度处土壤，储存部分新鲜土壤测定总氮、硝态氮，部分土壤风干后研磨测定其有机质、水溶性含盐量（图 5-37、图 5-38）。

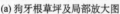
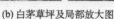

(a) 狗牙根草坪及局部放大图　　　　　　　(b) 白茅草坪及局部放大图

(c) 结缕草草坪及局部放大图　　　　　　　(d) 黄背草草坪及局部放大图

图 5-37　四种草坪现场实物图

图 5-38　土样实物图

1）四种草坪地上生物量、枯落物量随时间的变化趋势

（1）由图 5-39 可以看出，7～9 月，狗牙根、白茅以及黄背草生物量皆呈先增长后减少趋势，且狗牙根、白茅生长期较长，可持续至 9 月，而结缕草生物量在 7 月最高，之后其生物量随时间呈显著下降趋势。

（2）从图 5-40 可以看出，7～9 月，四种草坪枯落物量均呈升高趋势，且白茅、结缕草及黄背草枯落物量在 9 月急剧升高，通过四种草坪比较发现，白茅枯落物量较其他三种最高。

（3）结合生长期长短及枯落物量大小（污染物产生量）比较发现，狗牙根及黄背草生长期较长，且枯落物量较低，是污染物产生量较低、具有良好发展趋势的河岸草本植物。

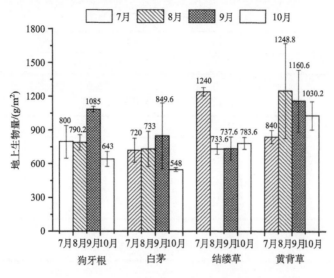

图 5-39　四种不同草坪地上生物量随时间变化趋势

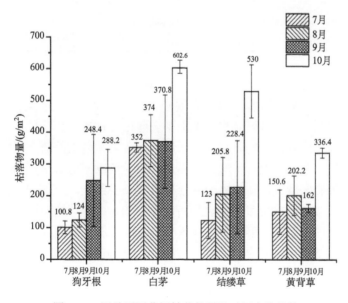

图 5-40　四种不同草坪枯落物量随时间变化趋势

2）四种草被覆盖度、景观特征随时间的变化趋势

（1）覆盖度：7～10 月，结缕草覆盖度随时间无明显变化，黄背草及白茅覆盖度随时间降低，而狗牙根覆盖度随时间升高。

（2）景观特征：白茅在 7 月中旬已出现变黄趋势，8 月底四种草坪均开始变黄，其中结缕草最为明显，9 月，结缕草及狗牙根呈枯黄色，10 月，四种草坪均呈枯黄色。这说明，黄背草在景观特征方面有一定的优势（表 5-7～表 5-9）。

表 5-7　7～10 月滨州市平均温度

时间	7 月	8 月	9 月	10 月
平均气温/℃	37	30	25	15

表 5-8　四种不同草坪覆盖度变化趋势　　　　　（单位：%）

植物名称	7 月	8 月	9 月	10 月
狗牙根	90	100	100	80
白茅	70	66	60	50
结缕草	100	100	100	70
黄背草	80	75	70	60

表 5-9　四种不同草坪景观特征变化趋势

植物名称	7 月	8 月	9 月	10 月
狗牙根	青绿色	青黄色	枯黄色	枯黄色
白茅	青黄色	青黄色	青黄色	枯黄色
结缕草	青绿色	黄绿色	枯黄色	枯黄色
黄背草	青绿色	青黄色	青黄色	枯黄色

3）四种草被种植土壤中氨氮、总氮、有机质及含盐量分布

（1）由表 5-10、图 5-41～图 5-43 可以看出，四种草坪土壤中氨氮、全氮以及有机质含量随根系深度逐渐降低，这可能是由于土壤表面枯落物累积营养最为丰富，随着土壤深度的增加，土壤中营养物质逐渐减少；水溶性盐含量在种植前随土壤深度逐渐降低，这可能由于种植前土壤处于裸露状态，表面水分容易蒸发，随着水分不断蒸发地下水向上运移过程中携带的大量可溶性盐离子就会在土壤表层聚集，导致表层土壤含盐量较高，而草坪种植后，含盐量随土壤深度逐渐升高，这可能是由于草坪种植后，随着植物的生长，土壤逐渐被草坪覆盖，土壤水分蒸发量减少，同时降水后植物有一定的保水能力，使得水分不断向土壤渗入，表层土壤中盐分随水不断向下运移，使得盐分向深处土壤累积。

（2）由图 5-41 可以看出，四种草坪土壤中氨氮含量相差不大，其中白茅土壤中氨氮含量略高于其他三种草坪，同时，四种草坪土壤中氨氮含量随时间有所波动，但整体含量略低于种植前土壤，说明草坪的种植对土壤中氨氮含量的降低有一定作用。

（3）由图 5-42 可以看出，四种草坪土壤中总氮含量均呈先降低后升高趋势，可能是由于 7～9 月，植物处于生长旺盛期，需要从土壤中吸收足够的养分，其中，狗牙根、白茅及黄背草土壤中的全氮含量均低于种植前，这说明此三种植物对土壤中的含氮物质有一定的移除作用，而结缕草作用不大；10 月，植物开始逐渐枯萎，枯落物量增多，使得含氮物质随枯落物的腐烂重新向土壤转移，四种草坪土壤中的含氮物质重新累积，其含量甚至远高于种植前。

表 5-10　四种草坪根系长度

草坪种类	白茅	结缕草	狗牙根	黄背草
植物根系平均长度/m	0.6±0.05	0.1±0.02	0.35±0.02	0.50±0.03

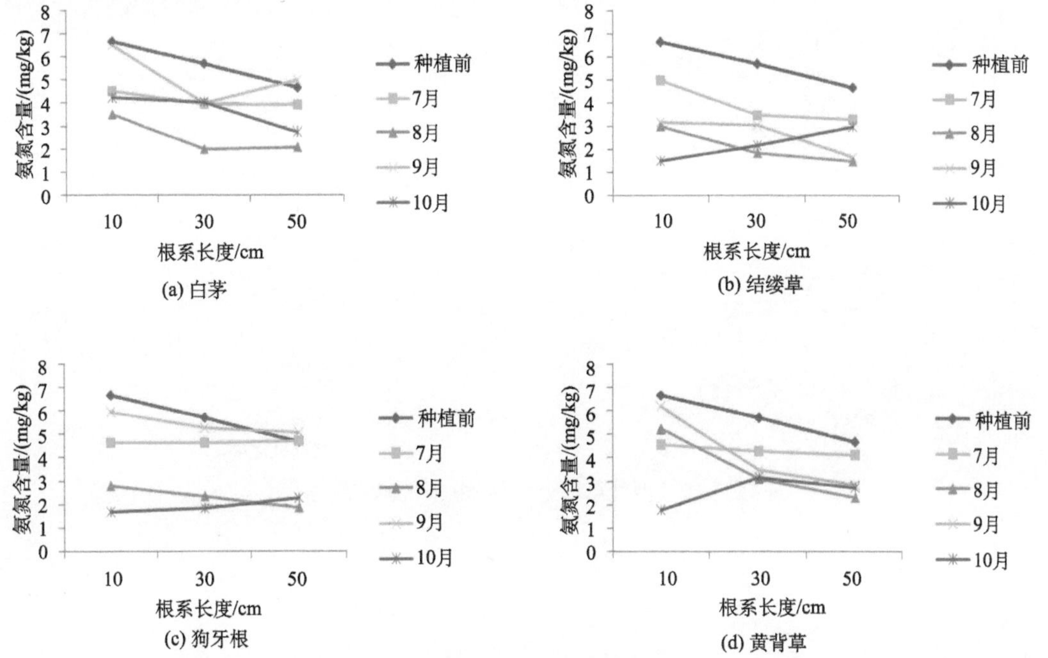

图 5-41　四种草坪土壤中氨氮的垂直分布

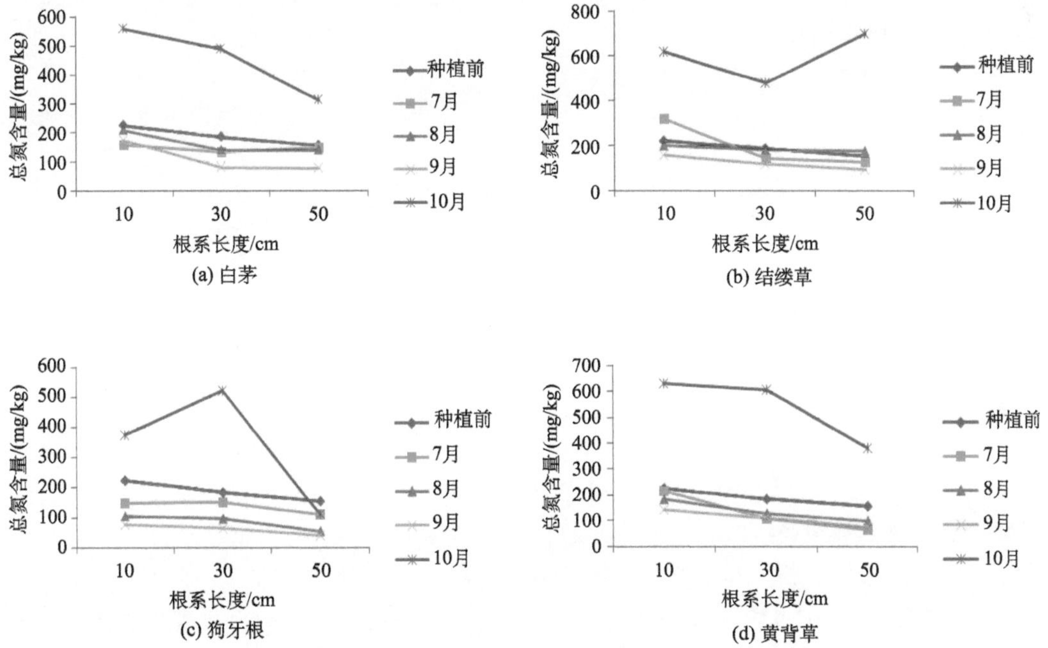

图 5-42　四种草坪土壤中总氮的垂直分布

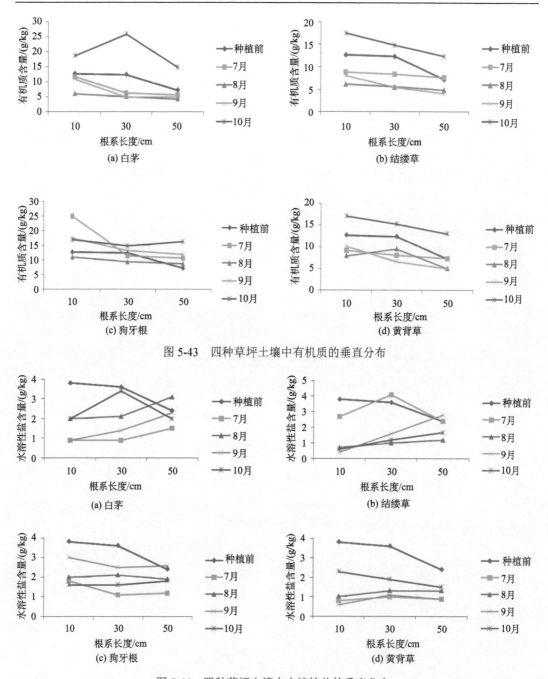

图 5-43　四种草坪土壤中有机质的垂直分布

图 5-44　四种草坪土壤中水溶性盐的垂直分布

（4）由图 5-43 可以看出，白茅、狗牙根及黄背草等植物土壤中有机质含量呈先降低后升高的趋势，种植前三个月，土壤中有机质含量均低于种植前，第四个月，三种草坪土壤中有机质急剧上升，而结缕草所在土壤中有机质含量变化不大。

（5）由图 5-44 可以看出，白茅、狗牙根及黄背草等植物土壤中含盐量逐渐降低，而结缕草所在土壤中含盐量变化不大。

2. 河岸带植被群落优化配置研究

在明确适宜区域内生态环境条件下生育的植物种类和品种选择的基础上,结合河岸带基底结构形态设计,根据各树种和草种的生物学特性、适应性、生态功能,根据空间、时间和生态特性交错搭配等原则,分别研究乔木、灌木与草本的科学配置模式,使之符合目标要求和地理、气候条件的生态配置研究,从而充分发挥河岸带植物对地表径流污染物的吸收、吸附等拦截净化作用。研究方法为:在沿岸陆向边坡上营造边坡植被,能有效提高水源涵养,巩固边坡,防止水土流失,还可利用植物吸收、吸附等作用,发挥边坡植被对地表径流的拦截净化作用,控制面源污染对河流水体水质的影响,有效降解污染源。通过"乔木+灌木+草木"植物配置,采用乔灌混交种植、喷播草坪的立体绿化方式,遵循生物多样性、适地适种的原则选择树种、草种,重建案例区内河岸带植物群落结构,丰富植被种类,增加植被覆盖率,通过植被截留作用减少河岸入河污染量。

1) 河岸植物种群恢复

配置品种:乔木(怪柳)、灌木(金叶桧)、草本(碱蓬、狗牙根、芦苇等),主要考虑植物的耐盐、耐淹及地表径流净化作用功能,兼顾观赏性和一定的经济性。营造方式:带状或点块状混植。初植密度:乔木行距 2.0m,株距 1.5m;灌木为 1.0m×1.0m。

(1) 河岸植被配置:选取 2 片规模为 4m(长)×3m(宽)的河岸,河岸坡度均为 1∶5。A 为植物种植试验组,主要植物配置为怪柳(乔木)、金叶桧(灌木)、碱蓬、狗牙根、芦苇等(草本);B 为自然生长对照组,主要为芦苇、马唐、狗牙根等草本植物。其中草本植物以条播形式种植,条播行距 10cm,播种密度 1.5g/cm^2。

(2) 植被模拟地表径流污染物去除效果:待两处河岸植物生长覆盖度达到 90%以上时,在不同季节开展模拟地表径流污染物去除试验,即利用小型水泵抽取模拟地表径流(模拟地表径流污染物浓度如表 5-11,其污染物浓度根据实际降水地表径流污染物浓度范围配置),通过穿孔布水管均匀向河岸布水,其简单结构示意图如图 5-45 所示,穿孔布水管开孔位置为斜向下 45°,如图 5-46 所示,待槽内水蓄满后,以溢流的方式均匀流向河岸,在出水槽内采集水样,每次试验持续 30min。通过此试验探究在相同流量的情况下,不同植被河岸对地表径流流经河岸的产流时间,以及污染物(COD、氨氮、总磷)去除率的影响。

表 5-11　地表径流污染物浓度　　　　　　　　　　(单位:mg/L)

项目	COD	氨氮	总磷
模拟地表径流污染物浓度	57.2~108.2	0.75~1.25	0.54~0.77
实际地表径流污染物浓度范围	50.1~121.8	0.79~3.51	0.28~0.83

2) 湿生植物群落结构配置技术

河岸带近水一侧生长着多种湿生植物,湿生植物的存在为许多其他生物提供生境,增加生态系统的多样性和稳定性。湿生植物中,尤其是挺水植物根系发达,通过根系向沉积物输送氧气,改善沉积物氧化还原条件,减少磷等的释放,挺水植物能固定沉积物,减少沉积物再悬浮，吸收营养盐，增加水体的净化能力，同时，挺水植物有一定的观赏性，具有美化河岸带的功能。

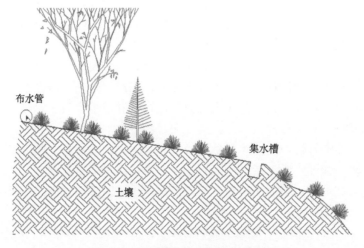

图 5-45 植被种植试验组河岸示意图

(a) 实验组   (b) 自然生长对照组

图 5-46 现场实物图

A. 湿生植物配置模式设计

根据对河岸带的设计指导宽度和实际地形情况及水深情况，在水深 0.1～0.5m 区域种植挺水植物。由于河岸带植物具有冬季休眠、枯萎或死亡，春季生长缓慢等生理特性，致使河岸带在冬春季节水土保证，以及对面源污染的净化能力偏低。通过在河岸带配置不同季节适应性湿生植物，提高河岸带污染净化能力，同时提升河岸带景观效果。由前期秦台河流域河岸带植被种群调查结果可知，该流域河岸带近水一侧主要本土湿生植物包括芦苇、千屈菜、鸢尾、香蒲、石龙芮、水苦荬等，其中石龙芮、水苦荬在春冬季依然能有一定程度的生长，根据不同植物在不同季节生长特性，分别配置两组湿生植物，具体植被配置如下：夏秋组配置品种为芦苇和黄花鸢尾；春冬组配置品种为石龙芮和水苦荬（图 5-47）。

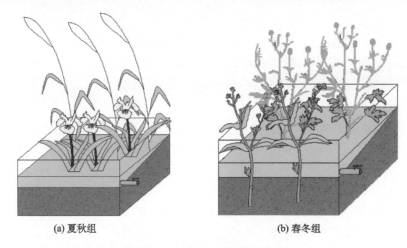

(a) 夏秋组　　　　　　　　(b) 春冬组

图 5-47　两组湿生植物示意图

B. 湿生植物对模拟地表径流污染物去除效果

浅水区河岸试验装置构建：试验装置长 1m、宽 0.5m、高 0.5m，装置材料为 PP 板，装置内利用河岸土壤塑造坡度 i=1∶5（约为 11.3°）的河岸带。于河道河岸带浅水处采集土壤，混合均匀后分别铺设于两组试验装置中，平均厚度 0.3m，待土壤沉淀完全后，排出上层浮水，种植湿生植物，并构建试验坡度。湿生植物芦苇、黄花鸢尾、水苦荬、石龙芮种植密度 25～30 株/m²。试验运行参数：待植物生长良好后开始湿地植物净化模拟地表径流试验，模拟地表径流水质如表 5-11 所示。以恰好能淹没装置内土壤为基准，模拟地表径流进水负荷 0.5m³/d，水力停留 1 天，取样测试周期试验运行时间为 2017 年 6 月至 2018 年 7 月，采集水样测试出水中 COD、氨氮、TP 浓度，采样频次为 1 次/d。

研究结果主要有：

（1）两种植被群落结构的河岸对地表径流中污染物的平均去除率对比（图 5-48）。试验组与自然生长对照组对地表径流中 COD、氨氮、TP 等污染物的去除率如图 5-49 所

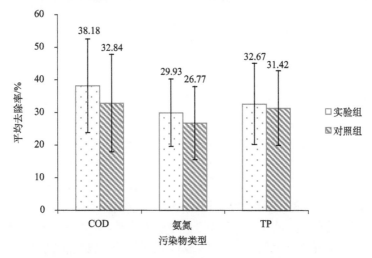

图 5-48　两种河岸植被结构对地表径流中污染物的净化效果

示，且试验组去除率好于对照组。两种植被群落结构的河岸 COD 的去除率最好，去除率分别为试验组[（38.18±14.37）%]>对照组[（32.84±14.91）%]；对总磷的去除率略弱于 COD，去除率分别为试验组[（32.67±12.44）%]>对照组[（31.42±11.45）%]；对氨氮的去除率最差，试验组与自然生长对照组的去除率分别为试验组[（29.93±10.31）%]>对照组[（26.77±11.21）%]。

（2）两种河岸植被结构对地表径流中 COD 的净化效果。试验组与自然生长对照组对地表径流中 COD 的去除率随季节有较大变化，这是由于试验地四季气温和光照变化较大，影响河岸植被生长情况，夏秋两季植被生长情况良好，地面覆盖率高，对地表径流污染物拦截作用较强，而冬季由于植被枯萎，春季植被复苏较慢，河岸带对地表径流中污染物净化作用较弱。由图 5-50 可以看出，在春夏冬三季，试验组对 COD 的净化效果略好于自然生长对照组。春季，试验组和对照组对 COD 的去除率分别为（28.49±2.74）%、（21.78±5.16）%；夏季，试验组和对照组对 COD 的去除率分别为（55.36±1.43）%、（45.04±8.70）%；冬季，试验组和对照组对 COD 的去除率分别为（22.24±2.17）%、（17.83±0.88）%。秋季，两种组别河岸带对 COD 的净化效果相当，试验组对 COD 的去除率为（46.62±1.62）%，对照组对 COD 的去除率为（46.71±8.69）%，对照组略微好于试验组。

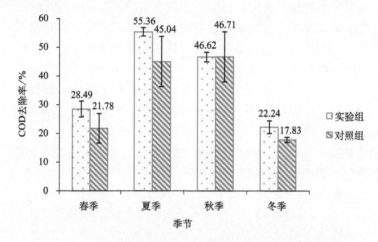

图 5-49　两种河岸植被结构对地表径流中 COD 的净化效果

（3）两种河岸植被结构对地表径流中氨氮的净化效果。由图 5-50 可以看出，一年四季中，试验组对氨氮的净化效果均好于自然生长对照组。春季，试验组和对照组对氨氮的去除率分别为（25.13±2.05）%、（20.63±1.48）%；夏季，试验组和对照组对氨氮的去除率分别为（41.50±0.85）%、（39.74±1.64）%；秋季，试验组和对照组对氨氮的去除率分别为（35.76±5.87）%、（33.35±2.47）%；冬季，试验组和对照组对氨氮的去除率分别为（17.35±2.47）%、（13.35±3.18）%。

（4）两种河岸植被结构对地表径流中 TP 的净化效果。由图 5-51 可以看出，同样的，在一年四季中，试验组对 TP 的净化效果均略好于自然生长对照组。春季，试验组和对照组对 TP 的去除率分别为（33.70±2.97）%、（30.85±3.89）%，夏季试验组和对照组对

TP 的去除率分别为（47.35±2.47）%、（45.23±6.54）%；秋季，试验组和对照组对 TP 的去除率分别为（34.45±3.32）%、（33.10±4.24）%；冬季，试验组和对照组对 TP 的去除率分别为（15.13±1.38）%、（16.45±2.33）%。

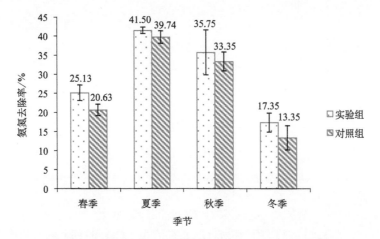

图 5-50　两种河岸植被结构对地表径流中氨氮的净化效果

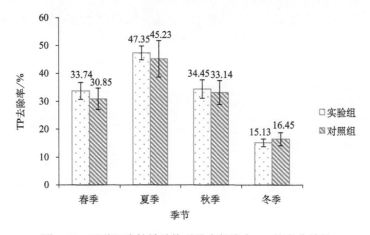

图 5-51　两种河岸植被结构对地表径流中 TP 的净化效果

3）湿生植物配置对地表径流的净化效果

A. 两种组别的湿生植物对地表径流中污染物的平均去除率对比

夏秋组和春冬组两种组别对模拟地表径流中 COD、氨氮、TP 等污染物的去除效果如图 5-52 所示，其中对 COD 的去除率最高，分别为夏秋组〔（49.89±14.16）%〕、春冬组〔（50.40±6.55）%〕，对氨氮的去除率最低，分别为夏秋组〔（37.06±15.68）%〕、春冬组〔（38.48±10.61）%〕，对总磷的去除率分别为夏秋组〔（40.62±15.59）%〕、春冬组〔（42.21±10.94）%〕。而春冬组净化效果略好于夏秋组，这可能是由于在春、冬两季气温较低时，春冬组植物仍有一定的生长，而夏秋组在春冬两季生长停滞或枯萎，不能通过植物的新陈代谢吸收污染物，使得夏秋组净化能力偏弱。

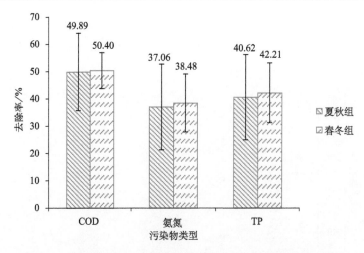

图 5-52　两种组别的湿生植物对地表径流中污染物的平均去除率

B. 两种组别的湿生植物对地表径流中 COD 的净化效果

不同季节时，两种组别的湿生植物对地表径流中 COD 的去除率如图 5-53 所示。其中，夏秋两季时两种组别对 COD 的去除率较高，在 50%以上，且夏秋组对 COD 的净化效果好于春冬组，夏季效果最好；春冬两季时，两种组别对 COD 的去除率较低，在 50%以下，且春冬组对 COD 的净化效果好于夏秋组。

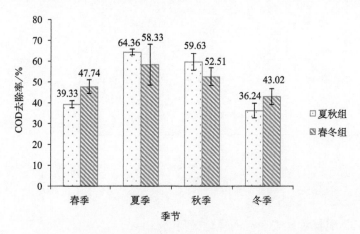

图 5-53　两种组别的湿生植物对地表径流中 COD 的净化效果

C. 两种组别的湿生植物对地表径流中氨氮的净化效果

不同季节时，两种组别的湿生植物对地表径流中氨氮的去除率如图 5-54 所示。其中，种植夏秋组湿生植物和种植春冬组湿生植物在夏季对氨氮的净化效果最好，且夏秋组好于春冬组，去除率分别为夏秋组[（51.51±0.86）%]、春冬组[（48.96±2.75）%]。在冬季对氨氮净化效果最差，而春冬组好于夏秋组，去除率分别为春冬组[（23.86±2.47）%]、夏秋组[（15.86±1.73）%]。

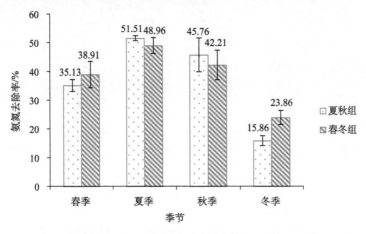

图 5-54　两种组别的湿生植物对地表径流中氨氮的净化效果

D. 两种组别的湿生植物对地表径流中 TP 的净化效果

不同季节，夏秋组湿生植物和春冬组湿生植物对模拟地表径流中 TP 的去除率如图 5-55 所示。同样的，两种组别对 TP 的净化作用与对 COD 和氨氮的净化作用相似，夏秋季好于春冬季。其中，夏秋组在夏季和秋季对 TP 的去除率好于春冬组，分别为夏秋组 [（57.35±2.50）%]＞春冬组 [（55.88±7.47）%]、夏秋组 [（49.11±4.24）%]＞春冬组 [（42.62±3.56）%]。春冬组在春季和冬季对 TP 的去除率好于夏秋组，分别为春冬组 [（41.22±0.54）%]＞夏秋组 [（33.39±2.53）%]、春冬组 [（29.14±1.36）%]＞夏秋组 [（22.61± 2.11）%]。

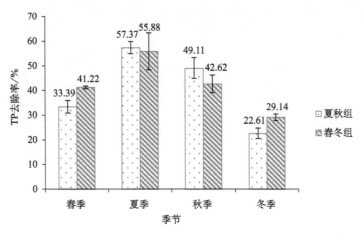

图 5-55　两种组别的湿生植物对地表径流中 TP 的净化效果

5.4　退水生态截流净化与循环利用技术

针对污染程度相对较轻的退水可采用脱氮除磷效果好的生物塘-河道走廊湿地-除磷单元；针对污染程度相对较重的退水，采用生物塘-人工快渗-除磷单元等净化技术，最终实现农田尾水循环利用与安全排放。通过不断探索，结合流域水质目标，摸清农田尾水安全排放水质标准及排水周期，实现农田尾水循环利用与安全排放，最终形成农田退水循环利用与安全排放技术模式。

5.4.1　河道走廊湿地技术

河道走廊湿地技术基于人工湿地技术原理，从湿地植物筛选、基质填充方式、水力负荷、湿地分级等方面开展湿地最佳构建方式研究，从而实现对农田退水所致面源污染的控制。

1. 湿地植物筛选研究

湿地植物进行代谢活动和吸收可以直接利用氮、磷等营养盐，同时还通过减缓水流流速，提供微生物附着和根系泌氧等间接方式影响污染物的去除。相关研究表明，不同植物对水中的氮磷削减具有差异，甚至有植物体中的氮磷含量出现损失的现象。因此，本节选取三种秦台河本土湿地植物开展试验，筛选出合理的湿地植物，增加湿地对营养盐的去除效果，为河道走廊湿地技术在农田退水处理中的应用提供参考。

研究方法主要包括：

（1）人工湿地构建：人工湿地构建方式如图 5-56～图 5-58，选取使用广泛、建设难度低的水平潜流人工湿地，三套湿地单元的尺寸均为 $L×W×H=0.624\text{m}×0.41\text{m}×0.4\text{m}$，基质均分为前中后三段，前段为 A，中间为 B，后段为 C，每段长度为 21cm；三个装置分别种有芦苇、黄花鸢尾和香蒲，种植密度为 25～30 株/m^2。

（2）湿地运行方式：本试验进水为农田退水的受纳水体——秦台河河水，水质指标见表 5-12。

表 5-12　秦台河水水质污染物指标范围　　　　　（单位：mg/L）

COD$_{cr}$	NH$_4^+$-N	TP	全盐量	氯离子
40～65	4～6	0.4～0.8	>2000	>300

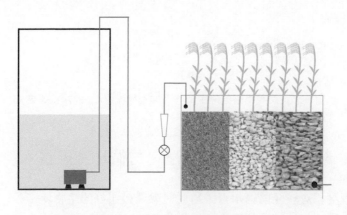

图 5-56　种植芦苇的潜流湿地

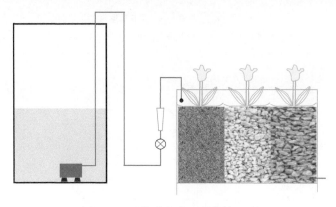

图 5-57　种植黄花鸢尾的潜流湿地

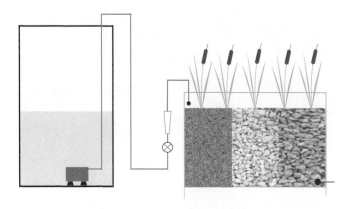

图 5-58　种植香蒲的潜流湿地

试验采用水泵进水，辅以流量计和阀门控制进水负荷为 0.5m³/d，在进水同时投加一定量的活性污泥，辅助基质挂膜，挂膜时间约两周；待挂膜完成后，于装置出水口每两天采样测试出水水质，待出水水质稳定后开始试验。试验主要监测指标为 COD_{cr}、氨氮和 TP。试验持续时间为 6 周，采样周期为 1 次/d，待试验完成后，比较不同的湿地植物对进水中污染物去除效果。

研究结果与分析主要有：

（1）对 COD_{cr} 的去除效果：湿地对 COD_{cr} 的去除效果见图 5-59，由图可知，河水的进水 COD_{cr} 浓度为 49.14±17.30mg/L，芦苇人工湿地 COD_{cr} 出水浓度为 29.66±4.95mg/L，黄花鸢尾人工湿地 COD_{cr} 出水浓度为 31.16±5.93mg/L，香蒲人工湿地 COD_{cr} 出水浓度为 31.30±6.19mg/L，芦苇人工湿地对 COD_{cr} 的平均去除率为 34.65%，黄花鸢尾人工湿地的平均去除率为 31.46%，香蒲人工湿地的平均去除率为 31.15%。三种湿地对 COD_{cr} 去除率箱形图见图 5-60，通过箱形图和统计分析发现三种植物类型的人工湿地对 COD_{cr} 去除没有显著性差异（$p>0.05$）。因此，三种湿地植物对 COD_{cr} 的去除效果差别不大，芦苇的净化能力略微较优。

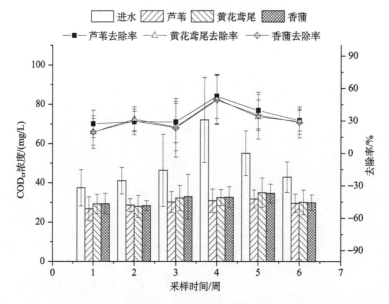

图 5-59　三种植物人工湿地中 COD_{cr} 浓度和去除率

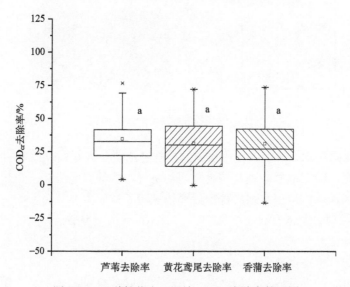

图 5-60　三种植物人工湿地 COD_{cr} 去除率箱形图

不同小写字母表示数据之间的差异显著；上、下 × 分别代表最大值和最小值，□ 代表平均值，箱中横线代表中位数；下同

（2）对氨氮的去除效果：湿地对氨氮的去除效果见图 5-61，由图可知，河水的进水氨氮浓度为 3.28±2.37mg/L，芦苇人工湿地氨氮出水浓度为 1.86±1.47mg/L，黄花鸢尾人工湿地氨氮出水浓度为 1.74±1.72mg/L，香蒲人工湿地氨氮出水浓度为 1.94±1.67mg/L，芦苇人工湿地对氨氮的平均去除率为 39.78%，黄花鸢尾人工湿地的平均去除率为 44.74%，香蒲人工湿地的平均去除率为 40.34%。三种湿地对氨氮去除率箱形图如图 5-62，通过箱形图和统计分析发现三种植物类型的人工湿地对氨氮去除没有显著性差异（$p > 0.05$）。因此，三种湿地植物对氨氮的去除效果差别不大。

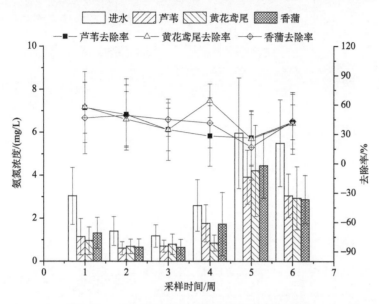

图 5-61　三种植物人工湿地中氨氮浓度和去除率

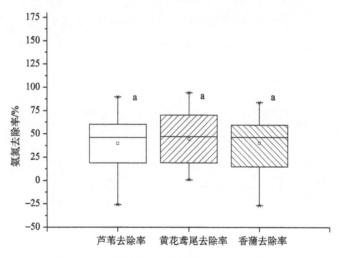

图 5-62　三种植物人工湿地氨氮去除率箱形图

（3）对 TP 的去除效果：湿地对 TP 的去除效果见图 5-63，由图可知，河水的进水 TP 浓度为 0.23±0.11mg/L，芦苇人工湿地 TP 出水浓度为 0.09±0.06mg/L，黄花鸢尾人工湿地 TP 出水浓度为 0.10±0.06mg/L，香蒲人工湿地 TP 出水浓度为 0.12±0.05mg/L，芦苇人工湿地对 TP 的平均去除率为 60.72%，黄花鸢尾人工湿地的平均去除率为 57.56%，香蒲人工湿地的平均去除率为 44.68%。三种湿地对 TP 去除率箱形图见图 5-64，通过箱形图和统计分析发现芦苇和黄花鸢尾人工湿地对 TP 去除率要显著高于香蒲人工湿地（$p<0.05$）。因此，湿地植物芦苇和黄花鸢尾对 TP 的去除效果要优于香蒲。

结论主要有：通过对比不同植物湿地对秦台河水处理效果研究发现，三种植物湿地对 COD_{cr} 和氨氮的去除效果区别不大，但芦苇和黄花鸢尾人工湿地对 TP 的去除效果要优于香蒲人工湿地,因此,芦苇和黄花鸢尾为利用人工湿地处理农田退水的优势湿地植物。

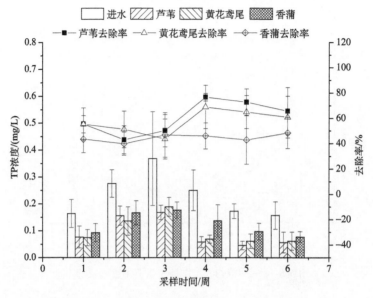

图 5-63　三种植物人工湿地中 TP 浓度和去除率

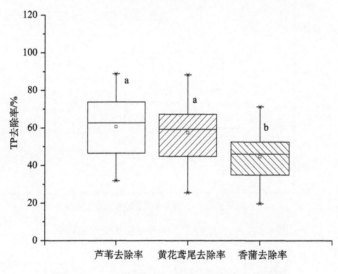

图 5-64　三种植物人工湿地 TP 去除率箱形图

2. 湿地基质填充方式研究

本节构建分段和分层两种基质填充方式的人工湿地,探究不同的基质填充方式对污染物去除效果的影响,筛选合适的基质填充方式,提高人工湿地对污染物的净化能力。

研究方法为:本节两种人工湿地构建方式如图 5-65 所示,湿地为水平潜流人工湿地,两套湿地单元的尺寸均为 $L×W×H$=0.624m×0.41m×0.4m,分别有两种填充方式:一种为分段式填充,基质均分为前中后三段,前段为 A,中间为 B,后段为 C,每段长度为 21cm;

另一种为分层式填充，基质均分为上中下三层，上层为 A，中层为 B，后层为 C，每层高度为 12cm。两个装置湿地植物均为黄花鸢尾，种植密度为 25～30 株/m²。

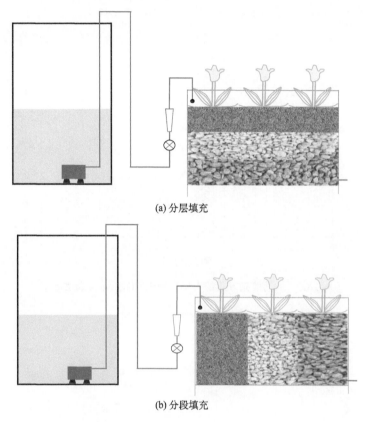

(a) 分层填充

(b) 分段填充

图 5-65　不同填充方式下的潜流湿地示意图

研究结果与分析主要有：

（1）对 COD_{cr} 的去除效果：不同基质填充方式的湿地对 COD_{cr} 的去除效果见图 5-66，由图可知，河水的进水 COD_{cr} 浓度为 49.14±17.30mg/L，分段填充的人工湿地 COD_{cr} 出水浓度为 31.16±5.93mg/L，分层填充的人工湿地 COD_{cr} 出水浓度为 29.32±4.87mg/L，分段填充人工湿地对 COD_{cr} 的平均去除率为 31.46%，分层填充的平均去除率为 36.83%。两个湿地对 COD_{cr} 去除率箱形图如图 5-67 所示，通过箱形图和统计分析发现两种人工湿地对 COD_{cr} 去除没有显著性差异（$p>0.05$）。因此，此两种湿地基质的填充方式对 COD_{cr} 的去除效果影响不大。

（2）对氨氮的去除效果：不同基质填充方式的湿地对氨氮的去除效果见图 5-68，由图可知，河水的进水氨氮浓度为 3.24±2.39mg/L，分段填充基质的人工湿地氨氮出水浓度为 1.74±1.72mg/L，分层填充基质的人工湿地氨氮出水浓度为 1.74±1.63mg/L，分段填充的人工湿地氨氮平均去除率为 44.74%，分层填充的人工湿地的平均去除率为 44.24%。两种湿地对氨氮去除率箱形图如图 5-69 所示，通过箱形图和统计分析发现，基质的不同填充方式的人工湿地对氨氮去除没有显著性差异（$p>0.05$）。因此，此两种湿地基质的填充方式对氨氮的去除效果几乎没有影响。

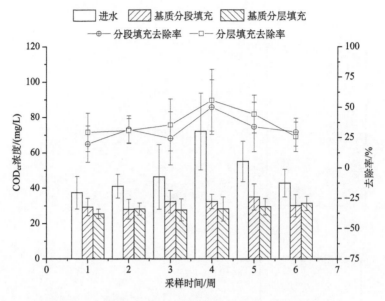

图 5-66　不同填充方式的人工湿地中 COD_{cr} 浓度和去除率

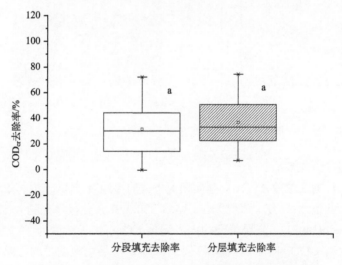

图 5-67　不同填充方式的人工湿地 COD_{cr} 去除率箱形图

（3）对 TP 的去除效果：不同基质填充方式的湿地对 TP 的去除效果见图 5-70，由图可知，河水的进水 TP 浓度为 0.23±0.11mg/L，分段填充基质的人工湿地 TP 出水浓度为 0.10±0.06mg/L，分层填充基质的人工湿地 TP 出水浓度为 0.06±0.05mg/L，分段填充的人工湿地 TP 平均去除率为 60.72%，分层填充的人工湿地的平均去除率为 77.29%。两种湿地对 TP 去除率箱形图见图 5-71，通过箱形图和统计分析发现，分层填充的人工湿地对 TP 去除率要显著高于分段填充的人工湿地（$p<0.05$）。因此，湿地基质填充方式中分层填充对 TP 的去除效果要优于分段填充。

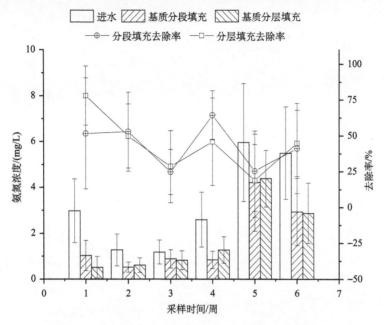

图 5-68 　不同填充方式的人工湿地中氨氮浓度和去除率

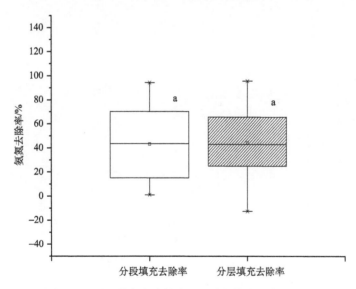

图 5-69 　不同填充方式的人工湿地氨氮去除率箱形图

结论主要有：通过对不同基质填充方式的人工湿地处理秦台河水发现，人工湿地中两种基质填充方式对 COD_{cr} 和氨氮的去除效果影响不大，但分层填充的人工湿地对 TP 的去除效果要优于分段填充的人工湿地，因此，在利用人工湿地处理农田退水时，可优先考虑以分层的方式来填充湿地基质。

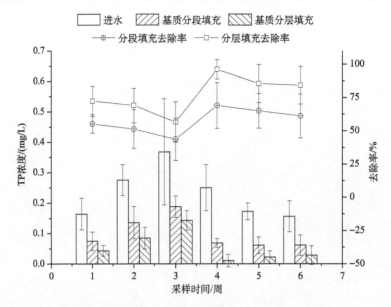

图 5-70　不同填充方式的人工湿地中 TP 浓度和去除率

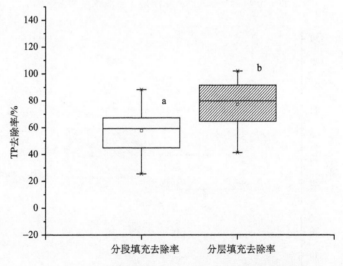

图 5-71　不同填充方式的人工湿地 TP 去除率箱形图

3. 湿地水力负荷研究

研究两种水力负荷条件下湿地对污染物的去除效果，筛选合适运行条件下的水力负荷，为经济高效去除农田退水的影响提供依据。通过构建两种不同水力负荷条件下的水平潜流人工湿地，探究不同的水力负荷对污染物去除效果的影响。其中，模拟人工湿地装置构建方式如图 5-72 所示，一套湿地较长，湿地单元的尺寸为 $L \times W \times H = 1.872\text{m} \times 0.41\text{m} \times 0.4\text{m}$，另一套湿地较短，湿地单元的尺寸为 $L \times W \times H = 0.624\text{m} \times 0.41\text{m} \times 0.4\text{m}$，基质都均分为前中后三段，前段为 A，中间为 B，后段为 C。湿地装置中均种植黄花鸢尾，种植密度为 25~30 株/m²，进水量均为 0.13m³/d，低负荷湿地的水力负荷为 0.167m³/d，高负荷湿地的水力负荷为 0.5m³/d。

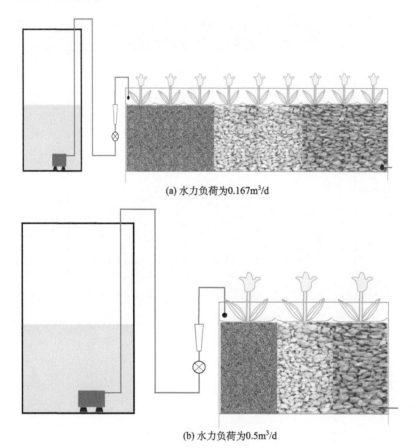

(a) 水力负荷为0.167m³/d

(b) 水力负荷为0.5m³/d

图 5-72　不同水力负荷下的潜流湿地示意图

研究结果与分析主要有：

（1）对 CODcr 的去除效果：在不同水力负荷条件下，两种类型湿地对 CODcr 的去除效果见图 5-73，由图可知，河水的进水 CODcr 浓度为 49.14±17.30mg/L，短湿地 CODcr 出水浓度为 29.99±5.08mg/L，长湿地的出水浓度为 31.16±5.93mg/L，两种类型人工湿地对 CODcr 的平均去除率分别为 33.82%和 31.46%。通过 CODcr 去除率箱形图（图 5-74）可知，虽然长湿地对 CODcr 的去除率要略高于短湿地，但是通过箱形图和统计分析发现两种人工湿地对 CODcr 去除没有显著性差异（$p>0.05$）。因此，在水力负荷为 0.167m³/d 和 0.5m³/d 时，两种湿地对河水中 CODcr 的去除效果影响不大。

（2）对氨氮的去除效果：在不同水力负荷条件下，两种类型湿地对氨氮的去除效果见图 5-75，由图可知，河水的进水氨氮浓度为 3.24±2.39mg/L，长湿地氨氮出水浓度为 1.77±1.42mg/L，短湿地氨氮出水浓度为 1.74±1.72mg/L，长湿地的氨氮平均去除率为 42.92%，短湿地的平均去除率为 43.30%。两种湿地对氨氮去除率箱形图如图 5-76 所示，通过箱形图和统计分析发现，在不同水力负荷条件下的人工湿地对氨氮去除没有显著性差异（$p>0.05$）。因此，该湿地在为水力负荷为 0.167m³/d 和 0.5m³/d 时对河水中氨氮的去除效果影响不大。

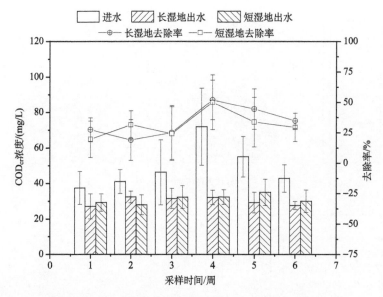

图 5-73 不同水力负荷条件下人工湿地中 COD$_{cr}$ 浓度和去除率

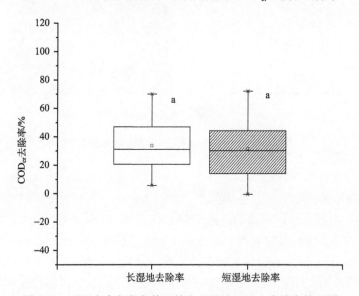

图 5-74 不同水力负荷条件下的人工湿地 COD$_{cr}$ 去除率箱形图

（3）对 TP 的去除效果：不同水力负荷条件下湿地对 TP 的去除效果见图 5-77，由图可知，河水的进水 TP 浓度为 0.23±0.11mg/L，长湿地 TP 出水浓度为 0.08±0.06mg/L，短湿地 TP 出水浓度为 0.10±0.06mg/L，长湿地 TP 平均去除率为 68.10%，短湿地的平均去除率为 56.16%。两类湿地对 TP 去除率箱形图如图 5-78 所示，通过箱形图和统计分析发现，人工湿地在 0.167m³/d 的条件下对 TP 去除率要显著高于水力负荷为 0.5m³/d 的人工湿地（$p<0.05$）。因此，水力负荷为 $0.167m^3/d$ 的湿地对 TP 的去除效果要优于水力负荷为 $0.5m^3/d$ 的湿地。

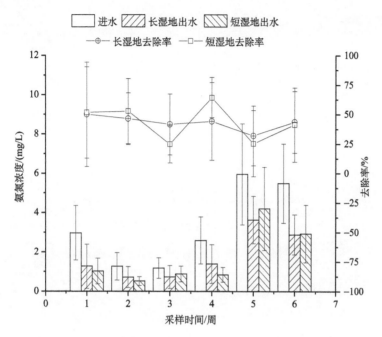

图 5-75　不同水力负荷条件下的人工湿地中氨氮浓度和去除率

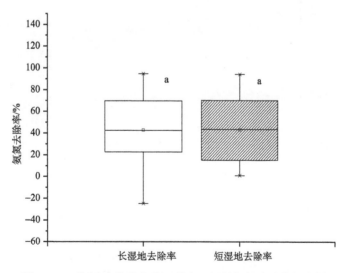

图 5-76　不同水力负荷条件下的人工湿地氨氮去除率箱形图

　　结论主要有：当表面水力负荷为 $0.5m^3/d$ 及以下时，表面水力负荷的降低对人工湿地去除农田退水中 COD_{cr} 和氨氮影响不大，而人工湿地对 TP 的去除率随着表面水力负荷的降低而升高，这说明降低表面水力负荷能在一定程度上增强人工湿度对总磷的去除效果。

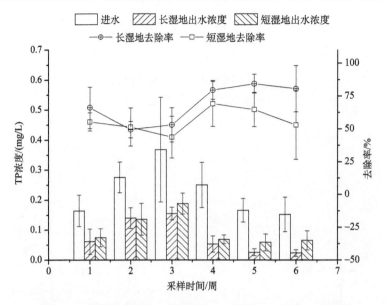

图 5-77　不同水力负荷条件下的人工湿地中 TP 浓度和去除率

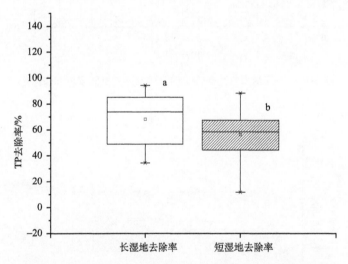

图 5-78　不同水力负荷条件下的人工湿地 TP 去除率箱形图

4. 湿地分级研究

人工湿地在运行过程中，或多或少会存在滞水区或者死水区，污水在流经人工湿地时不能与湿地基质充分接触，使湿地基质不能充分发挥作用，本节拟对常规人工湿地进行分级（整体表面水力负荷不变），通过湿地分级减少死水区的存在，同时，污水在从上级湿地流向下一级湿地时，可通过重新布水进行复氧，提高污水溶解氧含量，从而进一步提高污染物的去除效果。研究湿地分级对污染物去除率的影响，比较不同污染物在分级湿地和不分级湿地中的去除效果，为人工湿地处理污染较轻的农田退水提供技术参考。

研究方法为人工湿地构建方式如图 5-79 所示，湿地为水平潜流人工湿地，不分级的单级湿地如图 5-79（b）所示，湿地单元的尺寸为 $L \times W \times H$=1.872m×0.41m×0.4m，分级湿地图 5-79（a）为三级湿地，三个单元的尺寸均为 $L \times W \times H$=0.624m×0.41m×0.4m，每一级之间高度相差 10cm。每个湿地单元内基质都均分为前中后三段，前段为 A，中间为 B，后段为 C；两个装置湿地植物为黄花鸢尾，种植密度为 25～30 株/m²。

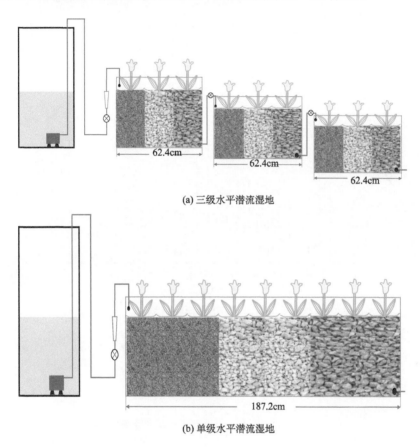

(a) 三级水平潜流湿地

(b) 单级水平潜流湿地

图 5-79　两种潜流湿地示意图

研究结果与分析主要有：

（1）对 COD_{cr} 的去除效果：单级湿地和三级湿地对 COD_{cr} 的去除效果见图 5-80，由图可知，河水的进水 COD_{cr} 浓度为 49.14±17.30mg/L，不分级人工湿地 COD_{cr} 出水浓度为 29.99±5.08mg/L，分级湿地的出水浓度为 26.32±5.52mg/L，分级与不分级人工湿地对 COD_{cr} 的平均去除率分别为 33.82%和 42.31%。两种湿地对 COD_{cr} 去除率箱形图见图 5-81，分级湿地对 COD_{cr} 的去除率要高于不分级湿地；通过箱形图和统计分析发现两种人工湿地对 COD_{cr} 的去除率有显著性差异（$p<0.05$）。因此，在相同进水负荷条件下，湿地分级有利于 COD_{cr} 的去除。

（2）对氨氮的去除效果：单级和三级人工湿地对氨氮的去除效果见图 5-82，由图可知，河水的进水氨氮浓度为 3.24±2.39mg/L，不分级湿地氨氮出水浓度为 1.77±1.42mg/L，短湿地氨氮出水浓度为 1.35±1.25mg/L，长湿地的氨氮平均去除率为 42.92%，短湿地的平均去除率为56.69%。两种湿地对氨氮去除率箱形图见图5-83，通过箱形图和统计分析发现，分级湿地对氨氮的去除率要高于不分级湿地；通过箱形图和统计分析发现两种人工湿地对氨氮的去除有显著性差异（$p<0.05$）。因此，在相同进水负荷条件下，湿地分级有助于氨氮的去除。

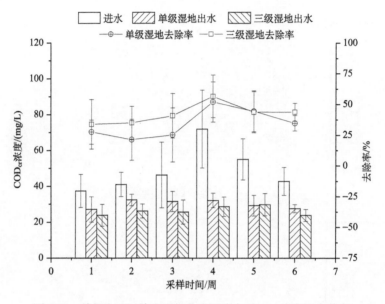

图5-80　单级人工湿地和三级人工湿地中COD_{cr}浓度和去除率

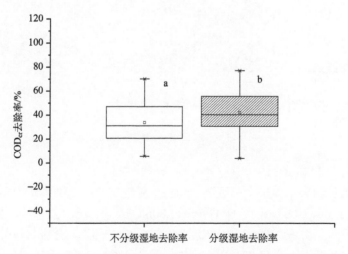

图5-81　单级人工湿地和三级人工湿地COD_{cr}去除率箱形图

（3）对TP的去除效果：单级湿地和三级湿地对TP的去除效果见图5-84，由图可知，河水的进水TP浓度为0.23±0.11mg/L，单级湿地TP出水浓度为0.08±0.06mg/L，三级湿地TP出水浓度为0.05±0.03mg/L，单级湿地TP平均去除率为68.10%，三级湿地的平均去除率为74.75%。两种湿地对TP去除率箱形图见图5-85，通过箱形图和统计分析发现，三级湿地和单级人工湿地对 TP 去除率没有显著差异（$p>0.05$）。因此，湿地分级对 TP 的去除影响不大。

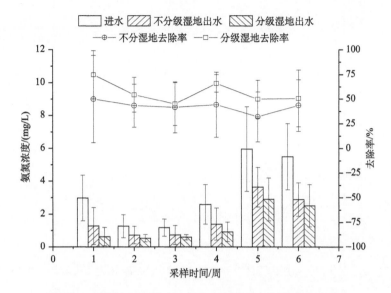

图 5-82　单级人工湿地和三级人工湿地中氨氮浓度和去除率

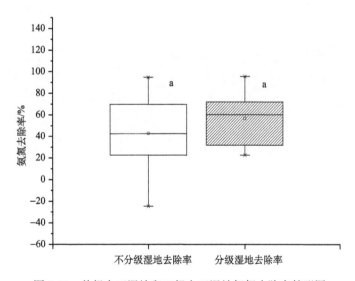

图 5-83　单级人工湿地和三级人工湿地氨氮去除率箱形图

结论：通过以上研究可知，分级后的人工湿地对 COD_{cr} 和氨氮的去除效果要优于不分级湿地，但对 TP 的去除效果影响不大，综合对比 COD_{cr}、氨氮和 TP 的去除效果，说明对人工湿地分级能进一步提高其对农田退水中污染物去除效果。

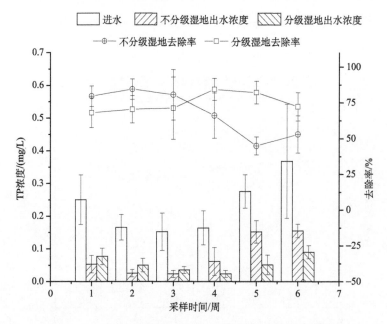

图 5-84　单级人工湿地和三级人工湿地中 TP 浓度和去除率

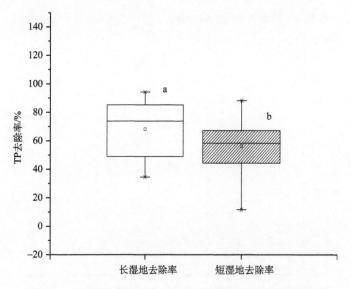

图 5-85　单级人工湿地和三级人工湿地中 TP 去除率箱形图

5.4.2　高效生物塘技术

为提高农田退水循环利用率，通过在生物塘内构建缺氧区域，结合水生植物、微生物、水生动物、填料及组合填料装置，研发一种高效复合生物塘技术，以期提高对农田退水中氮磷等污染物的净化效率，有如下两种方法。

（1）试验场地搭建：生物塘平均水深 1.5m，池底坡度 0.02m，尺寸为:长×宽＝40m×8.5m，结合特定的水流与结构设计形成缺氧区。

（2）生物塘生态系统搭建：①生物塘植物选择适地适种：生物塘植物选择，应考虑当地的气候条件、地形条件和人文景观条件，以本土植物为主要考虑对象。耐污、耐盐碱能力强：植物对水体中污染物浓度有一定的适应能力，在构建生物塘系统时，选择耐污、耐盐碱能力强的本土植物，可以保证植物的正常生长，而且也有利于提高生物塘的污染物净化能力。净化能力强：为了提高生物塘系统对氮磷的去除效果，在选择植物时不但要选择耐污能力强的植物，同时也要求植物的净化能力要强。经济和观赏价值高：在选择生物塘植物的时候，还需考虑到生物塘自身的景观效果，将环境治理与优美的自然景观融为一体。重视物种间的合理搭配：根据环境条件和植物群落的特征，按一定比例在空间分布和时间分布方面进行安排，使整个生物塘高效运转，最终形成稳定可持续利用的生态系统。基于以上原则，选用挺水植物为扁杆荆三棱（*Bolboschoenus planiculmis*）、睡菜（*Menyanthes trifoliata* L.）、黑三棱（*Sparganium stoloniferum*），沉水植物为菹草（*Potamogeton crispus*）、狐尾藻（*Myriophyllum verticillatum* L.）、金鱼藻（*Ceratophyllum demersum* L.），如图 5-86 所示。②植物种植方式：沉水植物栽培密度均为 $80\sim100$ 株/m^2，挺水植物的栽培密度为 $20\sim30$ 株/m^2，生物塘的深水区（水深 $1.2\sim1.6$m）种植沉水植物，浅水区域（水深小于 0.8m）采用挺水植物与沉水植物（菹草）混栽。

(a) 扁杆荆三棱　　　　　　　(b) 睡菜　　　　　　　(c) 黑三棱

(d) 菹草　　　　　　　(e) 狐尾藻　　　　　　　(f) 金鱼藻

图 5-86　挺水植物与沉水植物实物图

试验运行方式：生物塘处理量为 360m^3/d，采用间歇式进水，进水与停水时间间隔 5∶1，即先连续进水 20h，再停止进水 4h。进水水质指标具体如表 5-13 所示。取样位置确定：试验采样时间为连续采样，分别取生物塘的进水、1 号区、2 号区、3 号区及 4 号区。

表 5-13　高效生物塘进水水质指标

项目	进水
pH	7.3±0.4
DO/（mg/L）	4.2±0.5
COD$_{Cr}$/（mg/L）	45.4±5.5
总磷/（mg/L）	0.45±0.2
氨氮/（mg/L）	2.72±1.4

1. 高效生物塘对氨氮的去除效果

氨氮随着生物塘中的停留时间去除情况如表 5-14 所示。

表 5-14　氨氮浓度随停留时间的变化情况　　　　　　　　（单位：mg/L）

停留时间	进水浓度					
	4.3	5.1	4.1	3.9	4.4	4.7
1h	3.9	4.8	4.0	4.2	4.1	4.7
2h	4.0	4.9	3.7	4.1	3.7	3.9
3h	1.8	3.2	3.2	3.5	3.4	3.6
4h	1.6	3.2	3.0	3.1	3.5	3.0

结果表明，试验开始时，高效生物塘系统对氨氮的去除效果较好，可以在 3～4h 的停留时间内将进水中氨氮降解到 2mg/L 以下，但是随着试验的进行，高效生物塘系统对氨氮的降解能力只能使出水氨氮浓度达到 3mg/L。另外，污水在缺氧区停留的 1h 内，氨氮的降低非常有限，可能是由于虽然营造了缺氧的氛围，但在缺氧区中生物塘系统中碳源不足，无法给反硝化功能微生物足够的生长条件，反硝化功能微生物并不能在缺氧区成为优势微生物，导致硝态氮去除率较低；在系统中停留的 2h 内，水流经过 1 号区，这个区域内硝态氮的去除率出现了一定程度的提高，但是总体去除率仍然较低；在系统中停留的 3h 内，水流经过 2、3 号区，这个区域内硝态氮出现了较高程度的去除率，主要的吸收和降解发生在这一部分，同时这一部分的植物增殖量也是最大的；在系统中停留的 4h 内，水流经过 4 号区，在这个区域内硝态氮去除率和在 1 号区相似，降解量不大。在试验过程中，生物塘中的植物生物量均出现了不同程度的增殖，其中扁杆荆三棱棱、睡菜、菹草增殖最快，狐尾藻和金鱼藻增殖速度相对较慢。可能是由于选用的沉水植物对硝酸盐氮的吸收和吸附趋于饱和，并不能很好地连续吸收水中的氨氮。

通过试验发现在进水停止后的 3h 内，在三个植物种植区域氨氮浓度均发生了变化，其中在 1h 后植物吸收了相当部分的水中游离态的氨氮，在剩下的 2h 内，植物吸收的氨氮量较低。其中，在 2、3 号区吸收量较大，而狐尾藻区在吸收硝态氮后，反而出现了一定程度的氨氮释放（表 5-15）。

表 5-15   不同取样点氨氮浓度 （单位：mg/L）

取样时间取样位置	进水停止	1h 后	2h 后	3h 后
1 号位	4.1	3.6	3.1	3.4
2 号位	3.7	2.8	2.5	2.8
3 号位	3.4	1.9	1.8	1.5
4 号位	3.3	2.5	2.2	1.7

2. 生物塘对人工湿地尾水中 COD、氨氮、总磷及全盐量的去除效果

利用高级生物塘技术深度处理人工湿度尾水中的氮、磷等污染物，使出水达到农田灌溉标准。进水水质中氨氮、总磷等污染物随季节变化较为明显，夏季污染物浓度较高，COD_{cr} 浓度范围为 60～145mg/L，平均值为 99±5.5mg/L，NH_4^+-N 浓度范围为 1.5～2.4mg/L，平均值为 2.06±0.31 mg/L，总磷浓度范围为 0.5～1.12mg/L，均值为 0.7±0.25mg/L。图 5-87～图 5-90 为高效生物塘对 COD、氨氮、总磷，以及全盐量的去除效果，从图中可以看出在不同进水浓度的条件下，出水氨氮在 1mg/L 以下，总磷在 0.5mg/L 以下，满足中水回用标准，同时，出水全盐量在 2000mg/L，满足盐碱地农田灌溉用水标准。

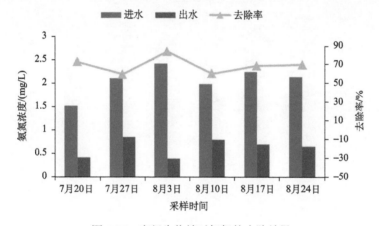

图 5-87   高级生物塘对氨氮的去除效果

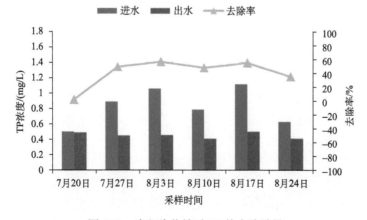

图 5-88   高级生物塘对 TP 的去除效果

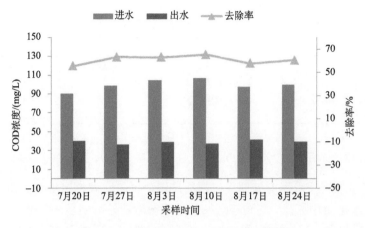

图 5-89　高级生物塘对 COD 的去除效果

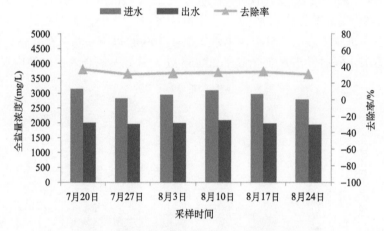

图 5-90　高级生物塘对全盐量的去除效果

3. 改进型人工快渗技术

1）人工快渗一体化设备研制

（1）改进型人工快渗一体化设备（含除磷单元）集成改进：采用重力加药方式，通过对比液态 $FeCl_3$ 和液态 PFS 两种药剂投加后出水效果，筛选适用于北方地区农田退水污染物去除混凝沉淀药剂；对重力投加、射流器+管道混合器投加、隔膜泵投加三种加药装置及药剂投加方式进行了对比试验研究，并通过连续运行试验，考察改进型一体化污水处理设备各处理单元是否合理，根据运行情况及处理效果提出改进意见。

（2）人工快渗一体化设备保温方式研究：①硅胶加热带技术参数，硅胶加热带具体技术参数如表 5-16 所示。②加热带布置方式：第 1 种方法是加热带缠绕于设备内，加热带设置于填料表层以下 1/3 填料深度处；第 2 种方法是加热带圈均匀铺设于填料内部，加热带设置于填料表层以下 1/3 填料深度处；第 3 种方法是加热带圈呈扇叶形铺设于填料内部，加热带设置于填料表层以下 2/3 填料深度处。③温度监测点位设置，加热带布置方式 1 监测点位为填料表层以下 10cm 处距快渗池内壁 1/4 半径监测点位 2 处、1/2

半径监测点位 2 处、中心监测点位 1 处；填料表层以下 1/3 填料深度处距快渗池内壁 1/4 半径监测点位 2 处、1/2 半径监测点位 2 处、中心监测点位 1 处。具体监测点点位如图 5-91 所示。

表 5-16　硅胶加热带技术参数

产品名称	电压/V	功率/W	长度/m	宽度/mm	引线方式	温控开关
硅胶加热带	220	500	2	100~300	单端	可配

注：绝缘材料最高耐热温度为 250℃；功率偏差为±10%；导热胶方式黏结

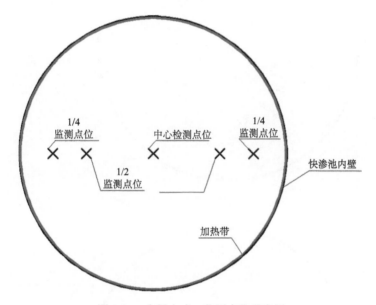

图 5-91　布置方式 1 监测点位示意图

加热带布置方式 2 监测点位：填料表层以下 10cm 处距快渗池内壁 1/4 半径监测点位 2 处、1/2 半径监测点位 3 处、中心监测点位 1 处；填料表层以下 1/3 填料深度处距快渗池内壁 1/4 半径监测点位 2 处、1/2 半径监测点位 3 处、中心监测点位 1 处。具体监测点点位如图 5-92 所示。

加热带布置方式 3 监测点位：填料表层以下 10cm 处距快渗池内壁 1/4 半径监测点位 1 处、50cm 监测点位 1 处、100cm 监测点位 1 处；填料表层以下 30cm 处距快渗池内壁 1/4 半径监测点位 2 处、1/2 半径监测点位 3 处、中心监测点位 1 处；填料表层以下 50cm 处距快渗池 1/4 半径监测点位 2 处、1/2 半径监测点位 3 处、中心监测点位 1 处。具体监测点为点位如图 5-93 所示。

A. 人工快渗一体化设备集成改进方面

（1）药剂种类及投药量研究结果表明，采用重力加药方式，试验混凝药剂为液态 $FeCl_3$ 和液态 PFS 两种药剂，通过调节进水流量和加药量，对混凝沉淀效果进行试验，试验结果如下：①采用重力流投加方式，选择液态 $FeCl_3$（3.8%）作为絮凝剂，当平均加药量控制为 30mg/L 左右时，混凝沉淀段出水 SS<50mg/L，TP 平均去除率为 73%；

②采用重力流投加方式，选择液态 PFS（3.0%）作为絮凝剂，当平均加药量控制在 28mg/L 左右时，混凝沉淀段出水 SS<50mg/L，TP 平均去除率在 64%；③受药剂液位变化、进水流量波动、测量误差等因素影响，加药量存在误差。

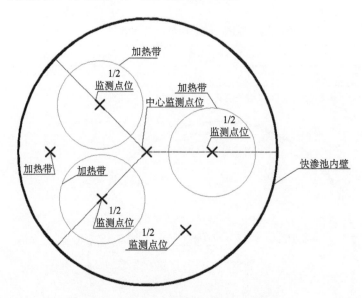

图 5-92　布置方式 2 监测点位示意图

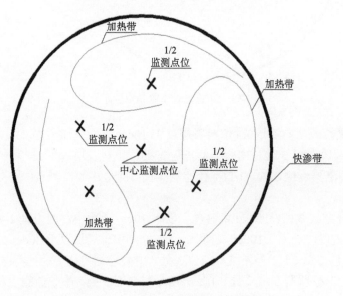

图 5-93　布置方式 3 监测点位示意图

（2）加药装置及药剂投加方式研究：对重力投加、射流器+管道混合器投加、隔膜泵投加三种加药装置及药剂投加方式进行了试验和对比分析，试验结果如下：①采用重力投加时，加药量只能通过 PVC 材质球阀手动调节，加药量调节较困难且误差较大，同时受药剂液位变化、进水流量波动、测量误差等因素影响，加药量较难控制；②采用射流器+管道混合器投加时，加药量需通过 PVC 材质球阀手动调节，同时受进水流量波动、药剂液位变化等因素的影响，加药量不稳定，此外，射流器及管道混合器容易发生堵塞，影响药剂投加；③采用隔膜泵投加时，加药量较稳定，不受进水流量及药剂液位变化影响，加药量调节较为简单方便；④通过试验和对比分析，人工快渗一体化设备宜采用隔膜泵进行加药，该加药方式药剂投加量较为稳定，加药量调节较简单，并容易与进水泵实现联动。

（3）连续运行后，对设备进行改进：①沉淀区，首先由于沉淀池容积有限，为满足沉淀时间，进水流量需控制不大于 1m³/h，而此流速下沉淀池易沉积污泥，如不及时排泥沉淀池底部污泥容易厌氧最终导致泥上浮，影响沉淀出水效果；其次设备斜板安装不规范，板间间距较大，且斜板倾斜角度高于 80°，不能发挥斜板沉淀效果，同时斜板沉淀池底部无泥斗，采用潜污泵抽取的方式排泥不彻底，死角区域较多，建议利用斜管代替斜板，同时可设置泥斗强化排泥效果；②快渗池，一体化设备为无人值守设备，鉴于快渗池冬季运行或填料板结情况下，如未及时养护易导致污水外溢，对电控设备容易产生安全隐患，建议增加快渗池溢流管设计；③加药泵泵头材质需按照安装，以免泵头在运行过程中因药液腐蚀出现滴漏现象，建议严格按照技术要求完成加药泵选型，另外，建议垫高加药泵或反应区设计溢流管，防止因运行异常（快渗池污水外溢或配水池提升泵损坏等）导致加药泵烧坏；④药剂存储区，药剂储箱液位计为不锈钢触点式液位计，接触点与液态三氯化铁接触易被腐蚀，建议定期更换药剂储箱液位计；⑤电控系统，由于农村地区用水水量波动大，用水高峰期内大量生活污水进入外部调节池，导致调节池长时间处于高水位，提升泵的连续运行导致单次快渗布水量远超设计布水量，高水力负荷将影响出水水质，建议根据农村地区生活废水排放特征调整提升泵控制方式（表 5-17）。

表 5-17　不同加热保温方式的效果汇总

加热带布置方式	快渗周期/h	加热方式	总功耗/kW	布水后填料温度	加热结束填料温度	后期填料温度	备注
无加热带（外保温效果试验）	4	无，聚氨酯包裹+盖板保温	0	6~8℃（1/3 填料处）	—	布水后 7 h 为 6~8℃（1/3 填料处）	外保温效果佳，填料温度基本无下降
围绕填料边缘放置（方式1）	4	全程开启2层加热带 4h	12	6~8℃（1/3 填料处）	7~10℃（1/3 填料处）		热量集中在填料边缘；内壁会吸收部分热量
放置填料内部（方式2）	4	全程开启2层加热带 4h	12	6~8℃（1/3 填料处）	13~19℃（1/3 填料处）	停止加热 4h 为 18~20℃（1/3 填料处）	布水期间部分热量会被出水带走
	4	布水后 1h，开启 2层加热带 3h	9	6~8℃（1/3 填料处）	14~17℃（1/3 填料处）	停止加热 4h 为 14~18℃（1/3 填料处）	热量集中在中心位置；上层填料部分热量散发到空气层

续表

加热带布置方式	快渗周期/h	加热方式	总功耗/kW	布水后填料温度	加热结束填料温度	后期填料温度	备注
放置填料内部（方式3）	4	布水后1h,开启2层加热带3h	9	6~8℃（1/3填料处）	12~16℃（1/3填料处）	停止加热4h为15~18℃（1/3填料处）	热量基本保持在填料内部不对外散热；在下次布水前,填料温度基本不变
	6	布水后2h,开启2层加热带2h,保温2h	6	6~8℃（2/3填料处）	10~14℃（2/3填料处）	停止加热2h为11~15℃（2/3填料处）	缩短加热时间,降低功耗
	6	布水后2h,开启2/3填料处加热带2h,保温2h	3	7~8℃（2/3填料处）	9~11℃（2/3填料处）	停止加热2h为10~12℃（2/3填料处）	继续缩短加热时间,降低功耗
	6	布水后2h,开启2/3填料处加热带1h,保温3h	1.5	7~8℃（2/3填料处）	7~10℃（2/3填料处）	停止加热2h为8~10℃（2/3填料处）	整体填料升温效果不明显

B. 人工快渗一体化设备保温方式研究结果

通过试验,采用方式3的加热保温方式运行功耗较低,填料温度控制在较适宜范围。该方式通过对20~40cm处填料进行较均匀加热,加热方式为:先布水2h,再开启加热带加热2h,停止加热后保温2h（快渗运行周期为6h情况下）,采用该加热保温方式,落干期中上层填料的温度可保持在10~12℃,总功耗为3kW。

2）改进型人工快渗一体化设备技术参数优化

为全面摸清改进型人工快渗一体化处理设备对农田退水的处理效果,在研究区域内选择农田退水沟渠旁安装人工快渗一体化设备,全面研究一体化设备对农田退水水质净化效果,并通过调整设备的运行参数,使其净化效率达到最高。

A. 研究方法

a. 人工快渗一体化技术对TP和SS的去除效果研究

针对秦台河研究区域内农作物施肥期地表径流及农田退水水质TP及SS的污染问题,开展人工快渗一体化设备对TP和SS的去除效果的试验研究,主要对设备混凝沉淀段加药除磷和SS的效果进行优化:①通过调节药剂浓度、进水流量、加药量,确定最佳药剂投加方式及投加量,使混凝沉淀段对TP和SS的去除效果达到最佳;②通过试验确定合适的混凝药剂的投加方式,并验证长期运行条件下,最佳加药方式的可靠性;③与实际相结合,在最优加药量和加药方式条件下运行,验证人工快渗一体化系统对于TP及SS含量较高废水的处理效果,同时针对试验过程中设备存在的问题进行改进与完善。

b. 人工快渗一体化技术对农田退水水质净化效率研究

于夏、秋两季开展本次试验，总体试验时间为 60 天（夏季 30 天，秋季 30 天），每日采集进出水水样，进行测试。进水流量 45m³/d，水力负荷为 2.0m³/（m²·d），采用湿干交替的运行方式，每天布水 4 次。每日采集进出水水样进行监测，监测指标为 COD_{cr}、NH_4^+-N、TP。通过前期试验证明，PFS（聚合硫酸铁）的投加对污水中的总磷去除效果良好，故本设备采用 PFS 为除磷药剂。两种进水污染负荷时加药量情况如表 5-18 和图 5-94 所示。

表 5-18　两种进水污染负荷时加药情况表

运行时间	进水流量/（m³/d）	试验温度/℃	加药量/（L/d）	PFS 质量分数/%
7 月	45	30～38	6	1.9
9 月	45	20～29	3	1.9

图 5-94　人工快渗一体化设备试验

c. 人工快渗一体化设备快速启动与优化试验

为了提高人工快渗一体化设备的调试启动效率，采用微生物菌剂进行调试启动，并确定最佳菌剂类型、投加量、投加方式及调试效果（表 5-19）。

表 5-19　菌剂及污泥投加情况

序号	投加菌剂类型	投加量（参考菌剂推荐投加量）	投加方式
1	活性污泥	一次性投加，总量为污水处理量的 2‰（v）	先一次性投加污泥，培养 48h；第 3 天缓慢排空并开始正常进出水
2	EM 菌剂	一次性投加，总量为污水量的 2‰（v）	一次性投加菌剂+适量营养剂，培养 48h；第 3 天缓慢排空并开始正常进出水
3	EM 菌剂	一次性投加，总量为污水量的 0.5‰（v）	一次性投加菌剂+适量营养剂，培养 48h；第 3 天缓慢排空并开始正常进出水

续表

序号	投加菌剂类型	投加量（参考菌剂推荐投加量）	投加方式
4	EM菌剂	分2次投加，总量为污水量的2‰（v）	投加70%菌剂+适量营养剂，培养48h；第3天缓慢排空并开始正常进出水，第10天补加30%菌剂，继续正常进出水
5	光宝菌	一次性投加，总量为污水量的2‰（v）	一次性投加菌剂+适量营养剂，培养48h；第3天缓慢排空并开始正常进出水
6	光宝菌	一次性投加，总量为污水量的0.5‰（v）	一次性投加菌剂+适量营养剂，培养48h；第3天缓慢排空并开始正常进出水

B. 研究结果与分析

（1）人工快渗一体化技术对 TP 和 SS 的去除效果：试验过程中，随着液态 FeCl₃ 的加药量的增加，总磷与 SS 的去除率不断升高。在加药量为 30mg/L 时，对 TP 去除率达到 67%，混凝沉淀段出水 SS 小于 50mg/L。液态 FeCl₃ 投加量对 TP、SS 平均去除率的影响如图 5-95 所示。随着液态 PFS 的加药量的增加，总磷与 SS 的去除率不断升高，在加药量为 27.7mg/L 时去除率最高，对 TP 去除率达到 73%，混凝沉淀段出水 SS 小于 50mg/L。液态 PFS 投加量对 TP、SS 平均去除率的影响如图 5-96 所示。

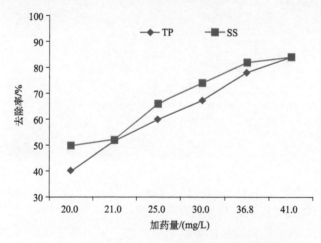

图 5-95　FeCl₃ 投加量对混凝沉淀段去除效果的影响

（2）人工快渗一体化设备连续运行研究。试验装置对 COD 的去除效果如图 5-97 所示。人工快渗一体化设备对 COD 的去除主要为两部分：一部分通过在前端预处理系统中投加 PFS，去除进水中的部分悬浮物质，进而去除进水中的部分 COD；另一部分则通过后段人工快渗池中 CRI 填料表面生长的丰富微生物作用进行去除。试验过程中，进水 COD 浓度在夏季（图 5-97 中坐标轴前 30 天内）较高，波动较大，范围为 60～145mg/L，均值为 99mg/L，故药剂投加量较大，为 6L/d，COD 去除率平均在 70%以上且波动较小，出水 COD 浓度范围为 20.16～30.08mg/L，基本达到地表水Ⅳ类水质标准；秋季（图 5-97 中坐标轴后 30 天内）进水 COD 浓度相对较低，浓度范围为 31～91mg/L，均值为

59.72mg/L，在加药量减半后（加药量为 3L/d），COD 去除率有所降低且波动相对较大，平均去除率为 59%，低于夏季去除率，但出水 COD 浓度范围为 15.49～29.83mg/L，小于 30mg/L（地表水Ⅳ类水质标准）。这说明当进水 COD 浓度降低时，可在一定程度内降低 PFS 投加量，加药量的减少虽使该设备对 COD 的去除率有所降低，但仍能保证出水 COD 达到地表水Ⅳ类水质标准。

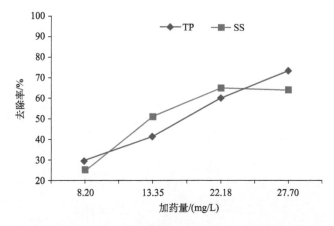

图 5-96　液态 PFS 投加量对混凝沉淀段去除效果的影响

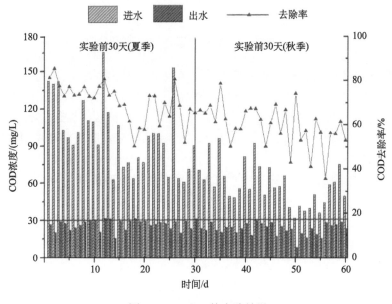

图 5-97　COD_{cr} 的去除效果

对 NH_4^+-N 的去除效果。试验装置对 NH_4^+-N 的去除效果如图 5-98 所示。试验过程中，夏季（图 5-98 坐标轴前 30 天内）进水中 NH_4^+-N 浓度相对较高，浓度范围为 1.5～2.4mg/L，均值为 1.72mg/L，该设备对 NH_4^+-N 的去除率较为稳定，范围为 40%～65%，平均去除率在 50%以上；秋季进水中 NH_4^+-N 浓度大幅降低，低于 1.5mg/L，但后 30 天设备对氨氮的去除率波动较大，范围为 30%～85%，平均去除率仍在 50%以上，这说明该设备在进水氨氮浓度较低的情况下，加药量的减少未能影响人工快渗一体化设备对氨氮的去除。这是可能是由于人工快渗一体化设备对 NH_4^+-N 的去除主要集中在后段，即淹水期通过人工快渗池中渗滤介质对氨氮的吸附作用去除，以及落干期通过微生物群落对氨氮的硝化反硝化作用去除，而秋季外部气温有所下降，使得微生物作用不稳定，造成该设备对进水氨氮的去除率波动较大，但整体不影响出水水质达标。

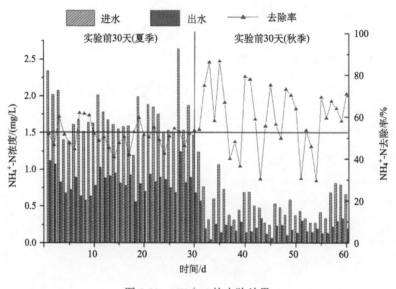

图 5-98　NH_4^+-N 的去除效果

对 TP 的去除效果。试验装置对 TP 的去除效果如图 5-99 所示。人工快渗一体化设备对 TP 的去除主要集中在前端预处理系统混凝沉淀作用，以及后端人工快渗池内特殊填料的吸附和共沉淀作用。试验过程中，夏季（图 5-99 坐标轴前 30 天内）进水中 TP 浓度较高，浓度平均值为 0.7mg/L，当加药量为 6L/d 时，此阶段该设备对 TP 的去除率相对较高，平均去除率在 85%以上，且波动较小，出水 TP 浓度基本在 0.15mg/L 以下，能达到地表水Ⅳ类水质标准；秋季进水 TP 浓度降低，浓度范围为 0.11~0.47mg/L，均值为 0.24mg/L，在加药量（加药量为 3L/d）减半后，去除率有所降低，平均值在 68%左右，但出水 TP 浓度仍稳定在 0.15mg/L 以下，达到地表水Ⅳ类水质标准。这说明该设备对 TP 的去除效果较好，当秋季进水总磷浓度降低时，在一定程度上减少 PFS 的投加量仍能使设备出水总磷浓度稳定达标（地表水Ⅳ类水质标准）。

（3）人工快渗一体化设备快速启动与优化试验。由表 5-20 可知，对比第 1 组和第 2 组试验结果可见，投加污泥的调试启动效果较好，20 天左右可使设备出水的 COD、氨氮和总磷达标；EM 菌剂可完成快渗一体化设备 COD 和总磷指标的达标调试，但氨氮去除效果不佳，可能是由于 EM 菌剂缺少硝化菌成分所致。由第 4 组试验结果可见，分 2 次投加 2‰的 EM 菌剂也可完成进水较好的一体化快渗设备达标调试。

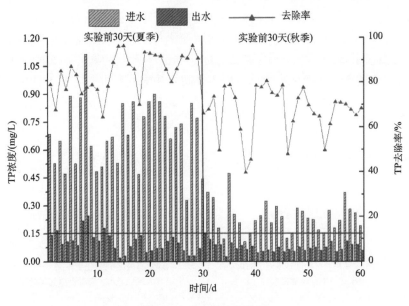

图 5-99　TP 的去除效果

表 5-20　相关设备出水与存在问题情况汇总

序号	菌剂与投加方式	是否达标（一级 A）及达标时间			备注
		COD（<50mg/L）	氨氮（<5mg/L）	总磷（<0.5mg/L）	
1	一次性投加 2‰污泥	是，第 16 天	是，第 22 天	是，第 20 天	—
2	一次性投加 2‰EM 菌剂	是，第 16 天	否	是，第 16 天	—
3	一次性投加 0.5‰EM 菌剂	否	否	否	填料平均粒径太大，直接影响调试效果
4	分 2 次投加 2‰的 EM 菌剂	是，第 12 天	是，第 7 天	是，第 14 天	设备进水已经过生化工艺预处理，进水水质比较好
5	一次性投加 2‰光宝菌剂	是，第 16 天	否	否	填料平均粒径太大，直接影响调试效果
6	一次性投加 0.5‰光宝菌剂	否	否	否	设备进水已经过生化工艺预处理，进水水质比较好

5.5　技术体系与典型案例

5.5.1　流域退水生态系统联控与自净能力提升技术体系

流域退水生态系统联控与自净能力提升技术体系，是在案例区农田灌排沟渠、秦台河河岸带结构及生态现状全面调查的基础上，充分掌握案例区农田整治及灌排沟渠构形、长度、分布及功能，了解河岸带基底形态、植被种类及分布特征，通过灌渠农田退水污染生态沟渠构建工程技术、退水沟渠水质净化与生态修复技术、河岸带湿地水质净化与功能强化技术、退水生态截流净化与循环利用技术等多项技术研发，形成基于盐碱类植物和新型基质材料配置基础上的退水沟渠水质净化与生态修复技术、基于生物塘-人工快渗-除磷单元多级组合的区域退水生态截流净化与循环利用两项关键技术，形成梯级联控的农田退水污染复合生态净化系统，应用流域退水生态系统联控与自净能力提升案例，实现农田退水 COD、氨氮、总磷等污染物的高效削减，达到农田退水生态截流净化与循环利用的目的（图 5-100）。

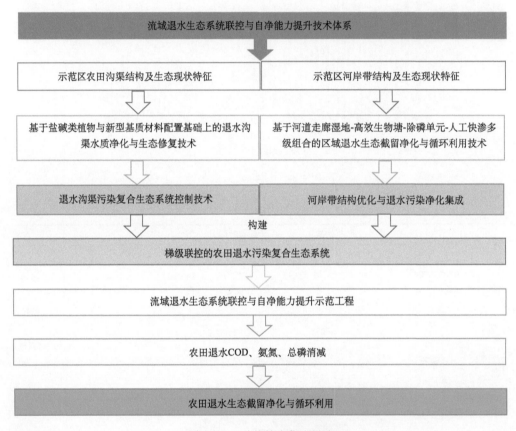

图 5-100　总体技术集成思路

1. 基于盐碱类植物和新型基质材料配置基础上的退水沟渠水质净化与生态修复技术

基于盐碱类植物和新型基质材料配置基础上的退水沟渠水质净化与生态修复技术，选取海河下游耐盐碱乔木、灌木、草木现状，在沟渠的两边以梯形种植。乔木选用白蜡树、悬铃木等，灌木选用柽柳、柳树，挺水植物选用芦苇、香蒲等，同时在毛渠及支渠中选用本地土生选取筛选本土优势物种，遵循生态系统稳定原则，因地制宜开展植被群落修复，提高植物多样性及群落稳定性，选用结缕草、黄背草、白茅、狗牙根等完成生态修复。

在生物炭的基础上研发壳聚糖-生物炭吸附材料，并配以沸石、页岩陶粒、石英砂、火山岩、石灰石等，建立生态拦截坝及深度处理装置，对农田退水进行深度处理。同时将农田退水截留在库/塘中，采用人工水草及人工浮岛技术加强净化能力。通过以上措施强化生态沟渠的净化能力，提高生态沟渠的生物多样性和生态功能，为建立多源缺水条件下农业退水截流与循环利用技术创造了条件（图 5-101）。

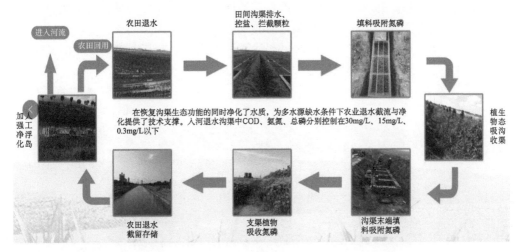

图 5-101 退水沟渠水质净化与生态修复技术集成思路

本技术在植物与填料配制的基础上，结合沟渠的改造，多过程、全方位、全时空的逐级削减农田排水面源污染物。在恢复沟渠生态功能的同时净化了水质，为多水源缺水条件下农业退水截留与净化提供了技术支撑。

（1）为新形势下农田生态沟渠的生态恢复与水质净化提供了技术支撑，创造性地提出了大面积农田生态沟渠建造的技术方案，为农业长远发展和农田的生态恢复提供了保障。

（2）库/塘为核心的农田退水回用技术，将现有的沟渠及灌排系统相结合，将规划设计的空间优化技术与水资源高效利用的原则相叠加，因地制宜地优化农田的灌排体系。使生态补水与农田用水完美的结合到了一起，在提高水资源利用效率的同时兼顾了生态环境的改善。

（3）利用本土植物与现有基质材料相结合，共同处理农田退水污染物，便于操作和实行。

2. 基于生物塘-人工快渗-除磷单元多级组合的区域退水生态截流净化与循环利用技术

基于生物塘-人工快渗-除磷单元多级组合的区域退水生态截流净化与循环利用技术主要为解决我国北方地区农业面源污染治理过程中，农田退水水质污染叠加、氮磷含量超标，严重污染下游水体水质等问题，开展河道走廊湿地、高效生物塘及含除磷单元的改进型人工快渗技术研发，针对农田退水水质特征，创新性地将所研发技术串联形成多级组合模式下的区域退水生态截流净化与循环利用技术。该技术主要为通过湿地植物筛选及填料选配，构建河道走廊湿地生态系统，承接农田生态沟渠净化后的农田退水，初步净化出水中 COD、NH_4^+-N 及 TP 等污染物；然后，通过在原有生物塘构建缺氧区域，强化反硝化能力,并筛选适应性水生植物和微生物,丰富生物塘中生物结构,选配组合填料装置,提高生物塘净化效率,进一步净化河道走廊湿地出水;最后,将除磷单元与人工快渗融合,形成改进型人工快渗技术,处理高效生物塘出水,保证最终出水稳定达到地表水Ⅳ类水质标准。其中,通过功能单元集成及系统结构优化,改进型人工快渗技术已形成一体化设备,并辅以启动时间及保温性能优化,该设备已具有低温适应性好、可快速启动、占地面积小、出水效果稳定、移动性好、运行维护简单、无活性污泥产生等优点。通过本关键技术,能进一步削减经生态沟渠系统处理后农田退水中的氮磷等污染物,使出水达到地表水Ⅳ类水质标准(图 5-102)。

针对农田退水水质特征,创新性地将所研发河道走廊湿地、高效生物塘、改进型人工快渗等核心技术串联形成多级组合模式下的区域退水生态截流净化与循环利用技术

图 5-102　区域退水生态截流净化与循环利用技术集成思路

5.5.2　应用案例:流域退水生态系统联控与自净能力提升技术

针对农田中退水沟渠土壤侵蚀严重、生物多样性低、生态系统退化严重等问题,以海河下游为例,考虑农田退水沟渠的设计、建造及扩容等问题,利用现有的沟渠、空塘,构建毛渠、支渠、库/塘和干渠的农田沟渠生态系统;基于农田沟渠的特征,重新设计农田排水系统和农田生态沟渠,建立多级立体面源污染防控技术体系;实现对农业面源污染的截留并减轻水体中的氮磷负荷和 COD 浓度,从而显著改善秦台河入潮河水质。同时可将净化后的农田退水回用到农业生产中去,不仅净化了农田退水水质,美化了园区及周围居民的生活环境,而且对该地区社会稳定和经济、社会、环境协调发展起到积极的促进作用。

1. 应用案例 1:退水沟渠污染负荷生态系统控制技术

本技术应用中生态沟渠的建设按照以下原则,修整干渠,按照宽度为 240~500cm、深度为 200~400cm、边坡比为 1:2.0~1:2.5 的尺寸,对原有干渠进行修整和生态改造,构建横截面为梯形的干渠;护坡植物按照淹水边坡种植挺水植物、上部边坡种植根系发达的本土植物的原则，在干渠的边坡上种植护岸植物；种植植物，在干渠内种植挺水植物，以实现干渠对水体的净化（图 5-103）。

图 5-103　技术应用园区模式图

生态沟渠植被配置主要以耐盐碱乔木、灌木、芦苇、香蒲为主，在沟渠的两边以梯形分布。乔木选用白蜡树、悬铃木等，灌木选用柽柳、柳树，挺水植物选用芦苇、香蒲等，如图 5-104 所示。在污染物的流动过程中通过作物的截蓄将污染物留下来，达到水质净化的目的。中裕园区设置水塘。为保证水塘出水的达标排放，在水塘中布设浮岛和人工水草。园区水塘有两个主要作用：一是用来存储农田灌溉用水，保证作物的灌溉用水量；二是用来截蓄农田退水，保障生态沟渠的农田退水再回用于农田。农田退水在经过生态沟渠净化后，进入园区水塘，通过水塘、浮岛及等措施深度净化处理后通过沟渠排出园区或者重复利用。

(a) 生态沟渠边坡构建图

(b) 生态沟渠构建图

(c) 生态沟渠植被图

(d) 生态沟渠边坡构建图

(e) 园区塘建成图

(f) 园区塘植被构建图

图 5-104　生态沟渠植被配置

2. 应用案例 2：河岸带结构优化与退水污染净化集成技术

将相关技术研究内容融入秦台河人工湿地水质净化工程设计中，在前期案例区现场调研和数据采集分析的基础上，积极开展关技术的实施和应用。根据原水水质波动较大、现场可供建设使用用地面积有限等特点，最终确定案例区所采用的处理工艺为：稳定塘+潜流湿地+深度净化塘+除磷单元+人工快渗的组合工艺，其具体工艺流程如图 5-105 所示。

稳定塘单元(高效生物塘)：稳定塘通过前期筛选秦台河流域本土湿生植物研究结果，在稳定塘塘边浅水区域配合种植扁杆荆三棱、芦苇等挺水植物，考虑北方春冬季气温较低，植物复苏慢，对污染物净化能力低等问题，为保证稳定塘净化效率稳定性，在稳定塘中设置人工水草，人工水草是一种高效的生物填料，它是一种由特殊的织物材料制成的新型生物载体，通过独特编织技术和表面处理，使其具有巨大的生物接触表面积、精细的三维表面结构和合适的表面吸附电荷，能发展出生物量巨大、物种丰富、活性极高的微生物群落，并通过微生物的代谢作用高效降解废水中的污染物。同时，利用稳定塘深度（平均深度为 2.5m）构建复氧-缺氧-好氧区域，塘深 0~0.5m 为复氧区域，主要是利用阳光直射时，通过藻类和浮萍等浮叶水生植物的光合作用对塘水进行复氧，塘深0.5~1.0m 处为缺氧区域，塘下部（1.0~2.5m）为厌氧区域，主要是此区域扰动小，基本上呈厌氧状态，在厌氧条件下，进水中所携带的有机氮在氨化菌的作用下转变为氨氮，为后续的硝化反应做准备。同时在塘内产酸菌的作用下，进水中的大分子有机物进行水解，转化为简单的有机物（有机酸、醇、醛等），提高了污水的可生化性。系统进水为秦台河河水，携带的悬浮物较多，污水进入稳定塘后，由于流速降低，悬浮物在重力作用下沉于塘底，起到截留悬浮物的作用，避免了后续潜流湿地的堵塞。

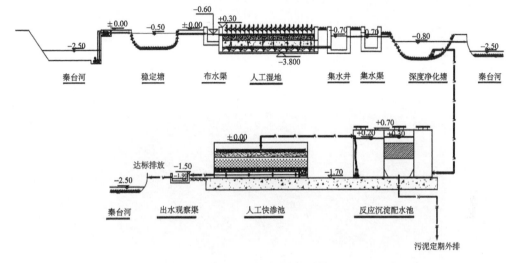

图 5-105　案例区工艺流程图（单位：m）

本工程稳定塘的总占地面积为 4000m²，秦台河河水由涵管引入稳定塘，稳定塘出水采用潜水泵提升至布水渠后进入潜流湿地。稳定塘中设有人工水草，以提高稳定塘的处理效果。稳定塘工艺原理示意图如图 5-106 所示，总占地面积为 4000m²，有效均深为 2.5m。

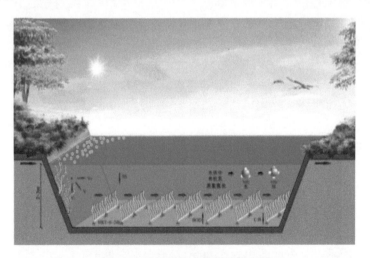

图 5-106　稳定塘工艺原理示意图

潜流湿地单元：在本工程中原水自顶部进入潜流湿地，均匀地流过湿地内部的生态填料后，自底部排出潜流湿地；在这个过程中通过顶部种植的挺水植物、植物根部和生态填料表面附着的微生物的共同作用，实现了水质净化的目的。在潜流湿地上半部，由于有大气复氧和植物根系传氧作用的存在，微生物以好氧形式为主降解水中的污染物：硝化菌在好氧条件下，将污水中的氨态氮氧化为亚硝酸态氮或硝酸态氮，好氧异养型微生物在好氧状态下，降解污水中的绝大部分有机物。在潜流湿地下半部，随着溶解氧含量的降低，生化作用逐渐以缺氧和厌氧为主，在这个过程中能使部分硝态氮还原为氮气而得到去除，同时能在一定程度上提高原水的可生化性（图 5-107）。

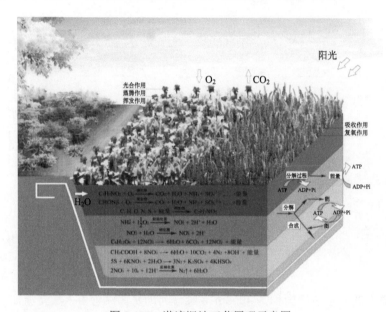

图 5-107　潜流湿地工艺原理示意图

本工程潜流湿地总占地面积为 10000m^2，采用水平潜流，共划分为 10 个单元，每个单元面积为 1000m^2。潜流湿地设置布水渠，在布水渠上均匀的设置一定数量的圆孔布水。每个潜流湿地单元分别设置 1 座集水井，相邻集水井采用集水管连接后汇集至潜流湿地集水渠。总占地面积为 10000m^2，有效深度为 1.0m。

深度净化塘单元（高效生物塘）：主要是通过工程技术手段在河道内修筑适宜挺水植物生长的梯田状水下坡岸，在河道内构建生态岛，设置生物滞留塘和沉水植物区，并在水面上河岸两侧构建生态护坡来实现河道内水质净化及保持、防止河岸水土流失和沿河生态带修复的目的。其内部包含丰富的生物相与植物相，对周边环境的生态修复和稳定生态系统起着积极作用。河道走廊人工湿地的主要作用机理包括：挺水植物、沉水植物的吸收作用和光合作用；水中微生物的厌氧、缺氧和好氧生化作用；植物根系、茎叶表面的截留过滤作用、土壤基质的吸附作用、生态边坡对于面源污染的截留作用等。本工程深度净化塘总占地面积为 5100m^2，污水由潜流湿地集水渠溢流进入，深度净化塘设计参数如图 5-108 所示，总占地面积为 5100m^2，平均水深为 1.5m。

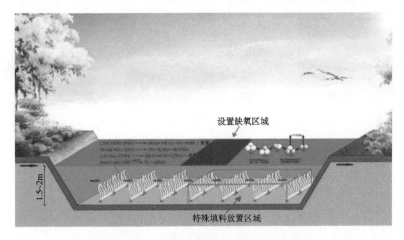

图 5-108　深度净化塘工艺原理示意图

　　人工快渗单元（前置除磷单元）：由于目前案例区进水超标，导致出水达不到设计的地表水Ⅳ类要求。拟在不改变秦台河人工湿地水质净化工程处理规模、不影响其正常运行、基本不占用场地的前提下，将少量人工湿地处理系统的出水引入人工快渗工艺进行深度处理。运用"河道走廊湿地+高效生物塘+除磷单元+人工快渗"的组合工艺，实现进水深度除磷，并使处理后出水 COD_{cr}、氨氮、总磷稳定达到地表水Ⅳ类水标准。结合浮游动物和浮游植物多样性评价结果，园区的生态治理取得显著效果（图 5-109）。

人工快渗单元

建设中

建成后

运行中

图 5-109　河岸带案例区现场实物图

5.6　本 章 小 结

　　针对农业排水水质污染叠加和生态功能退化等问题,以海河南系下游灌区为例,充分利用灌区河岸带区域,详细开展秦台河流域河岸带结构类型及植被物种调查、河岸带基底形态改造研究、农田退水污染特征研究、河道走廊湿地技术研究、高效生物塘技术研究,以及人工快渗一体化技术研究等相关工作内容,构建了复合生态沟渠工程改造和生态修复、河岸带结构优化、湿地生态工程净化、灌排协同与水肥盐一体控制的循环利用等组合技术,建立多源缺水条件下农业退水生态截留净化与循环利用技术。

第 6 章 农业清洁流域的构建与推广

农业清洁流域建设是一个非常复杂的系统工程，必须建立全过程和长时期的防治体系，必须有一整套理论与方法的指导。从农业面源污染全过程防控技术体系构建思路与方法的需求出发，农业清洁流域建设应当遵循农业生态学、清洁生产原理、农业水文学、系统控制论等科学原理与方法。

6.1 农业清洁流域建设的理论和方法

6.1.1 清洁生产原理在农业清洁流域建设中的应用

20 世纪 70 年代末期以来，不少发达国家的政府和各大企业都纷纷研究开发和采用清洁工艺，开辟污染预防的新途径（Xu et al., 2006）。之后，清洁生产的理念被提出并作为一种新的、创造性的保护环境的战略措施，被越来越多的国家接受和实施（Van et al., 2020）。1997 年，联合国环境规划署对其进行了明确定义：清洁生产是指将综合预防的环境保护策略持续应用于生产过程和产品中，以期减少对人类和环境的风险（魏立安，2005）。本质上来说，清洁生产就是对生产过程与产品采取整体预防的环境策略或一种生产模式，其目标是要减少或者消除生产过程与产品对人类及环境的可能危害，同时充分满足人类需要，使社会经济效益最大化。一般来说，清洁生产追求两个目标：一是通过资源的综合利用，包括短缺资源替代、循环利用及节能增效，达到自然资源和能源利用的最合理化；二是在获得清洁产品和经济效益的同时，减少生产过程废物和污染物的排放，使生产活动对人类和环境的风险最小化。通常，清洁生产采取的具体措施包括两个方面：一是使用清洁的能源和原料，从源头削减污染；二是不断改进设计，采用先进的工艺技术与设备，改善管理水平，提高资源利用效率及多级循环利用水平，减少或者避免生产过程中污染物的产生和排放。欲将农业面源污染控制好，就必须实施农业清洁生产。有三个关键环节必须做好。

一是投入品材料的优化管理，通常主要指肥料、农膜、农药、添加剂、水分等的减量化与适配化。这是在生产过程开始以前，也可以说是在污染前采取的防止对策，也是最有效的环节，是全过程无污染控制的基础。在选择投入品时，不仅要关心自身的潜在污染可能性，还要关心再使用的可能性和可循环性，考虑不同投入品间的分级闭环流动，考虑投入品的回收处理与产品使用过程的污染等。

二是实施产品生产过程的绿色设计。实行农业清洁生产，生产过程优化控制常常成为关键。首先在产品选择上，将环境保护效益和产品质量及竞争力相结合。其次要对产品生产过程进行绿色化设计，要考虑在生产中使用更环保的材料、精准的要素配置或更优异的机械等，生产的每个环节都没有废弃物排放或使污染最小化，各环节之间对系统产生的废弃物能有效循环利用。

三是实施产后过程的流域控制。一般而言，通过环境友好型投入品的优化控制和生产过程的有效控制，农业面源污染就会得到较好防治，但因农业生产是一个受自然条件与社会经济状况影响极大的复杂系统，同时，除了主产品外，还常常伴生有大量的副产品，甚至或多或少地随径流、灌溉水等产生养分的流失，不同程度地造成区域不可控的污染。因此，实施产后过程的流域控制是必要的。从农业生态系统的实际状况分析，产后过程的潜在污染通常包括秸秆、农膜、流失的养分、农药等。最大限度地实施秸秆综合利用，尽可能回收农田残膜，有效实施生态沟渠、农田塘库和排水的安全回灌等技术，尽可能将流失的养分、农药等控制在进入河湖水体之前，甚至进行必要的污染治理等，就成为农业面源污染控制的重要内容。

6.1.2 生态学理论在农业清洁流域建设中的应用

农业生态学的理论和方法是构建农业清洁流域和全过程面源污染防治的最重要的科学依据之一。农业生态学是一门研究农业生物（包括农业植物、动物和微生物）与农业环境之间相互关系及其作用机理和变化规律的科学，主要运用生态学和系统论的原理和方法，将农业生物与其自然环境作为一个整体，研究其相互作用、协同演变，以及社会经济环境对其调节控制的规律，以促进农业全面持续发展（陆仲康，1995；林文雄等，2012）。农业生态学的基本任务是要协调农业生物与环境之间的关系，维护农业生态平衡，促进农业生态与经济的良性循环，实现经济效益、社会效益和生态效益的协同增长，确保农业的可持续发展，而农业面源污染控制的基本目标正是要在保障区域农产品安全的前提下，实现区域生态环境的安全，这一目标与农业生态学的基本任务是完全一致的。

物质循环再生理论是生态学的基础理论之一。农业生态学倡导构建结构合理、功能强大、生物与环境关系协调的物质循环再生和能量高效转化体系，既包括环境中的物质循环、生物间的营养传递和生物与环境间的物质交换，也包括生物质材料的合成、分解与转换。基于这一原理的指导与要求，在流域面源污染防治中，必须建立良好的农业生态系统结构，如选择水肥高效能利用生物品种、摒弃氮磷养分高排放种植模式、采取适宜的化肥减量增效、选择新型肥料技术与产品、建立流域生态渠塘系统、发挥湿地与林草过滤篱带的作用等。

生物与环境相互作用与协同进化原理表明，生物与环境是相互作用、相互影响的，两者之间存在协同进化的基本特征。面源污染控制的直接目标是要保障水环境等环境要素的质量及可持续演变，这必须建立在生物与环境相互适应和良性演化的基础之上。因此，有效控制农田肥力减退，采用生物基材料促进农业生态系统土壤等环境要素质量不断提升，严格控制工业"三废"进入农业环境是维护好农业生态系统生态平衡和控制农业面源污染的必然选择。

6.1.3 农业水文学对农业清洁流域建设的指导作用

水的驱动是面源污染的基本动因。因此，特定区域的农业水文特征常常与面源污染的强弱和发生规律有着直接的关联。例如，我国黄淮海地区，自然条件下农业生产上洪涝旱碱（淤）灾害同时并存、交替出现，构成这里特定的农业水文现象，从水-土-气-植系统看其成因，从水-土-植关系中找对策，可从中看出其治理并不是单因素、单方面的，而是全局统筹、协调好内部矛盾关系的综合治理，而在海河流域，农田比例较大，农业面源污染就成为较为常规的一种面源污染形式。多水源灌排条件比较突出，已经成为新的由农田退水驱动的面源污染形式。同时，不论对哪一种面源污染形式，从农业汇水特征上都具有特定走向，常常形成特定的汇水单元，具有小流域的基本特征，这为控制农业面源污染提供了重要的水文学思路。

农业水文学是研究特定区域农业生产现状条件下各种水文现象发生发展规律及其内在联系的一门学科。主要研究水分-土壤-植物系统中与作物生长有关的水文问题，尤其着重研究植物散发和土壤水的运动规律，为农业规划和农作物增产提供水文依据。农业水文学是水文学与农业科学的交叉边缘学科，是指与农业活动有关的水文条件、水资源利用及其内在联系的科学。其宗旨是研究大气水、地面水、土壤水、地下水联合应用，以便更有效地协调水、土、植、气之间的关系，为科学治水、合理用水和农业可持续发展提供理论依据和实施技术。农业水文学的基本内容主要包括：一是降水、地表水、土壤水、地下水及它们的动态过程，如降水截留、土壤入渗、植被截留、坡地径流、农田蒸发、地下径流等；二是农业用水的水文条件、汇排水走向及其区域特征；三是旱涝与土壤水盐动态；四是农业用水管理的科学基础等。

6.1.4　系统控制论在农业清洁流域建设中的应用

系统控制论是在接受系统论和控制论的思想和工作方法的基础之上发展起来的系统健康高效运转和预防系统事故的理论。系统控制论及其相关实践是 20 世纪对人类生产活动和社会生活发生重大影响的重要科学，对各种自然系统、社会系统和工程系统的高效运转具有重要指导意义。美国科学家 N·维纳于 1947 年首次提出控制论科学，第二次世界大战以来军事技术上的进步，交通管理系统的进步，空间技术的突破，特别是载人登月飞行、自动飞船的辉煌成就等，进一步推动了系统控制论在更广泛领域内的实际应用。系统控制论致力于分析所选定系统的行为，研究系统状态的变化规律和对其演化过程，探索进行人工干预或控制系统的可能性。随着现代计算技术和信息技术的发展，最优控制理论、大系统理论、动态规划和系统对策等理论不断应运而生，成为解决系统控制问题的最优选择的理论和方法。

农业生态系统是一个有自身演变特征的有序结构，是一个复杂的具有能量、物质交换数量特征的演化系统。农业面源污染正是在物质交换不顺畅、利用效率低下的背景下产生的一种环境问题。所以吸取系统控制论的理论与方法，不断优化农业生态系统结构、理顺投入与产出关系，提升整体系统的设施化与精准化管理水平等，成为农业面源污染控制的总体保障。

6.2　农业清洁流域控制技术集成与应用

6.2.1　指导思想、构建原则和目标

1. 指导思想

全面贯彻党的十八大和十九大精神，深入贯彻习近平总书记系列重要讲话精神和治国理政新理念、新思想和新战略，统筹推进"五位一体"总体布局和协调推进"四个全面"战略布局，牢固树立和贯彻落实新发展理念，贯彻党中央、国务院关于生态文明建设的决策部署，树立"绿水青山就是金山银山"的理念，细化落实《水污染防治行动计划》的目标要求和任务措施，以改善水环境质量为核心，系统推进水环境、水生态和水资源保护，综合运用政策、法规、市场、科技、文化等手段，落实流域分区的差异化要求，不断提高水环境管理系统化、科学化、法治化、精细化、信息化水平，确保水环境目标如期实现。实现农田退水污染防治工作历史性转变，健全环境管理体系，以解决农田退水污染防治管理制度实施缺乏技术支撑问题、提高环境管理有效性为目标，建立起以污染防治技术政策、污染防治最佳可行技术导则和农田退水污染防治工程技术规范，以及相应的农田退水污染防治技术评价制度和应用推广机制为核心内容的国家农田退水污染防治技术管理体系，为污染源稳定达标排放、污染物总量削减、节能减排和农田退水污染防治目标的实现提供可靠的技术保障。

2. 构建原则

（1）全面规划、分批实施。围绕农业面源污染防治目标和节能减排重点工作要求，结合行业发展和污染物排放状况，全面制订规划，分批实施。

（2）支撑污染防治全过程控制管理。构建以污染防治技术政策、污染防治最佳可行技术导则和农业面源污染防治工程技术规范为核心的技术体系，为工程立项环评、工程设计，同时建设、验收和环保设施运行管理等各个污染控制环节提供技术支持，确保农业污染物的有效削减和稳定达标。

（3）促进环境技术创新发展。建立科学的农业面源污染防治技术评价制度和应用推广机制，促进环境技术创新发展，促进新技术利用，提高环保技术装备质量和污染防治技术整体水平。

（4）借鉴国外农业面源污染防治技术管理经验。在全面剖析欧、美等发达国家在农业面源污染防治技术管理制度建设和污染防治最佳可行技术筛选及污染防治技术评价等方面的成功经验。

3. 技术选择的原则和方法

1）技术选择的基本原则

（1）技术选择符合清洁流域建设总体目标要求。

（2）技术遵循全程控制的原则，即通过加强源头消减、优化过程控制和末端治理三

个方面综合防治流域面源污染。

（3）技术要体现综合/整装原则。以养殖业为例，需要从源头饲料—粪污收集模式—资源化利用等全过程，突出养殖业面源污染控制的综合技术。

（4）技术的成熟度原则，被推荐的技术其就绪度要达到 6 级以上。

（5）基于层次分析法的"三维"（技术、经济和环境）技术评价原则。

（6）技术的"因地施策"原则，不同技术要结合流域特点，具体情况具体分析，采用"一域一策"原则。

2）技术选择的基本方法

首先，流域农业面源污染防控技术的选择需要按照指定的评价方法（层次分析法）筛选技术，对于关键技术参数不符合要求或匹配度较差的技术进行逐层筛除，综合评判后选择符合要求或相对优越的防治技术。其次，所需技术需源自于推荐的技术清单（种植、养殖和农村生活方面的技术清单）。清单应包括技术概述、技术原理、适用范围和条件、应用效果、技术风险、技术规程、推广政策建议、备注说明等主要内容。另外，所选技术应符合上述六大原则要求，同时要满足流域目标水体的要求进行组合和使用，最终根据流域目标水体的需要进行技术选择。最后，根据流域生态环境特点，需要对选择的特定技术给出系列政策管理建议，包括科学合理的经济补贴标准、技术覆盖度、行之有效的监管核查办法等内容。

4. 目标

针对农业主产区水肥药高耗、粮食刚性需求下农业面源污染压力突出的问题，以保障粮食安全前提下流域污染负荷削减为核心目标，以海河南系下游为例，按照清洁生产、种养平衡、生态联控、区域统筹有机结合的技术思路，从农田/养殖/农村污染控制-退水沟渠与河岸带结构与功能优化-农业清洁流域构建等层面进行系统控制，研发并集成种养清洁生产与种养平衡模式，形成基于生态沟渠和河岸带结构优化的流域面源污染生态联控技术体系，创新技术与管理一体化的流域面源污染防控模式，为保障海河下游秦台河段入潮河农业排水水质消除 V 类和劣 V 类提供技术支撑。

6.2.2 农业清洁流域全过程控制技术模式

将农田增效减负与清洁生产技术、养殖废弃物资源化处置与种养一体化循环利用技术、农村有机废弃物资源化处置与循环利用技术、流域退水污染复合生态系统控制技术进行整装，构建源头清洁生产、沟渠系统高效控制和缓冲带生态修复的全过程控制技术模式（图 6-1）。

1. 农田增效减负与清洁生产技术

养分诊断与肥料运筹技术：诊断土壤基础地力、作物养分适宜量及吸肥关键期、研发适宜作物需肥规律及水-肥-根高效耦合的肥料运筹技术。以碳调氮为核心的土壤库容扩增技术：提出适合海河下游粮食主产区"氮磷钾碳"全元素施肥方案，以修复土壤地力，扩增土壤氮磷安全容量，提升土壤缓冲性能。"节水保墒"水肥盐一体调控技术：

研发集抑盐-高效-节水一体的水肥盐调控技术，抑制无效蒸发和渗漏导致的无效灌溉和养分流失，改变水走盐留。"种养平衡"发展模式，由源变汇，消纳有机废弃物；"以种定养"，防止畜禽粪便过量增加环境压力；"以养促种"，降低畜禽粪便资源化的环境风险。

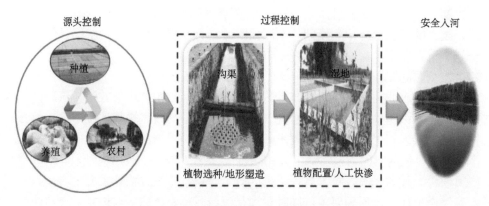

图 6-1　农业面源污染全过程控制技术模式

2. 养殖废弃物资源化处置与种养一体化循环利用技术

针对种养分离、循环利用措施缺位、北方冬季温度低沼气工程系统不稳定、产气率低等特点，以养殖废弃物能源化资源化为核心目标，以海河南系下游为例，建立厌氧发酵沼气工程，串联青饲料生产工程，将青贮植物资源化利用，生产出富含微生物菌剂的青贮饲料，实现生态养殖与资源循环。研发基于猪舍储粪池原位强化水解酸化技术，开展微量元素强化厌氧水解效率的技术突破。明确了猪粪厌氧消化过程中发酵产酸的过程，基于联合厌氧发酵，通过优化酒糟最佳投加量（19∶1），大幅提升甲烷产量。

针对养殖废弃物厌氧处理设施投资成本大、冬季运行效率低等不足，研发低成本的封闭厌氧塘、两相废弃物厌氧发酵等关键技术。构建了封闭厌氧塘技术数学建模，可模拟优化建立 pH 自调节缓冲体系。通过引入气动搅拌技术，优化单级封闭式厌氧塘原来的 70%死区的水力条件，增强传质、强化产甲烷效率。

针对养殖废弃物资源化利用率低与农田脱节的问题，将沼渣和沼液与秸秆类生物质废弃物一起用于微生物肥料的生产原料，优化生物质废弃物与沼渣和沼液的比例，优选 3～5 株植物促生菌和发酵剂微生物菌株，优化发酵工艺参数，实现畜禽废水资源化。该项技术在已获取的固态微生物肥料高效植物促生菌/生防菌菌株基础上，以废水为培养基主要原料，液态培养，优化培养条件，获得液态微生物肥料的最佳配比，以达到增产效果。

针对沼液中氮磷处理成本高昂等技术难题，以资源化与高值化利用为目标，以沼液为培育主体，选育出高效吸收氮磷的青贮植物绿狐尾藻。将青贮植物资源化利用，生产出富含微生物菌剂的青贮饲料。通过添加微量元素锌锰等调理剂经实验室优化产量和氮吸收能力，具备工程应用基础。

3. 农村有机废弃物资源化处置与循环利用技术

核心目标是以能源化、资源化、无害化、经济化为约束条件，筛选海河下游简便易行、经济适用的农村废弃物控制与治理技术，农村有机废弃物循环利用系统应用，提高农村污染物处理与利用率。

针对农村厕所污染及粪便利用问题，在人口较密集水厕区，开发真空负压源分离厕所系统；分散农户开发新型生态旱厕技术，提高发酵水平粪污资源化；遵循原生态物质循环理念，将黑水（粪尿污水）约 90%的氮、磷，60%～70%的钾，经微生物快速催化分解，作为富含氮磷钾等液态肥加以利用。减少农村厕所耗水，实现利用人粪尿制肥。

针对人畜粪污染严重、资源化利用水平低，采用高温好氧干化发酵反应器、预混料静态发酵、常规堆肥三套系统，完成不同发酵速率的专肥。粪污肥料化，满足种养平衡要求的土壤调理剂和高效专用肥。

针对农村养殖废水污染严重、资源化利用难度大，研发了污水存储系统、微生物反应系统和改质系统组成。经生化反应系统将基础料和多元添加剂，按时定量的合成纳米级半成品。初生罐里的半成品，经过进一步生化处理作用，形成排列有序复合小分子团结构（即生物基醇），实现高浓度有机污水制备生物基醇转化率。

4. 流域退水污染复合生态系统控制技术

通过基底形态塑造-导流设施合理布局-植被带优化配置-工艺参数组合,研发河岸带结构优化与重建修复技术；根据尾水的排放去向，采用不同生态净化单元耦合方式，研发农田退水生态截流净化与循环利用技术；建立灌排协同与水肥盐一体化控制的流域面源污染控制生态系统技术与规程。

针对排水沟渠排灌功能与水质净化功能的矛盾，研发了灌排协同与水肥盐一体化控制的沟渠生态系统技术，设计适合干、支、斗、农和毛不同级别的生态型排水沟渠，研发生态型沟渠空间形态构建技术、生态护坡和植被过滤带构建技术；针对排水沟渠排灌功能与水质净化功能的矛盾，筛选合适的海河下游的植物种类和基质材料、植物物种和基质材料优化配置、生物填料技术、生物床技术、阶梯式生态板生物通道构建技术；针对排水沟渠结构差、生态功能退化等问题，研发河岸带植物选种配置及生态恢复技术、植物种群结构配置、河岸带基底形态优化；针对农田退水水质、水量随季节性变化的特征，开展快渗处理系统的前处理单元（沉淀池、调节池）、辅助单元（污泥干化池）集成化研究，研发形成更为便捷的人工快渗一体化技术和设备。最终削减 TN、TP、COD 浓度，提升水质。

6.2.3　农业清洁流域综合应用

以海河南系下游为例，针对案例区多水源灌排交互条件下点源和面源污染交叠的特点，量化分析点源、面源污染的源强；通过分析工业点源、农业面源对秦台河案例区水质的影响程度，构建秦台河案例区水体污染基线保障联控联防方案；提出多水源灌排农业区控制单元划分的指标体系，建立集面源污染负荷核算和分配的流域水质提升技术体系，构建海河下游多水源灌排交互条件下农业清洁流域评价体系（图 6-2）。

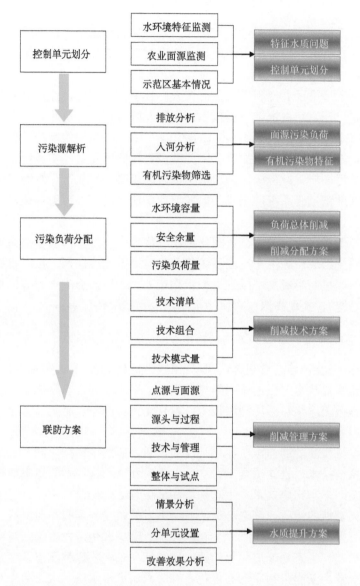

图 6-2　基于水质提升管理的流域面源污染防治统筹联防方案构建思路

1. 农业清洁流域建设方案

基于本书对秦台河案例区农业面源污染、畜禽养殖污染和农村生活污染负荷核算与源强分析，对案例区进行了控制单元的划分，构建了秦台河案例区水质提升管理技术体系及评价指标系统。以控制单元作为面源污染防治的基本单元，分析水资源的源汇关系和污染物的水-陆响应关系，对控制单元内不同农业面源类型、数量、减排计划和适合当地的最佳管理措施进行系统分析，以秦台河水质提升管理技术体系及评价指标系统为导向，以农田增效减负与清洁生产技术、养殖废弃物资源化处置与种养一体化循环利用技术、农村有机废弃物资源化处置与循环利用技术、流域退水污染复合生态系统控制技术等四大技术模式为核心，依托配套工程，以三大技术应用案例为核心，在当地政府的支持下，结合种粮大户和合作社，典型村镇，开展技术培训，构建了海河南系下游河灌区网农业清洁流域 20km² 的核心案例区和农业清洁流域案例区，覆盖滨北、三河湖、杨柳雪、秦皇台、梁才、彭李、北办、市东、市西等乡镇，总面积达到 87km²（37°12′～37°41′N，117°47′～118°10′E）。在此基础上，通过进一步宣传，在 87km² 案例区内辐射推广（图6-3）。

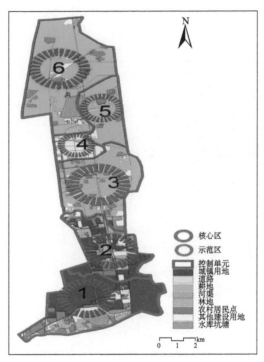

图 6-3 农业清洁流域建设的核心区和案例区

数字 1～6 为 6 个控制单元

1）案例区控制单元的划分

通过对秦台河案例区背景污染与面源污染负荷量与入河量的分别估算，根据土地利用类型，对案例区进行了 6 个控制单元的划分。案例区内土地利用主要是小麦-玉米轮作种植结构，以控制单元 3、5、6 为主，农田种植面积占比均达到 50%以上。农村居民地主要集中在控制单元 1、3、5，面积占比分别为 46.9%、26.9%和 13.6%。城镇用地主要集中在控制单元 2，占其面积的 51.5%。养殖业主要集中在控制单元 3。控制单元 4 为工业集中发展区（图 6-4）。

2）案例区技术的选择

控制单元 1 为秦台河起点，处于城乡接合部，存在多种污染交叠，长期河底淤积污染物，缺少水源补给，农村生活污水近乎直排，分散养殖的畜禽粪污疏于管理，小作坊

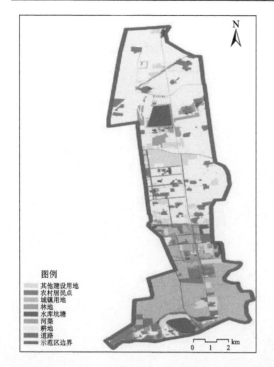

图 6-4　秦台河案例区控制单元划分

沿路沿河而建排污难以监管。秦台河是典型的平原区人工开挖河道,严重受到人们生产、生活的影响,同时,水体不能很好地与外界水体进行交换,外源污染持续输入,致使秦台河水体自净能力差,富营养化现象严重。此外,城乡环境基础设施比较薄弱,城乡生活污水及面源径流收集率低,处理能力非常有限。因此,控制单元 1 以开展农村黑臭水体治理为主。具体目标为提高农村生活污水治理率、加强畜禽粪污资源化利用、推进种植业面源污染治理。

控制单元 2 位于城市生活区,主要问题是城市生活污水经污水处理厂处理后排放入河,需适时开展污水处理厂提标改造。同时,该区域分布一些企业,应加强监管,杜绝企业直排污水。因此,控制单元 2 应开展农村黑臭水体治理、生态修复等综合整治措施,完善防洪、排涝、水生态保护体系。

控制单元 3、5、6 为技术的主要应用推广区。三个区域内土地利用主要是小麦-玉米种植为主,农田种植面积占比均达到 50%以上。因此,以大力发展现代生态循环农业为主,按照清洁生产、种养平衡、生态联控、区域统筹有机结合的技术思路,构建种养清洁生产与种养平衡模式,形成基于生态沟渠和河岸带结构优化的流域面源污染生态联控。

A. 推进种植业面源污染治理

大力发展现代生态循环农业。积极推进中裕现代生态农业产业化建设,推动农业废弃物资源化利用试点和蔬菜有机肥替代化肥应用点建设,推动生态循环农业应用基地建设,积极探索高效生态循环农业模式,构建现代生态循环农业技术体系、标准化生产体系和社会化服务体系。采用作物高产条件下农田肥料运筹、耕层土壤水库及养分库扩蓄增容、节水控肥抑盐增效减负一体的技术体系。合理施用化肥、农药。通过精准施肥、调整化肥使用结构、改进施肥方式、有机肥替代化肥等路径，逐步控制化肥使用量。推进高效低毒低残留农药替代高毒高残留农药、大中型高效药械替代小型低效药械，推行精准科学施药和病虫害统防统治。

B. 全面推进养殖污水综合治理

现阶段秦台河案例区畜禽规模化养殖比例为 61%，因此，采用规模化养殖场畜禽粪尿的无害化处置和资源化利用配套设施的建设，提高畜禽废水中 COD、TN、TP 的去除率，畜禽污染控制主要包括以下六种措施。

（1）提高规模化养殖比例，建立集中的粪污处理设施，进行标准化养殖。规模化养殖场畜禽污染资源化利用方式：一是建沼气池，发展环境工程；二是生物堆肥，减少污染，回用农田；三是实行粪尿分离，除臭减污，尽量减少用水冲粪便。

（2）规模化养殖场粪尿处理措施：规模化养殖场的粪尿处理推荐采用综合利用处理技术，畜禽养殖场粪尿经厌氧反应器处理后制得沼气，供养殖场和附近居民作为生活燃料。

（3）畜禽粪污收集与储存：新建或改、扩建的畜禽养殖场均采用干法清粪工艺，固体粪便与尿、污水分离。现有采用水冲粪、水泡粪清粪工艺的养殖场，逐步改为干清粪工艺。为保证处理设施进水恒定和便于出水还田利用，应设置废水和出水储存池。

（4）固体粪污处理：畜禽固体粪便的处理应坚持综合利用原则，实现粪便资源化，宜采用高温好氧堆肥工艺，自然堆制发酵或者机械强化发酵，制成成品肥料还田。未采用干法清粪工艺的养殖场应先将粪水进行固液分离，然后将粪渣进入堆肥厂，废液进入废水处理系统进行处理。

（5）养殖场恶臭控制：通过控制饲养密度、加强养舍通风、及时清粪等措施减少臭气产生；粪污处理工艺尽量密闭，减少恶臭扩散；物理除臭，采用除臭吸附剂如沸石、锯末、秸秆、泥炭等；化学除臭，投加或喷洒化学除臭药剂如石灰、高锰酸钾、重铬酸钾、过氧化氢、次氯酸钠等；生物除臭，采用生物过滤法或生物洗涤法。

（6）大力推广生态养殖工程：畜禽场的选址、布局应考虑生态养殖模式的需要，根据养殖场可供消纳畜禽粪便的数量来确定养殖容量。养殖场的排水系统应实行雨水和污水收集输送系统分离，在场区内外设置的污水收集输送系统。

从改善生态环境、减轻养殖农户负担角度出发，积极创造条件，鼓励建立养殖小区，养殖小区以市场为导向、以养殖户投资、经营为主体，采取统一规划（土地、设计、污染治理）、统一标准、统一服务、统一集中防疫等手段，实行科学化和规范化管理、市场化和效益化运作，注重科技含量、注重企业增效、农民增收。同时通过小区建设实现畜禽粪便的资源化、无害化和减量化，发展有机肥，用于无公害农业生产，形成循环经济，走向安全、环保、可持续发展的道路。

因此，该区域采取以种植业为基础，养殖业为中心，沼气工程为纽带的生态养殖业模式，使畜禽粪便综合利用率达到 70%；发展"养殖-回收利用-加工-销售"一条龙的产业链，大力推广"四位一体"的生态养殖工程，形成一个物质多层高效利用的生态农业良性循环系统。

C. 因地制宜推进农村生活污水处理设施建设

根据区域内居民集中居住的程度、地形地势、可利用土地和池塘等情况，划定农村生活污水处理重点区域。采用污染治理与资源利用相结合、工程措施与生态措施相结合、集中与分散相结合的建设模式和处理工艺。推进厕所粪污分散处理，构建农村节水无味生态厕所源分离及资源化体系，实现就近消纳、综合利用。

D. 推进区域农田退水治理

根据水质改善需求，综合考虑农田退水水质、农作物种植结构、区域地理位置、农业生产成本等因素，进一步明确农田退水治理的重点区域。建设生态沟渠、植物隔离条带、净化塘、地表径流积池等设施减缓农田氮磷流失，减少对水体环境的直接污染。根据农田的分布特征与周边地形地势特点，通过考察农田径流的流态，开展农田退水循环利用与安全排放技术，同时，利用生态沟渠将农田尾水引到人工湿地、人工快渗等污染物净化效率高、投资运行成本较低的生态净化系统，作为储备用水循环利用。对可回灌农田、菜地等再利用的退水，直接采用高效生物塘调蓄稳定水质后回灌；对难以循环利用、需要处理以达标排放入河的退水，根据水质情况，采取不同的组合方式进行净化处理。针对污染程度相对较轻的退水可采取脱氮除磷效果好的生物塘-河道走廊湿地-除磷单元；针对污染程度相对较重的退水，采取生物塘-人工快渗-除磷单元等净化技术，最终实现农田尾水循环利用与安全排放。控制单元4为工业集中发展区。重点在于优化工业布局，提高工业园区污水处理能力，发展循环经济。本节研发的湿地生态工程技术可以对控制单元4的排污水进行有效处理。

（1）优化工业发展布局：依据滨州市滨城区土地利用规划、产业规划等，加速工业集中区开发进度，加大基础设施建设力度，完善配套服务设施建设，提升园区服务水平，同时严格全区准入，严守"绿色环保"标准，坚持"集约高效"标准。立足现有资源和产业现状，按照小分散、大集中的原则，吸引各类工业要素向工业园区集中，形成以工业园区带动全区工业发展的格局。

（2）淘汰落后企业：淘汰落后产能是转变经济发展方式、调整经济结构、提高经济增长质量和效益的重大举措，是改善水环境质量的迫切需要。但是，由于长期积累的结构性矛盾比较突出，当前一些行业落后产能比重大的问题仍然比较严重，已经成为提高工业整体水平、落实水污染防治行动计划、完成水环境质量改善、实现经济社会可持续发展的严重制约。

（3）加快发展循环经济：发展循环经济，就是把循环经济的三大原则即减量化、再利用、再循环运用于系统运转的过程中。因此，从系统学的角度，循环经济是一个大的系统体系。在这个循环经济体系的运转过程中，物质流和能量流充分循环利用，使产品生产与环境保护的双重效益得以体现。

3）实施方案布局

根据控制单元内实际土地利用情况及污染情况，采用污染治理与资源利用相结合、工程措施与生态措施相结合、集中与分散相结合的建设模式，对研发的技术清单（种植、养殖和农村生活）进一步筛选，综合评判后选择符合要求或相对优越的防治技术，并在相应的控制单元内应用实施。

2. 三大技术应用案例

1）种养一体化农业增效减负技术应用

种养一体化农业增效减负技术应用于滨州市，于 2018 年稳定运行。累积应用农田 2.67km²，养猪规模 3 万头，村庄规模 100 户以上，在农田氮磷削减方面取得较好效果，保障作物产量的情况下，实现了化肥减量，提升了养殖废弃物肥料化利用率。以中裕农牧循环产业园为核心试验基地，建设了农业氮磷流失长期定位观测平台，开展了种养一体化农业增效减负技术研究，打通了种养循环的链条，集成两套关键技术。①猪粪酒糟混合多级厌氧处理-生物菌肥技术。该技术通过三段工艺对猪粪酒糟联合厌氧发酵。A 段采用全混合厌氧消化器对猪粪和酒糟进行联合中温发酵，能够保障在北方冬季等低温环境下正常进行发酵产沼气，降低能源消耗；B 段封闭式厌氧塘厌氧稳定，储存 60 天使得沼液稳定化，C 段接种菌剂，进行氨氮臭味控制和益生菌增殖，制成高品质生物菌肥，用于农作物种植。②农田增效减负与清洁生产技术，包括基于耕层土壤水库及养分库扩蓄增容基础上的农田增效减负技术和多水源灌溉条件下的农田节水控肥抑盐增效减负一体的调控技术，按照"全周期、全要素、全过程"的思路，构建起全链条农业面源污染控制技术模式。"全周期"主要针对作物整个生育期维持健康的生理生化指标，保障高产优质；"全要素"针对水、土、气、生等生产要素进行调节，在维持产量和保障土壤可持续生产的前提下，实现氮磷流失最小化；"全过程"按照产前绿色化、产中高效化和产后资源化。最终形成"机理+产品+技术"的全链条农田面源污染增效减负与清洁生产技术。

2）农村有机废弃物资源化处置与循环利用技术应用

在秦台河（秦台水库）西侧滨城区环农科技示范园区建立了农村有机废弃物资源化处置与循环利用技术应用案例区。经稳定运行，灰水通过检测符合国家污水综合排放一级 A 标准（GB8978—1996），黑水通过检测符合回用标准符合粪便无害化卫生标准（GB7959—2012）。在改变农村排水模式方面：减少了冲厕耗水，回收了污水中农业营养物。该工程以农村公厕收集生活污水的功能入手，研发了以负压收集技术、污水源分离技术为支撑的农村节水无味生态厕所源分离机资源化关键技术。通过应用负压便器、收集器、负压站、控制装置，以及高浓度人粪尿处理与利用等专利技术，模块化负压便器以气体作为排污载体，在负压下收集厕所粪便，冲水量可以在 0~2L 调整，从而减少冲厕耗水。将农村生活污水中的黑水与灰水源头分离，并通过负压密闭管道分质收集到处理中心，黑水通过厌氧处理，集中回收农用，低负荷灰水通过处理后，达标后用于周边农灌或绿化使用。研发了农村粪便制备高效专用肥研发技术，通过智慧环卫系统，创新车辆管理模式以及点位统计处理模式，建立了农户厕所粪便运输管理体系，将各村镇收集的粪污经车辆统一运送至粪污集污池，采用自吸泵打入 CSTR 厌氧发酵罐，并通过高温运行工艺有效地杀死粪污带入的大肠杆菌等污染菌，最终实现粪污无害化和资源化循环利用。

3）流域退水生态系统联控与自净能力提升技术应用

技术应用案例区位于滨州市滨城区中裕高效生态农牧循环经济产业园的灌排沟渠及

秦台河河岸带。生态沟渠应用规模 7.4km。通过技术应用，削减了退水沟渠 COD、氨氮、总磷含量，提升了退水回灌率。主要应用技术包括退水沟渠水质净化与生态修复技术和河岸带结构优化与退水污染净化两套关键技术。退水沟渠水质净化与生态修复技术，包括复合生态沟渠工程改造和生态修复。通过合理设计适合不同级别的生态型排水沟渠，构建沟渠空间形态，建立生态护坡和植被过滤带，全过程、全方位、多时空逐级削减农田退水面源污染，形成灌排协同与水肥盐一体化控制的沟渠生态系统技术体系，为海河流域农田生态沟渠构建提供技术支撑。河岸带结构优化与退水污染净化技术主要通过河岸带结构优化、合理布局导流设施、优化配置植被带，构建河岸带生态拦截系统；同时，根据农田退水的排放去向与利用方式，形成了不同生态净化单元组合的农业退水生态截留净化技术，为海河流域农灌区退水污染截留及循环利用提供技术支撑。

结合案例区实际情况，选择典型沟渠和河岸带开展了相关工作。围绕农田退水污染生态沟渠构建工程研发出一种用于农业退水污染防控的生态沟渠系统及构建方法。另外，河岸带结构优化与退水污染净化集成技术案例区开展了植物选种配置、人工快渗处理技术的应用。本案例区主要包含河岸带、高效生物塘、湿地和人工快渗等 4 类技术：河岸带：开展河岸带优化与修复，规模 20000m^2，包括基底改造工程、植物恢复工程等。高效生物塘：新建生物塘处理系统，设计水利负荷 1.0m/d，包括格栅沉砂池，生物塘等，处理规模 600t/d；湿地：新建河道走廊湿地处理系统，设计水力负荷 0.1m/d，包括栅格沉砂池、水解酸化池、湿地、除磷单元等，处理规模 240t/d；人工快渗：新建人工快渗处理系统，设计水利负荷 1.0m/d，包括调节沉淀池、人工快渗池、潜水泵 2 台，排泥泵 1 台、除磷单元等，处理规模 120t/d。

农业清洁流域建设是以秦台河水质提升管理技术体系及评价指标系统为导向，以农田增效减负与清洁生产技术、养殖废弃物资源化处置与种养一体化循环利用技术、农村有机废弃物资源化处置与循环利用技术、流域退水污染复合生态系统控制技术等四大技术模式为核心，依托配套工程，以三大技术应用案例为核心，在当地政府的支持下，结合种粮大户和合作社，典型村镇，开展技术培训应用，构建了 20km^2 的核心案例区，在产量不减的前提下实现了节本增效，减少了案例区肥料投入，并大幅削减了农田退水生态系统 COD 和氮磷含量，提升了退水回灌率。在此基础上，通过进一步宣传，在 87km^2 案例区内辐射推广。

6.3　海河下游面源污染政策机制建设的保障措施

农业面源污染治理正处于攻坚期，然而农业面源污染问题不是一朝一夕形成的，农业面源污染治理是一项长期而艰巨的工作。目前我们国家的农业面源污染治理政策的顶层框架已基本建立。2015 年国务院印发的《关于加快推进生态文明建设的意见》为今后一段时间生态文明建设做好了顶层设计。伴随着农药、化肥大量施用造成日益严重的农业面源污染，科技部门探索通过科技手段减少污染源、治理污染物的脚步也从未停止，但是农业面源污染措施效果不显著，主要原因之一在于长效运行保障机制和有效的可落地的推广模式依然不足，缺乏对科技成果应用推广的支持力度。当务之急落实已有政策的落地比出新政策更为重要，在国家科技重大专项支持下，本书对农业科技成果的推广模式进行了探索，对已颁布政策的实施提供可借鉴模式和落地方案。

6.3.1　"政产学研用"推广模式

本书主编单位协同地方政府和龙头企业，探索了科技成果"政产学研用"梯级技术推广模式，建立了科研人员、地方农业基础部门、农技人员、企业及农民全面结合的技术梯级推广队伍。科研人员研发了技术编制技术规程，地方农业部门组织农技人员和农民进行详细的现场和会议培训，考虑到企业接受新技术能力强，进行着重培训，并在其基地应用，达到以点带面的效果。

本书主编单位中国农业科学院农业环境与可持续发展研究所与山东省农业科学院农业资源与环境研究所、滨州市农业科学院、滨州中裕食品有限公司相关支部开展互联共建，主旨为聚焦农业绿色发展主战场，解放思想、开拓创新，在实施乡村振兴战略中发挥模范带头作用，构建共建长效机制，探索创新"政产学研用"为核心的党支部共建机制，面向国家需求和现代农业主战场，以问题为导向，围绕产品-技术-模式-系统解决方案进行总体设计，提炼总结中裕种养加循环农业模式，发挥滨州粮食主产区农业优势和特色农业。通过联合共建，组建以党员为核心的专家团队，把支部共建作为联系农业科技的国家、省、市科研团队、地方龙头企业的重要载体，以"党建科研互融互促，科技引领服务三农"为宗旨，结合地方需求和农业产业转型升级需求，与中裕开展实实在在的科技创新活动，加强全产业链一体化实施，共同应对企业和农业产业在加快转变农业发展方式过程中的问题，协同推进农业科技创新和成果转化应用，实现粮食刚需与环境可持续发展，形成可复制可推广的区域农业绿色发展模式，着力推进区域农业绿色发展和地方经济。

实践探索了"政府引导-科技支撑-市场为主体"的科技成果落地政策，在科技政策方面，科研院所建设协同创新平台、加大投入力度、加快推进成果转化。农业生产所导致的面源污染越来越被诟病，但是经常被忽视的是用于农业面源污染治理的投入却十分有限。未来，在强调农业面源对于排放量贡献的同时，应当加大对农业面源污染治理的财政投入。一是从受益者补偿的角度，在环境保护领域实现"工业反哺农业"；二是从财权事权对等的角度，要有与农业面源污染排放占比相匹配的财政投入，用于农业面源污染治理的投入应占到水污染治理投入的一半以上。在财政政策方面，地方政府完善财政支持、加强存量资金整合、完善税收优惠；在金融政策方面，龙头企业深化融资创新、完善金融服务体系；在土地政策方面，规范土地流转、优先安排建设用地指标、推行集约用地。科研院所和地方政府协同作用下，通过政策引导，国家与区域各相关方协同，形成合力，将有效的治理模式发扬积极作用，带动政产学研用紧密结合，促进企业加农户的科技成果辐射带动推广，切实发挥科技创新对解决面源污染问题的支撑作用（图6-5）。

6.3.2　试验应用基地建设

为了保障试验应用工作长期稳定运行，并促进科技成果的落地转化，本书内容实施期间，在山东省滨州市滨城区建立了国家科技重大专项中裕试验示范基地。滨州市滨城区地处海河流域南部下游黄河三角洲高效生态农业经济区中心地带、山东半岛蓝色经济区、环渤海经济圈和省会城市群经济圈"两区两圈"的叠加地带，是滨州市委、市政府驻地，也是全市的政治、经济、文化和信息中心。先后被评为国家现代农业案例区、全国粮食生产先进县、全国科技进步先进县、国家整建制推进一二三产业融合发展试点县、山东省出口农产品质量安全案例区，具有良好的试验应用基础和应用带动作用。

图 6-5　科技成果落地政策协同体系

　　中国农业科学院农业环境与可持续发展研究所通过国家科技重大专项的实施，与中裕农牧产业园的合作，推动了联合实验室建设，建立了中裕创新试验基地。突破的关键技术直接应用于案例区强劲优质小麦清洁种植、无抗生猪生态养殖为两大主导产业，促进案例区清洁种植基地建设、废弃物资源化绿色循环利用、全产业链综合科技研发与服务等方面继续拉长和增粗产业链条，将案例区打造成种养结合全产链创新的集聚区、绿色循环农业的样板区、科技精准扶贫的先导区、区域一二三产业深度融合的先行区，为案例区打造"生产+加工+科技+品牌+营销+餐饮"种养加销全产业链提供了切实的技术支撑和方案指导。为京津冀一体化发展、海河流域南系下游高效生态经济区等国家战略及区域经济发展贡献科技智囊作用和技术支撑。

6.3.3　技术培训

　　我国农业是经济发展的主体结构，农民是农业发展的核心执行者，农业面源污染防治跟农业生产科技化的全面实现紧密关联。加强农民技术培训，深化农业技术推广工作的有效实施，是农业科技成果落地的重要途径。

　　1. 组建科技特派员为核心的农业技术培训团队

　　以本书内容课题组成员作为科技特派员，协同滨州市农业农村局技术推广站，组建专业农民技术培训团队，促进推广工作的高效开展，组织农民技术培训教学活动，组建专业的农业技术推广团队，负责在农业发展地区推广农业技术。通过农业技术推广来强化农民对农业技术的认知，提高农民参与技术培训活动的积极性；通过农业技术培训活动来强化农民的技术素养，从而推动农业技术推广活动的高效运行。

编写生物炭施用技术规范手册和有机肥施用技术手册，以及田间综合管理措施手册等，建立了一支高水平"产、学、研"相结合，由当地政府和农业龙头企业、农村合作组织共同参与的农业面源污染控制应用推广队伍，培训农民技术员 500 名。通过开展现场指导、授课等方式，在优质小麦玉米种植方式、测土配方施肥、有机物料还田等方面给予农户帮扶。

2. 利用现代网络信息技术开展培训及推广活动

农业科技成果技术培训及推广方式的优化，是促进科技成果转化落地的重要举措。现代网络信息技术发达，为培训与推广活动开展提供更多的空间选择。利用网络信息技术，构建线上培训与推广模式，扩大农业科技成果技术培训及推广的影响力及深化度。由科技日报以"变传统农业"资源-产品-废物排放"为现代农业"物质多次、多级、多梯度循环利用"农业生产与水质改善"双赢"不是梦"为专题，报道了水专项课题成果，通过媒体等方式加大了农业面源污染治理的宣传力度。利用现代网络信息技术进行网络课程教学，让技术培训更加灵活，教学模式更加多样。通过中国国家人事人才培训网讲授生态循环农业网课，通过网络平台推送农业科技成果技术相关内容，让技术宣传全面覆盖，转变农业技术人员的发展观念，积极参与技术培训和推广活动。

6.3.4　管理机制和防治对策

针对滨州市农业面源污染的现状，根据其农业产业结构特征与面源污染的关系，本节提出以下管理机制和防治对策。

1. 完善农业清洁流域建设的法律体系

建立并完善农业面源污染控制法律体系是实施各项对策的基础与保障，因此应以源头治理、分类治理为指导方针，按照生态利益优先、共同发展、成本与收益相一致的原则，结合滨州市地理、经济、社会特征及污染特征，规范治理机构与区域政府的水环境资源管理权的分权、平衡及协调。

具体包括以下内容：①水污染源管理。以法律的形式建立对农村水体定期监测制度、限期治理制度，以及水污染事件申报和应急措施制度等。②农业面源污染监督管理。省发展和改革部门同环保、农业、林业、渔业等部门和有关市人民政府，根据国家制订的水污染防治规划，拟定本市农业面源污染防治规划，报同级人民政府批准后执行，并纳入省（市）国民经济和社会发展规划；相关市（县）人民政府根据上级人民政府制定的农业面源污染防治规划编制本级人民政府的规划。省（市）环保部门同水利、渔业部门和其他有关部门组织全省水质监测网络，建立农业面源污染监测预警、应急系统，提高监测、分析和应急处置能力。对于新建、改建、扩建农业面源污染治理项目，应当依法进行环境影响评价，并报环境保护部门审批，同时应建立排污权交易制度、目标责任制度、水体保护政务公开制度，以及群众参与监督制度等。③法律责任制度。关于农业面源污染防治的法律责任制度应包括行政法、民事，以及刑事法律责任制度。

2. 加强农业清洁流域建设的分类与监测

首先，要加强污染来源途径的识别和分类治理。结果表明，农田化肥和畜禽养殖分别是滨州市滨城区农业面源污染总氮和总磷排放的最主要贡献来源，同时农田化肥单元、禽畜养殖单元分别是驱动氮排放变化和磷排放变化的最活跃的因素。因此，农业面源污染治理应以畜禽养殖和农田化肥为主要污染治理对象。因此，应当在全市范围内全面推行农业面源污染治理工作。各个城市的产业结构及农业面源污染的特征各不相同，应根据每种污染单元贡献率的大小确定主要污染治理对象，从而实施相对应的控制措施。

其次，对各类农业面源污染单元进行合理、有效的监测能够为制定农业面源污染政策提供有效的数据支撑。农业面源污染监控主要包括建立市（区、县）定位监测点，适时采集监测数据，定期观察农业面源污染的动态变化。根据本书结果，监测的污染源主要包括：农田化肥、畜禽养殖、农村生活等污染单元；指标主要包括：地表径流、淋溶中的 COD、TN、TP 等污染物指标。同时要增加定位监测点数量，合理布局，利用农业环境监测网络、依据相关的标准和评价模型进行环境质量估计预测。

最后，在此监测结果的基础上，建立基于环境结果的奖惩机制，即对于超出预定环境污染水平的进行惩罚，对于小于预定环境污染水平的进行奖励。

3. 建立农业清洁流域建设的政府与农户协同机制

农户是农业面源污染治理的主力军，农业面源污染治理的关键是农户是否采用环境友好型生产（生活）行为。因此要从滨州市农业生产特点出发，通过构建农业面源污染防治的政府与农户协同机制调节农户行为，提高保护环境的意识。研究表明，化肥价格的提高将会有利于农户化肥施用量的减少，考虑到单一提升化肥价格可能增加农民负担，因此应继续保持对测土配方施肥、商品有机肥、生物农药等环境友好型农业生产技术和物资的价格补贴，以经济收益鼓励更多的农民应用有利于农业面源污染防治的新技术。

养殖业要根据滨州市养殖规模总量控制原则开展分类整治：对新建规模化养殖企业，要积极引导鼓励种养结合的生态养殖，严格执行环境保护制度，新建规模养殖企业一律履行环评审批手续；对原有规模化养殖企业，继续鼓励和扶持开展有机肥生产、废水净化循环利用、沼渣沼液还田、生物发酵床等技术，提高畜禽粪便综合利用率；对分散的养殖户，要建设粪便集中收集处理中心，实现专业化收集、无害化处理、资源化利用。

4. 加强行政手段与政策资金扶持力度

首先要明确有关部门在农业环保工作中的职责，赋予负责污染防治工作的有关部门一定的执法权力；针对不同类别的污染，确定不同的被执法对象；制定适合农村污染防治特色的排污申报登记、排污许可、总量控制、限期治理、污染源监控、环境工程监理、限期淘汰、生态补偿等制度；制定统一的农村生活污水污染物排放标准，由于农村家庭生活污水成分相对简单、浓度相对高，处理后污水可以就近农灌，因此排放标准要综合考虑多方面因素，贴近农村实际情况。环保监督管理重心要统筹兼顾城镇、工业和农村、农业，队伍要扎根农村，建立健全农业环保管理体系，涉农系统要设立专门的专司面源污染防治职责的农村环保组织，环保部门要进步增强乡镇力量，派出机构继续进驻村庄。

其次农业发展有其特殊性，周期长、见效慢，农村清洁化、农业生态化都有一个培育期，需要建立长期稳定的扶持机制。包括：①制定土地流转政策，引导农业向规模化、生态化发展；②制定金融支农政策，信贷政策要适度放宽，做到贷款优先、还贷延迟、利率优惠，加大对农业的信贷投入，积极调整信贷投向，大力支持利于农业产业结构调整的项目；③建立农业生态补偿政策，合理补偿因保护环境需要而退田、退养的农民，补贴养殖业废弃物资源化利用、秸秆综合利用、有机肥和生物农药购买和使用等项目；④制定工业反哺农业的鼓励政策，积极开展"一帮一"资金和技术资助活动；⑤加大财政资金直接投入，各级政府应把农业农村环保工作列为公共财政支持的重点，设立省（市）农村环保以奖代补专项资金，对已建公益性治理工程的维护运行费用要纳入财政预算，可以从收取的城镇生活污水处理费中提取一定比例，用以解决农村生活污水处理设施和配套管网的建设及运营维护费用。

6.4　问题与建议

6.4.1　农业面源污染根治是一项长期性持久性工作

粮食的刚性需求使得未来几年粮食主产区农业投入品用量难以短时间内削减，农业面源污染依然会是水体富营养化的主导因子。在国家重大专项支持下，课题获取了一手田间管理数据、试验数据，揭示了农业系统关键元素的迁移规律，突破一系列关键技术，集成了典型流域治理模式。但由于农业生态系统元素的迁移转化具有一定的时限性和规律性，需要进行长期稳定的试验研究，加上农业产业的长期性和不确定，研发技术的工程化需要长期跟踪，未来工作依然需要针对典型农田生态系统特殊的农作制度进行长期研究，进一步加强典型农田生态系统关键元素形态转化规律及影响机理研究，结合更多的实地取证和试验工作，根据试验结果对所选择的技术或模式进行验证，为农业面源污染的根治提供更可靠的技术支撑。

6.4.2　北方退水生态截留净化与循环利用技术

针对河岸带湿地水质净化与功能强化技术，由于北方冬季气温低，河岸及农田沟渠中植被较少存活，植物死亡产生的枯落物重新累积，且由于冬季降雪频繁，降雪融雪将累积的有机质、氮磷等营养物质重新释放，其带来的入河农业面源污染无法忽视。同时，由于春季气温上升速度慢，河岸植被复绿慢，作为面源入河的最终拦截部分，河岸带缺乏净化能力。建议进一步开展北方流域河岸带本土耐寒植物筛选及种植研究，在冬季和春季低温条件下，探究河岸植被生长情况，以及对面源污染净化能力。

由于冬季外界气温过低时，多级高效生物塘、河道走廊湿地，以及人工快渗系统中生物膜活性降低，并且高效生物塘水面偶有结冰现象，影响处理效果，如何采取有效措施弥补冬季运行处理效果不佳的问题极为关键。针对人工快渗一体化设备，目前已通过开展冬季保温研究，使系统中微生物保持活性，人工快渗一体化设备作为退水生态截留净化与循环利用技术的最终环节，保证出水达标稳定性；针对高效生物塘，可进一步开展本土耐寒水生植物筛选及净化能力研究，以及人工水草筛选及其冬季净化能力研究，保证足够的微生物冬季生长附着面积，提高高效生物塘冬季净化效率。

6.4.3　流域农业面源污染防控技术保障机制亟须加强

在基础资料收集方面，由于收集到的基础数据不够完全，同时缺乏全方位实时监测数据的支撑，一定程度上制约了农业清洁流域技术的研发和应用。

在流域农业面源污染防控技术方面，加强流域农业面源污染发生机理与防控机制的研究，聚焦农业面源污染防控的关键科学问题，进一步从空间迁移扩散过程深入探究农业面源污染发生机理与防控机制，为防控技术的研发、集成提供理论基础，为技术措施的适宜性评价提供理论依据；加强研发、集成技术的应用与推广，进一步推动流域农业面源污染防控的智能化应用。

在流域农业面源污染防控政策方面：①重视宣传教育，加强科学引导，打造农业面源污染治理的社会氛围：针对不同的农民群体，选择不同的宣传教育方式、渠道和内容，提高农民的农业面源污染认知程度和治理意愿。通过建立农民生产培训基地、邀请专家宣讲、组织村委会走访、加强资助农村学校等途径，在打造农村环境保护氛围、养成农民环境保护习惯的同时，推广绿色农业技术，改进农民生产方式，提高生产效率。②致力"政产学研用"五位一体，多管齐下，构建农业面源污染治理的长效机制：以农业面源污染治理需求为导向，政产研企深入融合，联合攻关，抓重点工程，树典型应用项目，更好地服务农业主战场。建立研企合作实验室、创新产业联盟等产学研合作平台，共同开展研究开发、成果应用与推广等科研活动。通过开征和规范污水、垃圾处理费等途径，加大对农业面源污染的生态补偿力度，并以系列制度安排来确保收费补偿的公平性；加强县级环境保护机构的监管能力，增加乡镇环境保护机构及其人员配备；进一步完善农业面源污染定点监测网络，通过环境信息共享平台的建设，实现实时监测与信息共享。③推动多方参与，形成农村面源污染的合作治理格局：依托农民自治组织或者民间组织和非政府组织的平台，通过制定农村面源污染治理章程，并规定该组织可以适时行使监督权、处理协调权及处罚权等，同时建立农村面源污染治理专项资金募集制度来维持组织的稳定运行。同时，建立和完善农业法律体系，从法律上明确区域性农村面源污染治理机构的法律地位、职责权限等，为农业面源污染防治提供法律保障的同时，改变当前以宣言、规划、倡议书等缺乏约束力的合作协议形式，建立科学规范的地方政府间协商合作机制。

参 考 文 献

白璐. 2016. 不同畜禽养殖废弃物资源化利用管理模式评价研究. 南京: 南京农业大学博士学位论文.

白珊珊, 万书勤, 康跃虎, 等. 2017. 不同控失肥对冬小麦产量和肥料农学效率的影响. 华北农学报, 32(1): 149-155.

陈庆锋, 杨红艳, 马君健. 2014. 人工水草在重污染河流生态修复中的应用进展. 中国给水排水, 30(20): 54-58.

陈小华, 李小平. 2006. 农业流域的河流生态护坡技术研究. 农业环境科学学报, 25(z1): 140-145.

程滨, 盛樱子, 张慧. 2014. 多种人工湿地组合在不同进水负荷条件下的净化效果. 环境工程学报, 8(11): 4695-4700.

董红敏, 左玲玲, 魏莎, 等. 2019. 建立畜禽废弃物养分管理制度, 促进种养结合绿色发展. 中国科学院院刊, 34(2): 180-189.

段文学, 于振文, 张永丽, 等. 2012. 施氮量对旱地小麦氮素吸收转运和土壤硝态氮含量的影响. 中国农业科学, 45(15): 3040-3048.

冯倩, 刘聚涛, 付莎莎, 等. 2014. 江西省畜禽粪便污染物产生量及其耕地负荷分析. 安全与环境学报, 14(6): 316-319.

韩雪, 范靖尉, 白晋华, 等. 2016. 减氮和施生物炭对华北夏玉米-冬小麦田土壤 CO_2 和 N_2O 排放的影响(英文). Agricultural Science and Technology, 17(12): 2800-2808.

黄昌勇, 徐建明. 2010. 土壤学(第三版). 北京: 中国农业出版社.

蒋健, 王宏伟, 刘国玲, 等. 2015. 生物炭对玉米根系特性及产量的影响. 玉米科学, 23(4): 62-66.

巨晓棠, 谷保静. 2014. 我国农田氮肥施用现状、问题及趋势. 植物营养与肥料学报, 20(4): 783-795.

李超, 刘刚金, 刘静溪, 等. 2015. 基于产甲烷潜力和基质降解动力学的沼气发酵物料评估. 农业工程学报, 31(24): 262-268.

李强坤, 胡亚伟, 孙娟. 2010. 农业非点源污染物在排水沟渠中的迁移转化研究进展. 中国生态农业学报, 18(1): 210-214.

林文雄, 陈婷, 周明明. 2012. 农业生态学的新视野. 中国生态农业学报, 20(3): 253-264.

凌祯, 杨具瑞, 于国荣. 2011. 不同植物与水力负荷对人工湿地脱氮除磷的影响. 中国环境科学, 31(11): 1815-1820.

刘春生. 2006. 土壤肥料学. 北京: 中国农业大学出版社.

刘学军, 巨晓棠, 张福锁. 2004. 减量施氮对冬小麦-夏玉米种植体系中氮利用和平衡的影响. 应用生态学报, 15(3): 458-462.

刘艳菊, 黄益宗, 丁辉. 2007. 生态肥料 NutriSmartTM 在甜椒生产中应用的生态效应. 生态环境学报, 16(5): 1512-1517.

陆海明, 孙金华, 邹鹰, 等. 2010. 农田排水沟渠的环境效应与生态功能综述. 水科学进展, 21(5): 719-725.

陆仲康. 1995. 农业生态学资助项目分析及今后研究方向初探. 应用生态学报, 6(1): 109-111.

庞震鹏, 李永平, 朱教宁, 等. 2019. 猪粪玉米秸秆不同干物质比厌氧发酵产气及稳定性研究. 安全与环境学报, 19(5): 1767-1775.

苏小四, 吴晓芳, 林学钰, 等. 2006. 黄河水主要化学组分与δ～(13)C的沿程变化特征. 人民黄河, 28(5): 29-31.

孙荣国, 韦武思, 王定勇, 等. 2011. 秸秆-膨润土-PAM 改良材料对砂质土壤饱和导水率的影响. 农业工程学报, 27(1): 89-93.

孙震, 刘满强, 桂娟, 等. 2014. 减施氮肥和控制灌溉对稻田土壤线虫群落的影响. 生态学杂志, 33(3): 659-665.

汪峰, 李国安, 王丽丽, 等. 2017. 减量施氮对大棚黄瓜产量和品质的影响. 应用生态学报, 28(11): 3627-3633.

王春霞, 王全九, 吕廷波, 等. 2014. 添加化学改良剂的砂质盐碱土入渗特征试验研究. 水土保持学报, 28(1): 31-35.

王家玲, 李顺鹏, 黄正. 2004. 环境微生物学. 北京: 高等教育出版社.

王健, 尹炜, 叶闽. 2011. 植草沟技术在面源污染控制中的研究进展. 环境科学及技术, 34(5): 90-94.

王龙涛, 赵建伟, 华玉妹, 等. 2016. 植草沟净化地表径流运行条件优化. 环境工程学报, 10(9): 4855-4860.

王子月, 张长平, 孟晓山, 等. 2018. 猪粪与酒糟混合厌氧发酵的产甲烷和三元 pH 缓冲体系特征. 环境工程学报, 12(8): 2379-2387.

魏立安. 2005. 清洁生产审核与评价. 北京: 中国环境科学出版社.

吴小芳, 包世泰, 胡月明, 等. 2007. 多因子空间插值模型在农作物病虫害监测预警系统中的构建及应用. 农业工程学报, 23(10): 162-166.

徐志远, 秦智伟, 周秀艳. 2007. 氮肥利用研究现状及培育耐低氮胁迫蔬菜品种的探讨. 东北农业大学学报, 38(5): 706-710.

尹微琴, 王小治, 王爱礼, 等. 2010. 太湖流域农村生活污水污染物排放系数研究——以昆山为例. 农业环境科学学报, 29(7): 1369-1373.

云鹏, 高翔, 陈磊, 等. 2010. 冬小麦-夏玉米轮作体系中不同施氮水平对玉米生长及其根际土壤氮的影响. 植物营养与肥料学报, 16(3): 567-574.

张福锁, 王激清, 张卫峰. 2008. 中国主要粮食作物肥料利用率现状与提高途径. 土壤学报, 45(4): 915-924.

张建国, 金斌斌. 2010. 土壤与农作. 郑州: 黄河水利出版社.

张健, 章菁, 高世宝, 等. 2011. 关于资源型排水系统的探索与实践. 给水排水, 37(11): 155-159.

赵冬, 颜廷梅, 乔俊, 等. 2011. 稻季田面水不同形态氮素变化及氮肥减量研究. 生态环境学报, 20(4): 743-749.

赵剑斐, 张毅博, 黄涛, 等. 2019. 基于响应曲面法的餐厨垃圾与剩余污泥混合厌氧发酵工艺优化. 安全与环境学报, 19(4): 1316-1322.

赵立欣, 孟海波, 沈玉君, 等. 2017. 中国北方平原地区种养循环农业现状调研与发展分析. 农业工程学报, 33(18): 1-10.

赵士诚, 裴雪霞, 何萍, 等. 2010. 氮肥减量后移对土壤氮素供应和夏玉米氮素吸收利用的影响. 植物营养与肥料学报, 16(2): 492-497.

中华人民共和国生态环境部, 国家统计局, 中华人民共和国农业农村部. 2020. 《第二次全国污染源普查公报》全文. http://www.mee.gov.cn/home/ztbd/rdzl/wrypc/zlxz/202006/t20200616_784745.html [2020-09-11].

朱梅, 吴敬学, 张希三. 2010. 海河流域种植业非点源污染负荷量估算. 农业环境科学学报, 29(10): 1907-1915.

朱兆良, 金继运. 2013. 保障我国粮食安全的肥料问题. 植物营养与肥料学报, 19(2): 259-273.

住房和城乡建设部标准定额研究所. 2018. 污水源分离排水系统工程技术导则. 北京: 中国建筑工业出版社.

Abiven S, Hund A, Martinsen V, et al. 2015. Biochar amendment increases maize root surface areas and branching: a shovelomics study in Zambia. Plant and Soil, 395(1-2): 45-55.

Cui Z L, Wang G L, Yue S C, et al. 2014. Closing the N-use efficiency gap to achieve food and environmental security. Environmental Science and Technology, 48(10): 5780-5787.

Dubinin M M. 1960. The potential theory of adsorption of gases and vapors for adsorbents with energetically nonuniform surfaces. Chemical Reviews, 60(2): 235-241.

Duchemin M, Hogue R. 2009. Reduction in agricultural non-point source pollution in the first year following establishment of an integrated grass/tree filter strip system in southern Quebec(Canada). Agriculture Ecosystems and Environment, 131(1-2): 85-97.

Enders A, Hanley K, Whitman T, et al. 2012. Characterization of biochars to evaluate recalcitrance and agronomic performance. Bioresource Technology, 114(3): 644.

Fan Y V, Chin H H, Klemes J J, et al. 2020. Optimisation and process design tools for cleaner production. Journal of Cleaner Production, 247(20): 119181.

Foley J A, Ramankutty N, Brauman K A, et al. 2011. Solutions for a cultivated planet. Nature, 478(7369): 337-342.

Freundlich H M F. 1906. Über die adsorption in Lösungen. Zeitschrift für Physikalische Chemie, 57(1): 115-124.

Hale S E, Hanley K, Lehmann J, et al. 2011. Effects of chemical, biological and physical aging as well as soil addition on thesorption of pyrene to activated Carbon and biochar. Environmental Science and Technology, 45(24): 445-453.

Huang Y L, Chen L D, Fu B J, et al. 2005. The wheat yields and water-use efficiency in the Loess Plateau: straw mulch and irrigation effects. Agricultural Water Management, 72(3): 209-222.

Jiang J S, Wang Y, Guo F Q, et al. 2020. Composting pig manure and sawdust with urease inhibitor: succession of nitrogen functional genes and bacterial community. Environmental Science and Pollution Research, 27(1): 36160-36171.

Langmuir I. 1917. The adsorption of gases on plane surfaces of glass, mica and platinum. Journal of the American Chemical Society, 40(9): 1363-1401.

Li J G, Liu L L. 2020. Determining the carrying capacity and environmental risks of livestock and poultry breeding in coastal areas of eastern China: an empirical model. Environmental Science and Pollution Research, 27(8): 7984-7995.

Peng S B, Buresh R J, Huang J L, et al. 2006. Strategies for overcoming low agronomic nitrogen use efficiency in irrigated rice systems in China. Field Crops Research, 96(11): 37-47.

Rillig M C, Wagner M, Salem M, et al. 2010. Material derived from hydrothermal carbonization: effects on plant growth and arbuscular mycorrhiza. Applied Soil Ecology, 45(3): 238-242.

Tilman D, Balzer C, Hill J, et al. 2011. Global food demand and the sustainable intensification of agriculture. Proceedings of The National Academy of Sciences of The United States of America, 108(50): 20260-20264.

Van Zwieten L, Kimber S, Morris S, et al. 2010. Effects of biochar from slow pyrolysis of papermill waste on agronomic performance and soil fertility. Plant and Soil, 327(1-2): 235-246.

Wu H W, Sun X Q, Liang B W, et al. 2020. Analysis of livestock and poultry manure pollution in China and its treatment and resource utilization. Journal of Agro-Environment Science, 39(6): 1168-1176.

Xu H B, Zhang Y, Li Z H, et al. 2006. Development of a new cleaner production process for producing chromic oxide from chromite ore. Journal of Cleaner Production, 14(2): 211-219.